講座　これからの食料・農業市場学

5

# 環境変化に対応する農業市場と展望

野見山敏雄・安藤光義　編

筑波書房

# 日本農業市場学会『講座　これからの食料・農業市場学』の刊行に当たって

　日本農業市場学会では、2000年から2004年にかけて『講座　今日の食料・農業市場』全5巻（以下では前講座）を刊行した。前講座は、1992年に設立された学会の10周年を機に、学会の総力を挙げて刊行したものであった。前講座は、国際的にはグローバリゼーションの進展とWTOの発足、国内においては「食料・農業・農村基本法」制定までの時期、すなわち1990年代までの食料・農業市場を主として対象としたものであった。

　前講座の刊行から約20年が経過し、同時に21世紀を迎えて20年余になる今日、わが国の食料・農業をめぐる国際的環境と国内的環境はさらに大きく変化し、そのもとで食料・農業市場も大きく変容してきた。

　そこで、本年が学会設立30周年の節目に当たることから、『前講座』刊行後の約20年間の食料・農業市場の変化と現状、今後の展望に関して、学会としての研究成果を再び世に問うために本講座の刊行を企画した。その際に、食料・農業市場をめぐる対象領域の多面性を考慮し、以下の5巻から構成することにした。

第1巻『世界農業市場の変動と転換』（編者：松原豊彦、冬木勝仁）

第2巻『農政の展開と食料・農業市場』（編者：横山英信、小野雅之）

第3巻『食料・農産物の市場と流通』（編者：木立真直、坂爪浩史）

第4巻『食と農の変貌と食料供給産業』（編者：福田晋、藤田武弘）

第5巻『環境変化に対応する農業市場と展望』（編者：野見山敏雄、安藤光義）

　各巻・各章においては、それぞれのテーマをめぐる近年の研究動向を踏まえつつ、前講座が対象とした時期以降、とりわけ2010年代を中心とした世界とわが国の食料・農業市場の変容を、それに影響を及ぼす諸要因、例えば世界の農産物貿易構造、わが国経済の動向と国民生活・食料消費構造、食料・農業政策の展開、農産物・食品流通の変容、農業構造の変動などとの関連で

俯瞰的かつ理論的・実証的に描き出すことによって、日本農業市場学会としての研究の到達点を示すことを意図した。

本講座の刊行に当たって、学術書をめぐる出版情勢が厳しいなかで、刊行を快く引き受けていただき、煩雑な編集作業に携わっていただいた筑波書房の鶴見治彦社長に感謝したい。


2022年4月

『講座　これからの食料・農業市場学』常任刊行委員

小野雅之、木立真直、坂爪浩史、杉村泰彦

# 目　次

# 第1章

# 環境変化と農業構造

## 1. 課題の限定

　本章の課題は、近年の農業構造の変化を主に農業センサスを用いて把握することであり、その変化が農業市場に与える影響を検討するための手がかりとなるような素材を提供することにある。その場合、当然のことだが、農業構造の構成要素となる農業経営体[1]は農業市場から独立して意思決定を行うことができるような存在ではない。農業市場を通じて資本からの作用力を強く受けて農業経営体は絶えず変容を迫られ、その結果が農業構造の変化となって反映されるのであり、両者は密接不可分の関係にある。それが先鋭的に展開してきたのが畜産インテグレーションであったが、いまやバイオテクノロジーに依拠した種苗・農薬の開発を手がける多国籍企業による農業生産の支配が世界を覆おうとしており、その力は国家を露払い[2]として利用しながら日本にも浸透し始めている。

　構造変動の基本的な方向は生産の集積・集中の進行であり、本章でもそうした変化が進んでいることを明らかにすることになるが、それ以上に統計が示す数字の中に何を読み込むかが問われることになるだろう。そこで重要となる視点は「資本の運動の貫徹だけを一方向的にみるのではなく、それに包摂されつつ対抗しあう農民の対応を正しく位置づけ、それら包摂・対応・対

抗関係の中に日本農業の進路を見定めようとすること」[3] であり、本章で果たすことはできなかったが、資本による包摂を超えた対抗の萌芽を確実に拾い上げることにある。これについては社会の新しい動きも視野に入れた本巻の他の章に委ねたいと思う[4]。また、本章は専ら国内の農業構造に焦点を当てることになるため、農畜産物や加工品などの消費市場については全く触れることができていないことをお詫びとともにお断りしておく。

　以下では、最初に2005年以降の農業構造変動の趨勢を概観する。2005年を起点としたのは農業経営体（以下、経営体）の数字を遡れるのがこの年からとなるためである。ここでは宇佐美（1997）が「世紀末構造変動」と呼んだ、農業の縮小・衰退と大規模農家を中心とする再編過程が同時進行する状況が深化していることが明らかになる。これは国内生産に関連する農業市場の縮小を意味する。次に大規模経営への生産資源の集中が、特に畜産部門で進んでいることを明らかにし、最後に農産物販売金額規模に着目し、販売金額規模の違いが販売方法や事業展開にどのような差異をもたらしているかをみることにしたい。

## 2．農業構造変動の趨勢

### （1）縮小再編過程の進行―止まらない主要3指標の減少―

　**表1-1**は経営体数、経営耕地面積、基幹的農業従事者数という主要3指標の推移を、全国、北海道、都府県に分けて示したものである。

　経営体数は全国的に減少傾向が続いているとともに、その減少幅がセンサスの度に大きくなっている点が注目される。特に都府県は年次を経るに従い経営体数の減少幅が拡大しており、2020年にかけての減少率は22.1％となり、104万1千経営体にまで減少した。このペースで行くと2025年には100万経営体を割るのは確実である。北海道の減少率は2015年にかけて一時的に縮小したものの再び拡大した結果、2020年現在、北海道には4万1千経営体しかいないという状況を迎えている。

表 1-1　農業経営体数・経営耕地面積・基幹的農業従事者数の推移

(単位：千経営体、千 ha、千人)

| | | 2005 年 | 2010 年 | 2015 年 | 2020 年 | 2005－10 年の減少率 | 2010－15 年の減少率 | 2015－20 年の減少率 |
|---|---|---|---|---|---|---|---|---|
| 農業経営体数 | 全国 | 2,009 | 1,679 | 1,377 | 1,076 | 16.4% | 18.0% | 21.9% |
| | 北海道 | 55 | 47 | 41 | 35 | 14.8% | 12.5% | 14.2% |
| | 都府県 | 1,955 | 1,633 | 1,337 | 1,041 | 16.5% | 18.1% | 22.1% |
| 経営耕地面積 | 全国 | 3,693 | 3,632 | 3,451 | 3,233 | 1.7% | 5.0% | 6.3% |
| | 北海道 | 1,072 | 1,068 | 1,050 | 1,028 | 0.4% | 1.7% | 2.1% |
| | 都府県 | 2,621 | 2,563 | 2,401 | 2,204 | 2.2% | 6.3% | 8.2% |
| 基幹的農業従事者数 | 男 全国 | 1,214 | 1,148 | 1,005 | 822 | 5.4% | 12.5% | 18.2% |
| | 男 北海道 | 62 | 57 | 50 | 40 | 9.2% | 10.7% | 19.9% |
| | 男 都府県 | 1,152 | 1,092 | 954 | 782 | 5.2% | 12.6% | 18.1% |
| | 女 全国 | 1,027 | 903 | 749 | 541 | 12.0% | 17.1% | 27.8% |
| | 女 北海道 | 53 | 45 | 39 | 30 | 15.7% | 13.3% | 22.1% |
| | 女 都府県 | 973 | 859 | 710 | 511 | 11.8% | 17.3% | 28.1% |

資料：各年農林業センサスより作成
注：基幹的農業従事者数は 2005 年、2010 年、2015 年は販売農家、2020 年は個人経営体のものであり、連続した数字ではない

　経営体数が減少しても経営耕地面積が維持されていれば構造再編は進んでいることになる。2005年から2010年にかけてはそうした傾向がみられたが[5]、それ以降、経営耕地面積の減少率は拡大しており、統計の上では構造再編は進んでいない[6]。2015年から2020年にかけての減少率は、北海道は2.1％と何とか踏み止まっているが、都府県は8.2％と前期より2ポイント近く増加しており、2025年には減少率は10％を超えるかもしれない。農業生産の基盤である経営耕地面積の加速的な減少は日本農業の危機的状況を端的に示している。

　基幹的農業従事者の減少も進行している。北海道と都府県、男性と女性の区別なく、2015年にかけての減少率よりも2020年にかけての方が大きくなった。実数をみても、全国の男性の基幹的農業従事者は100万人を割り込んで82万2千人となり、女性も54万1千人と50万人割れ目前である。2020年センサスは農業経営体の区分が変更され、集計対象数が少なくなっている点を割り引いて考えたとしても、事態はかなり深刻である。

　また、近年注目される雇用型経営である。2020年センサスでは常雇の数は

減少という結果となったが[7]、農業部門における資本賃労働関係の形成の実情の解明[8]や今野（2014）が行ったような農業労働力の調達の具体的な状況の究明などが今後の課題となっている。

## （2）大規模経営への農地集積率の上昇―縮小再編の進行―

　日本農業は全体として解体的な状況に向かっているが、大規模経営への農地集積率は上昇傾向にある（**表1-2**）。全国では5ha以上層に65％、10ha以上層でも55％、都府県でも5ha以上層に50％と半分が、10ha以上層に36％と3分の1の経営耕地が集積されている。また、この集積率の増加幅は一旦縮小した後、再び拡大した点、特に20ha以上層や30ha以上層という経営規模が大きい階層の増加ポイントが大きくなっている点が注目される。北海道では20ha以上層、30ha以上層への集積率は順調に増加しており、前者は87％と9割近く、後者も4分の3を占めている。こうした農地集積の進展の下の農地市場がどのような状況にあるかが気になるところである。福田（2004）が整理した3つのタイプの農地用益市場が農村の現場でどのような濃淡関係を形成しているのか。農地中間管理機構の登場によって農地市場への公的介入が強化されたことで「機能的市場」へのシフトがどこまで進み、そこで生

表1-2　大規模経営への農地集積率と農地面積の推移

| | | 経営耕地面積集積率 | | | | 経営耕地 |
|---|---|---|---|---|---|---|
| | | 5ha 以上 | 10ha 以上 | 20ha 以上 | 30ha 以上 | |
| 全国 | 2005 年 | 43% | 34% | 26% | 21% | 100 |
| | 2010 年 | 51% | 42% | 33% | 26% | 98 |
| | 2015 年 | 58% | 48% | 37% | 30% | 93 |
| | 2020 年 | 65% | 55% | 44% | 36% | 88 |
| 北海道 | 2005 年 | 97% | 91% | 76% | 62% | 100 |
| | 2010 年 | 98% | 93% | 81% | 67% | 100 |
| | 2015 年 | 98% | 95% | 84% | 71% | 98 |
| | 2020 年 | 99% | 96% | 87% | 75% | 96 |
| 都府県 | 2005 年 | 21% | 11% | 6% | 4% | 100 |
| | 2010 年 | 32% | 20% | 13% | 9% | 98 |
| | 2015 年 | 40% | 27% | 17% | 12% | 92 |
| | 2020 年 | 50% | 36% | 25% | 18% | 84 |

資料：各年農林業センサスより作成
注：経営耕地は 2005 年の経営耕地面積計を 100 とした指数

じている矛盾[9]や実情などが検討すべき課題として残されている。

　一方、経営耕地面積そのものが減少を続けている点を忘れてはならない。2005年の経営耕地面積を100とした指数である「経営耕地」をみると北海道はほとんど農地を減らすことなく頑張ってきたのに対し、都府県は2005年から2020年の間に農地を15％以上も減らしており、農業解体に限りなく近い縮小再編と言わざるを得ないのである。

　表示は省略したが、経営耕地面積規模別農業経営体の増減率をみると、北海道で増加しているのは100ha以上層だけで、しかも増加率は低下している。都府県では5〜10ha層は減少に転じ、増加しているのは10ha以上層となり、10〜20ha層の増加率は次第に小さくなっている[10]。大規模経営が層としての厚みを増しながら農地集積率が上昇しているのではなく、少なくなった大規模経営に多くの農地が集まる状況が広がっているのである。こうした構造変化は農地市場に大きな影響を与えていると推測される。

## 3．畜産部門で進む大規模経営への集中

### （1）大型家畜の動向

　少数の大規模経営への農地集積が進むのと同様、畜産でも飼養頭数規模の拡大と集中が進んでいる。表1-3をみると分かるように、この10年間で乳用牛飼養経営体は2万2千から1万3千へと4割も減少した。特に都府県の減少は著しく、減少幅は5割に近い。その結果、全国における北海道の比重が高まっている。

　これは飼養頭数規模別割合をみるとより明らかになる。北海道も都府県も1〜49頭層の割合は低下し、50〜99頭層、さらには100頭以上層の割合が増加傾向にあるが、都府県は1〜49頭層がいまだに4分の3を占めているのに対し、北海道は50〜99頭層が43％と最も多く、100頭以上層も25％と4分の1を占めており、飼養頭数規模に大きな差が生じている。都府県も100頭以上層は7％まで増えているが、この7％は北海道では200頭以上層の割

表 1-3 　乳用牛飼養頭数規模別経営体数割合の推移

| | | 乳用牛飼養経営体数 | 飼養頭数規模別経営体数割合 | | | | |
|---|---|---|---|---|---|---|---|
| | | | 1～49頭 | 50～99頭 | 100頭以上 | 200頭以上 | 300頭以上 |
| 全国 | 2010 年 | 22,039 | 68% | 24% | 8% | 2% | 1% |
| | 2015 年 | 17,636 | 63% | 26% | 11% | 3% | 1% |
| | 2020 年 | 13,251 | 59% | 27% | 15% | 4% | 2% |
| 北海道 | 2010 年 | 7,276 | 38% | 46% | 17% | 3% | 1% |
| | 2015 年 | 6,291 | 34% | 46% | 21% | 5% | 2% |
| | 2020 年 | 5,318 | 32% | 43% | 25% | 7% | 3% |
| 都府県 | 2010 年 | 14,763 | 83% | 13% | 4% | 1% | 0% |
| | 2015 年 | 11,345 | 80% | 15% | 5% | 1% | 1% |
| | 2020 年 | 7,933 | 76% | 16% | 7% | 2% | 1% |

資料：各年農林業センサスより作成
注：1）乳用牛は 2 歳以上の頭数
　　2）200 頭以上と 300 頭以上は 100 頭以上の内数

表 1-4 　肥育牛飼養頭数規模別経営体数割合の推移

| | | 肥育牛飼養経営体数 | 飼養頭数規模別経営体数割合 | | | | | |
|---|---|---|---|---|---|---|---|---|
| | | | 1～19頭 | 20～49頭 | 50～99頭 | 100頭以上 | 300頭以上 | 500頭以上 |
| 全国 | 2010 年 | 11,573 | 60% | 14% | 11% | 15% | 4% | 3% |
| | 2015 年 | 8,814 | 57% | 14% | 11% | 18% | 5% | 5% |
| | 2020 年 | 7,062 | 53% | 14% | 11% | 21% | 6% | 7% |
| 北海道 | 2010 年 | 700 | 67% | 15% | 7% | 11% | 3% | 1% |
| | 2015 年 | 568 | 62% | 14% | 9% | 15% | 4% | 4% |
| | 2020 年 | 575 | 61% | 15% | 8% | 17% | 6% | 6% |
| 都府県 | 2010 年 | 10,873 | 60% | 14% | 11% | 15% | 4% | 3% |
| | 2015 年 | 8,246 | 56% | 14% | 12% | 18% | 5% | 5% |
| | 2020 年 | 6,487 | 53% | 14% | 11% | 21% | 6% | 7% |

資料：各年農林業センサスより作成
注：1）肥育牛は肉用専用種の頭数
　　2）300 頭以上と 500 頭以上は 100 頭以上の内数

合であり、300頭以上層も 3 ％となっている。飼養頭数規模は全国的に増大しているが、北海道は特に顕著である。こうしたメガファームの形成は機械施設の高度化・大型化と、飼料生産部門としてのTMRの展開によって支えられている。

　肥育牛についても飼養頭数規模の拡大が進んでいるが、北海道と都府県との差はみられない。表1-4をみると分かるように、1 ～ 19頭層の割合は現在も過半を占めているが、低下傾向にあるのに対し、100頭以上層の割合が増加しており、都府県では 2 割を超え、300頭以上層、500頭以上層の占める割

合も着実に上昇している。この10年間の飼養経営体数の減少率は都府県では
4割を超えており、乳用牛と同様、肥育牛についても小規模層の脱落が進ん
でいる。

## （2）最上層への生産資源の集中

畜産全体についての長期的な趨勢を示したのが**表1-5**である。ここでは総
飼養頭羽数と畜種ごとの最上層への集中度の変化をみることにしたい。

乳用牛は2001年以降、総飼養頭数は一貫して減少が続いており、2019年に
は126万8千頭と2001年当時の4分の3になってしまう。その後、増加に転じ、
現在は130万頭台に回復している。総飼養頭数が減少する一方、規模拡大は

### 表 1-5　乳用牛・肉用牛・肥育豚・成鶏雌飼養頭羽数規模最上層の飼養頭羽数割合の推移

単位：千頭、千羽

| | 乳用牛飼養頭数 | 乳用牛飼養頭数割合 | | | 肉用牛飼養頭数 | 肉用牛飼養頭数割合 | | 肥育豚飼養頭数 | 肥育豚飼養頭数割合 | | 成鶏雌飼養羽数 | 成鶏雌100,000羽以上経営の飼養羽数割合 |
| | | 100頭以上経営 | 300頭以上経営 | 北海道 | | 200頭以上経営 | 500頭以上経営 | | 2,000頭以上経営 | 3,000頭以上経営 | | |
|---|---|---|---|---|---|---|---|---|---|---|---|---|
| 2001 年 | 1,696 | 17% | … | 50% | 2,776 | 45% | … | 9,339 | 50% | … | 138,830 | 50% |
| 2002 年 | 1,690 | 17% | … | 50% | 2,794 | 46% | … | 9,174 | 52% | … | 137,087 | 51% |
| 2003 年 | 1,674 | 19% | … | 50% | 2,765 | 47% | … | 9,228 | 55% | … | 136,603 | 54% |
| 2004 年 | 1,656 | 21% | … | 51% | 2,755 | 46% | … | 9,197 | 56% | … | 136,538 | 54% |
| 2005 年 | 1,623 | 22% | … | 52% | 2,710 | 47% | … | … | … | … | … | … |
| 2006 年 | 1,602 | 25% | … | 52% | 2,701 | 48% | … | 9,149 | 60% | … | 136,772 | 60% |
| 2007 年 | 1,561 | 26% | … | 53% | 2,775 | 50% | … | 9,258 | 62% | … | 142,646 | 62% |
| 2008 年 | 1,493 | 28% | 6% | 53% | 2,857 | 51% | 32% | 9,278 | 62% | 50% | 142,300 | 64% |
| 2009 年 | 1,467 | 30% | 7% | 55% | 2,891 | 51% | 34% | 9,516 | 65% | 53% | 139,588 | 65% |
| 2010 年 | 1,450 | 32% | 8% | 56% | 2,858 | 52% | 34% | … | … | … | … | … |
| 2011 年 | 1,433 | 34% | 9% | 56% | 2,736 | 51% | 35% | 9,457 | 69% | 57% | 137,187 | 66% |
| 2012 年 | 1,415 | 36% | 10% | 57% | 2,698 | 52% | 35% | 9,397 | 68% | 56% | 135,282 | 67% |
| 2013 年 | 1,384 | 34% | 9% | 56% | 2,618 | 53% | 35% | 9,360 | 70% | 58% | 133,032 | 69% |
| 2014 年 | 1,352 | 34% | 10% | 57% | 2,543 | 54% | 36% | 9,231 | 71% | 59% | 133,453 | 70% |
| 2015 年 | 1,325 | 38% | 11% | 57% | 2,465 | 55% | 37% | … | … | … | … | … |
| 2016 年 | 1,298 | 41% | 13% | 58% | 2,457 | 54% | 36% | 9,015 | 70% | 60% | 134,519 | 74% |
| 2017 年 | 1,272 | 41% | 14% | 58% | 2,475 | 56% | 38% | 9,012 | 72% | 62% | 135,979 | 74% |
| 2018 年 | 1,276 | 43% | 15% | 59% | 2,490 | 57% | 39% | 8,872 | 74% | 64% | 138,981 | 75% |
| 2019 年 | 1,268 | 45% | 16% | 59% | 2,478 | 57% | 39% | 8,819 | 76% | 66% | 141,743 | 76% |
| 2020 年 | 1,339 | 45% | 17% | 60% | 2,555 | 58% | 41% | … | … | … | … | … |
| 2021 年 | 1,340 | 47% | 19% | 62% | 2,604 | 59% | 42% | 8,841 | 78% | 69% | 140,648 | 80% |

資料：各年畜産統計より作成
注：1）乳用牛の「300頭以上経営」は「100頭以上経営」の内数
　　2）肉用牛の「500頭以上経営」は「200頭以上経営」の内数
　　3）肥育豚の「3000頭以上経営」は「2000頭以上経営」の内数
　　4）「…」はデータがないことを示す

進んでおり、100頭以上層の飼養頭数割合は2009年に3割、2016年には4割に達し、5割をうかがうところまで来ている。300頭以上層の飼養頭数割合も2割近くになっている。いわゆるメガファームに生産資源の半分が集中し、今後もその度合いを高めていくことが予想されるのである。また、2000年代に入った時点で北海道の飼養頭数割合は5割であったが、2021年には6割まで増加しており、北海道への集中度を高めていることも注目される。

肉用牛は、牛肉輸入自由化以降、国内消費量が倍増する中、和牛へのシフトとブランド化による対応によって生産量の維持に努めてきた。また、標準的生産費と標準的販売価格の差額を補填する肉用牛肥育経営安定対策事業（マルキン）や子牛価格が発動基準価格を下回った場合の差額を補填する肉用牛子牛生産者補給金制度の支援もあり、2010年前後までは飼養頭数は増加傾向にあったが、輸入飼料への依存度を高めながらの増頭は海外穀物市場の高騰に脆弱な体質を強め、2011年の東日本大震災の影響による価格低下の影響等で飼養頭数は減少を続けてきた。だが、最近は価格上昇を受けて再び飼養頭数は増加に転じている。そうした動きの下で200頭以上層の飼養頭数割合は着実に上昇しており、6割に到達しようとしている。500頭以上層の飼養頭数割合も4割を超えており、最上層への集中度はかなり高くなっている。

中小家畜飼養頭羽数は増減を繰り返しながら推移しているが、最上層への集中度は肉用牛よりも高く、肥育豚では2千頭以上層が8割、5千頭以上層が7割を、成鶏雌では10万羽以上層が8割を飼養している状況にある。肉豚、採卵鶏についても経営安定対策が講じられているが、現在ではそれ以上に口蹄疫、豚熱、鳥インフルエンザなど家畜伝染病が経営にとって大きな脅威となっている。

以上のように畜産については最上層への集中度が高まっているが、輸入飼料への依存度を高め、家畜排せつ物の処理[11]や動物福祉問題を悪化させる方向に作用している。これに対しては、稲WCS、子実用トウモロコシなどの自給飼料生産、放牧の拡大、家畜排せつ物の堆肥化を通じた耕畜連携、さらには飼養頭数の上限設定や防疫管理の強化など飼養衛生管理基準の改正と

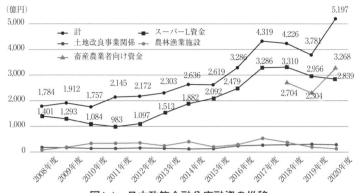

**図1-1　日本政策金融公庫融資の推移**

資料：日本政策金融公庫HPより作成

注：畜産農業者向け資金は土地改良事業関係、農林漁業施設（共同利用施設）を除いて営農類型別に整理した
　　数字（HPで入手できたのは2018年度以降）

いった対応が進められている。

　こうした畜産経営の規模拡大を支えているのが政策融資であり、機械導入や施設整備、それらと一体的な家畜導入を支援する畜産クラスター事業等の補助事業である。**図1-1**は日本政策金融公庫融資の推移を示したものだが、土地改良事業関係や農林漁業施設の融資は低迷している一方、個々の経営体に対象としたスーパーＬ資金は2011年度以降、順調に融資金額が増加しており、2015年度に２千億円を超え、2017年度には一気に３千億円を上回り、公庫融資全体も４千億円を超える。畜産農業者向け資金の数字は最近３年分しか入手できなかったが、融資全体の３分の２近くを占めている。これまでみてきた構造変動の進展、特に畜産部門における規模拡大の背景に政策の強力な後押しがあることは注意しておく必要がある。

## ４．構造変動と農業市場との関係
### ―販売金額規模別にみた経営体の活動―

### （１）販売金額規模の大きな経営体への集中傾向

　生産資源だけでなく販売金額も上位層への集中が進んでいる。**図1-2**は農

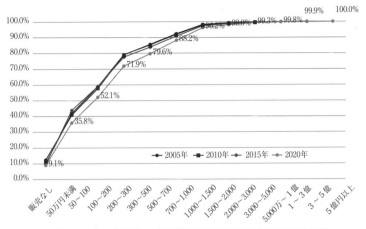

**図1-2　農産物販売金額規模別経営体数割合累積値の推移**

資料：各年農林業センサスより作成

産物販売金額規模別の経営体数が全体に占める割合を販売金額の小さなもの
から順に積み上げた数字の推移を示したものである。図中に記入した数字は
2020年のものである。経営体に占める割合は、販売なしが１割弱、50万円未
満層が３分の１、100万円未満が５割、300万円未満層が７割となっている。
数の上では販売金額の小さな経営体が現在も圧倒的な多数を占めているので
ある。この構造は過去から大きくは変化していない。販売金額は小さいが数
多くの経営体が存在していることの社会的な意味は小さくないものがある。

　次に農産物販売金額規模別の経営体の販売金額が全体に占める割合を販売
金額の小さなものから順に積み上げた数字の推移を示した**図1-3**をみると、
100万円未満層で３％、300万円未満層でも１割に達していない。逆に１千万
円以上層に半分以上、５千万円以上層に４分の１強、３億円以上に１割が集
中しており、センサスの度に徐々にではあるが、曲線は下に移動しており、
販売金額上位層への集中の度合いを強めている。これは構造変動を反映した
結果であり、大きくなった生産者を把握する形で農業関連産業は展開し、市
場のあり方も変化していくことになる。

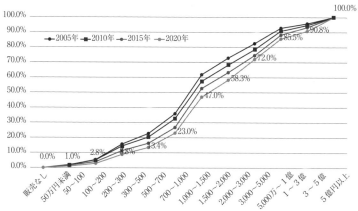

**図1-3 農産物販売金額規模別経営体販売金額割合累積値の推移**

資料：各年農林業センサスより作成

注：販売金額は各階層の中位数に経営体数を乗じて算出した（5億円以上層は5億円とした）

## （2）販売先の変化と販売金額規模による違い―現在も農協が過半―

　販売先で最も多いのは現在も農協である。2005年の7割強から低下しているとはいえ、2020年現在も3分の2弱の経営体が農協を売上1位の出荷先としている（**表1-6**）。それ以外の出荷先は変動しているが、食品製造業・外食産業が1％を超えた程度で、2010年以降は明確な変化はみられない。日本の農産物販売先として農協はいまでも卓越したポジションを確保しているのである。

　出荷先の複数回答の結果をみると僅かながら変化が生じているのを確認することができる（**表1-7**）。農協以外の集出荷団体が15％、小売業者が10％、食品製造業・外食産業が4％まで増加しており、サプライチェーンとの結び付きが強まってきている。消費者への直接販売では農産物直売所の割合の高さが注目される[12]。また、数字は小さいが、100経営体のうち1経営体がインターネットを通じた消費者への直接販売に取り組むようになった点も大きな変化であり、今後、小規模生産者のニッチ市場への参入が拡大する可能性もある。

表 1-6　農産物の売上 1 位の出荷先別農業経営体割合

| | 農協 | 農協以外の集出荷団体 | 卸売市場 | 小売業者 | 食品製造業・外食産業 | 消費者に直接販売 | その他 |
|---|---|---|---|---|---|---|---|
| 2005 年 | 72.1% | 6.7% | 6.2% | 3.6% | 0.6% | 7.3% | 3.4% |
| 2010 年 | 67.2% | 9.2% | 5.9% | 6.2% | 0.8% | 10.1% | 2.7% |
| 2015 年 | 66.2% | 8.7% | 6.3% | 4.8% | 1.5% | 8.8% | 3.8% |
| 2020 年 | 64.3% | 9.7% | 6.4% | 5.3% | 1.6% | 9.0% | 3.8% |

資料：各年農林業センサスより作成

表 1-7　農産物の出荷先別農業経営体割合（複数回答）

| | 農協 | 農協以外の集出荷団体 | 卸売市場 | 小売業者 | 食品製造業・外食産業 | 消費者に直接販売 | 自営の農産物直売所 | その他の農産物直売所 | インターネット | その他の方法 | その他 |
|---|---|---|---|---|---|---|---|---|---|---|---|
| 2005 年 | 78.6% | 10.1% | 10.9% | 6.4% | 1.3% | 18.6% | ― | ― | ― | ― | 7.1% |
| 2010 年 | 73.6% | 13.3% | 10.4% | 7.1% | 1.6% | 21.8% | ― | ― | 0.3% | ― | 4.9% |
| 2015 年 | 73.1% | 12.7% | 11.0% | 8.4% | 2.8% | 19.0% | 3.9% | 8.5% | 0.7% | 7.9% | 7.8% |
| 2020 年 | 72.0% | 14.7% | 11.4% | 9.8% | 4.1% | 21.2% | 4.2% | 8.9% | 1.1% | 9.5% | 7.8% |

資料：各年農林業センサスより作成
注：「消費者に直接販売」の項目はセンサスに記載があったものであり、年次によってないものがある

　次に農産物販売金額規模別の売上 1 位の出荷先別割合を示した**表1-8**をみてみよう。この部分についての2020年センサスのデータは本章執筆時点では公開されていないため2015年センサスの数字となっている。農協の割合が最も高く、販売金額 1 億円までは 6 割以上を占めるが、 1 億円以上になると低下し、 3 ～ 5 億円層だと 3 割、 5 億円以上層では 2 割強となっている。これとは逆に販売金額の増加とともに農協以外への販売先の占める割合が上昇しており、 1 億円以上では農協以外の集出荷団体が20％前後、卸売市場が15 ～ 20％となる。小売業者は 5 千万円を超えたあたりから増加を始め、 3 ～ 5 億円層で12％、 5 億円以上層では16％となっている。食品製造業・外食産業も同様の傾向がみられ、 3 ～ 5 億円層で 8 ％、 5 億円以上層では11％と 1 割を超えている。数千万円さらには 1 億円を超えるような販売金額規模の経営体はサプライチェーンと緊密な関係を構築しているのである。この関係の内実が問われるところだが、残念ながら公表されている数字からこれ以上の

表 1-8　農産物販売規模別経営体売上 1 位の出荷先割合

| | 農協 | 農協以外の集出荷団体 | 卸売市場 | 小売業者 | 食品製造業・外食産業 | 消費者に直接販売 | その他 |
|---|---|---|---|---|---|---|---|
| 計 | 66.2% | 8.7% | 6.3% | 4.8% | 1.5% | 8.8% | 3.8% |
| 50 万円未満 | 65.1% | 7.4% | 2.9% | 5.8% | 1.4% | 10.9% | 6.6% |
| 50〜100 | 68.9% | 8.7% | 4.5% | 4.9% | 1.4% | 8.9% | 2.8% |
| 100〜200 | 68.8% | 9.4% | 6.5% | 4.1% | 1.3% | 8.1% | 1.8% |
| 200〜300 | 66.5% | 9.4% | 9.6% | 3.9% | 1.4% | 7.8% | 1.6% |
| 300〜500 | 65.0% | 9.4% | 11.1% | 3.5% | 1.6% | 7.8% | 1.6% |
| 500〜700 | 63.5% | 9.6% | 12.9% | 3.2% | 1.7% | 7.5% | 1.6% |
| 700〜1,000 | 63.8% | 9.5% | 13.1% | 3.3% | 1.7% | 7.1% | 1.7% |
| 1,000〜1,500 | 65.2% | 9.9% | 12.1% | 3.3% | 1.7% | 6.0% | 1.8% |
| 1,500〜2,000 | 65.7% | 10.7% | 11.5% | 3.4% | 1.8% | 5.0% | 1.9% |
| 2,000〜3,000 | 68.8% | 10.7% | 10.2% | 3.4% | 1.5% | 3.7% | 1.8% |
| 3,000〜5,000 | 69.5% | 10.4% | 9.5% | 3.6% | 2.1% | 2.9% | 2.0% |
| 5,000 万〜1 億 | 61.3% | 12.9% | 10.9% | 5.3% | 3.9% | 2.8% | 2.9% |
| 1〜3 億 | 45.7% | 17.0% | 15.0% | 8.3% | 6.5% | 2.2% | 5.1% |
| 3〜5 億 | 31.6% | 20.0% | 17.3% | 12.1% | 7.9% | 3.8% | 7.4% |
| 5 億円以上 | 22.1% | 18.6% | 20.1% | 15.7% | 11.0% | 1.7% | 10.8% |

資料：2015 年センサスより作成

ことは分からない。

　消費者への直接販売は販売金額の小さな経営体ほど割合が高く、50 〜 100 万円層では 9 ％、50 万円未満層では11％となっている。農産物直売所を介している場合も多いと考えられるが、地産地消的な動きが広く薄く農村を覆っており、小規模農家と消費者との結び付きの強さを示す数字として注目したい。なお、理由は分からないが、100万円未満層では小売業者の割合が高くなっている。また、その他が50万円未満層と 1 億円以上層で割合が高く、その内容は全く異なっていると思われるが、その販売先がどこか気になるところである。

　この農産物販売金額規模別の出荷先については、稲作、野菜、果樹などの違いも含めた詳細な分析を2020年センサスについて行うことが重要な課題として残されている。

## （3）販売金額規模別にみた関連事業展開
### ―注目されるスモール・ビジネスの展開―

　経営体は農業以外にも関連事業を展開している。一般的には農産物販売金額の大きな経営体ほど事業多角化に乗り出すとともにその規模も大きくなっていることが想定される。

　**表1-9**は経営体が農業生産関連事業に取り組んでいる割合と取り組んでいる事業としてはどのようなものが多いのかを農産物販売金額規模別に示したものである。予想通り、販売金額が大きくなるに従い農業生産関連事業への取組割合は高くなる傾向はみられるが、1千万円を超えた層では減少するなど一直線に増加しているわけではなく、5億円以上層でも3割となっており、2～3割程度という状況である。販売金額がそれほど大きくはない経営体も農業生産関連事業によく取り組んでいるということになるかもしれない。

　事業種類をみると違いは比較的よく分かる。販売金額の小さな経営体は専

表1-9　農産物販売金額規模別農業生産関連事業取組経営体割合（2015年）

| | 農業生産関連事業取組実経営体割合 | 事業種類別 | | | | | | | |
| | | 農産物の加工 | 消費者に直接販売 | 貸農園・体験農園等 | 観光農園 | 農家民宿 | 農家レストラン | 海外への輸出 | その他 |
|---|---|---|---|---|---|---|---|---|---|
| 計 | 18.2% | 10.0% | 94.3% | 1.5% | 2.6% | 0.7% | 0.5% | 0.2% | 0.7% |
| 販売なし | 0.3% | 39.0% | — | 23.3% | 5.1% | 9.9% | 7.8% | 1.5% | 24.8% |
| 50万円未満 | 17.0% | 3.7% | 96.9% | 0.8% | 0.6% | 0.5% | 0.3% | 0.0% | 0.4% |
| 50～100 | 19.1% | 7.0% | 95.3% | 1.1% | 1.2% | 0.6% | 0.4% | 0.0% | 0.7% |
| 100～200 | 20.9% | 9.8% | 94.4% | 1.3% | 2.1% | 0.5% | 0.4% | 0.1% | 0.5% |
| 200～300 | 22.3% | 11.8% | 93.7% | 1.4% | 3.1% | 0.6% | 0.4% | 0.1% | 0.6% |
| 300～500 | 25.0% | 14.1% | 92.8% | 1.8% | 4.3% | 0.8% | 0.5% | 0.2% | 0.6% |
| 500～700 | 26.2% | 15.8% | 92.5% | 1.8% | 5.4% | 0.8% | 0.5% | 0.2% | 0.7% |
| 700～1,000 | 27.0% | 16.4% | 92.6% | 2.3% | 6.1% | 0.9% | 0.5% | 0.3% | 0.7% |
| 1,000～1,500 | 25.6% | 17.3% | 92.4% | 2.5% | 6.2% | 1.1% | 0.7% | 0.7% | 1.0% |
| 1,500～2,000 | 23.7% | 18.7% | 91.8% | 3.3% | 7.3% | 1.2% | 1.1% | 0.6% | 1.0% |
| 2,000～3,000 | 21.4% | 20.5% | 91.0% | 3.5% | 6.3% | 1.6% | 1.5% | 1.4% | 1.8% |
| 3,000～5,000 | 18.5% | 22.6% | 87.0% | 4.4% | 6.6% | 1.6% | 2.1% | 1.8% | 2.3% |
| 5,000万～1億 | 19.0% | 36.0% | 80.8% | 5.7% | 7.0% | 2.2% | 3.8% | 4.0% | 4.0% |
| 1～3億 | 21.6% | 43.6% | 76.1% | 4.9% | 5.9% | 1.6% | 6.6% | 4.9% | 6.0% |
| 3～5億 | 23.9% | 43.9% | 72.0% | 4.7% | 5.1% | 0.9% | 9.3% | 6.5% | 5.6% |
| 5億円以上 | 30.1% | 43.2% | 68.9% | 0.7% | 2.9% | 0.4% | 10.4% | 5.7% | 8.2% |

資料：2015年農林業センサスより作成
注：事業種類別の割合は農業生産関連事業取組経営体数を100として算出した

ら消費者への直接販売に取り組んでおり、その割合は9割以上にのぼる。逆に販売金額が大きくなるとその割合は小さくなり、5億円以上層では7割を切っている。

販売なし層は、農業生産関連事業への取組割合は小さいが、取り組んでいる場合は農産物の加工が4割弱、貸農園・体験農園等が4分の1弱と高く、農家民宿や農家レストランも1割弱となっており、多様な事業を展開している点が注目される。貸農園・体験農園等や観光農園は500万円あるいは700万円以上層での取り組みが幅広く広がっている。

販売金額の大きな経営体ほど取組割合が大きくなっているのは農産物の加工、農家レストラン、海外への輸出など資本力を必要とするものが多いようだ。

次に農業生産関連事業に取り組んでいる経営体がそこからどれだけの事業収入があるかを農産物販売金額規別の違いによって示した図1-4をみてみよう。ここでは関連事業に消費者への直接販売は入っていない。当然のことではあるが、農産物販売金額が大きくなるほど事業収入も大きくなっており、農産物販売金額が数千万円あるいは数億円という経営体では生産関連事業に

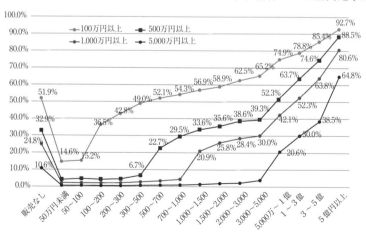

**図1-4 農産物販売金額規模別農業生産関連事業収入規模別割合**

資料：2015年センサスより作成

注：消費者への直接販売を除く

多額の投資が行われていると考えられる。

　ここでは農産物販売金額の小さい階層の動きに注目したい。図1-4の割合の母数は関連事業に取り組んでいる経営体数なので、当該販売金額層の経営体に占める割合はこれよりも小さいが、それでも事業収入が100万円以上という割合は100万円未満層でも15％前後となっており、少なからずの収入となっている。100万円以上の事業収入がある経営体は、100〜200万円層では3分の1、200〜300万円層では4割、300〜500万円層では5割近くとなっており、中小規模経営が積極的な事業を展開しているようだ。さらに販売なし層が関連事業でかなりの事業収入を得ている点は、その実数は少ないとはいえ、農業を起点とした事業展開の可能性を示すものとして注目される。また、関連事業収入が500万円以上となるとかなりの金額だが、そうした経営体は500〜700万円層で4分の1、700〜1000万円層では3割弱となっている。農産物販売金額に見合うような収入をあげている経営体が一定の割合を占めているのである。こうした一連の状況についての詳細は分からないが、「多様な広がりと地域性をもった中小規模の地元密着型のビジネス」、「ヒューマンサイズの地域のスモール・ビジネス」13) が広範に展開しているのではないかと期待を込めて推察したい。


## 5．総括と展望


　2010年以降、日本農業は縮小再編過程を歩んでいる。経営体、農地、労働力という基本3指標の減少のペースは高まっており、日本農業は全体として縮小傾向にある。家畜の飼養頭羽数は乳用牛を除くと増減を繰り返しながら推移しているが、政策融資や補助事業などの後押しを受けた結果であり、農業総資源量は基本的に減少が続いている。その一方で地域差を有しながら構造再編は進んでおり、増減分岐点の上昇、大規模経営への農地集積率の増加、最上層経営への生産資源の集中（特に畜産部門）が進行している。前者は国内生産に関連する農業市場の縮小を意味しており、後者は存在を強めた大規

模経営との関係の変化が農業市場の構造に影響を与えることを意味する。販売金額の大きな経営体のマーケットにおける比重は高まるとともに、小売業者、食品製造業・外食産業とのつながりが強まっている。また、販売金額数億円規模の経営体は生産関連事業にも積極的に乗り出しており、経済主体としての力は強化されている。だが、大規模経営は必ずしも独立性を保っているわけではなく、そうした経営を支える生産技術の高度化はアグリビジネスへの従属[14]という面があることにも注意する必要がある。

　構造再編が進んだ現在も中小規模の経営が広範に存在しており、農協を最大の販売先としながら、農産物直売所等を通じた消費者への直接販売に取り組む者も多く、地元に密着した農業生産が地域を広く覆う形で存続している。また、農業生産に関連する事業に取り組む小規模事業者も形成されている。こうした経済主体の１つ１つは弱いかもしれないが、細い網の目のようなつながりを構築しながら地元社会を支えているようにみえる。ここから食と農だけにとどまらず、社会全体を組みかえていく道筋[15]を考えることができればと思う。

## 注

１）農業経営体はセンサスが定義する用語であるが、本章は農業センサスの分析が主たる内容のため、それを用いることにした。農業経営体は現在もそのほとんどは家族経営であり、小経営的生産様式としての特徴を有している。農家および小経営的生産様式については玉（1994）、農業の特性を踏まえた農民層分解論については阪本（1980）を参照のこと。

　　特に玉（1994）の「日本資本主義における日本農業の非資本主義的部分としての独自性を捉え、また一方で農産物市場、農業労働市場、購買品市場、金融市場、土地市場等々の各種市場を通じての小農的農業の対応と包摂の諸段階と諸形態の問題として分析の枠組みは構築されるべき」（202-203頁）という視座は重要な指摘である。この理解を資本主義の再生産構造にまで拡張すると、資本蓄積にとって不可欠な存在としての非資本主義的外囲（ローザ・ルクセンブルク）に至ることになる。その一方で農家が有する特質は、本来、商品ではない労働力や土地を擬制商品として市場の自己調整機能に委ねようとする資本主義による社会の破壊（カール・ポランニー）に対する抵抗という面もある。経済的自由主義の労働市場の貫徹が「悪魔のひき臼」として機

能し、労働組合等の抵抗運動を引き起こして社会の回復が図られたように、利潤獲得に偏向したあまり本来的な自然の物質循環から逸れた畸形的な生産に対する抵抗が消費者の賛同を得ながら、古くは本来的な農業生産力の発展という視点からの水田有畜農業の提唱（桜井（2005））、有畜複合経営を目指す動き、あるいは有機農業、自然農法といった形で農家から絶えず生まれてくるのは、そのためではないだろうか。労働力や土地が擬制商品とされて構築される市場の特徴を実態に即して描き出し、その歪みや問題を剔出することも農業市場研究の課題とすることができるように思う。

2）種子法廃止、種苗法改正という一連の流れはそのように把握することができるし、国家戦略特区を通じた農地所有権の資本への開放も同様である。現在、国家と企業の関係は逆転しており、例えばISDS条項は多国籍企業が国家を使って利益を貫徹するためのものとなってしまっている。

3）川村・湯沢編著（1976）、ii頁。

4）農民層分解論と深く関係する戦後歴史学について、小野塚（2020）は次のように総括する。「戦後歴史学が、マルクス、レーニン、ヴェーバーなどの理論を有機的に継承して、その認識論の基礎に据えたことは、それ自体は戦前の講座派や、戦時以降の大塚や大河内の蓄積によるものとはいえ、戦後に満面開花した理論的性格は、日本のそれまでの歴史研究にはない新機軸であった。この理論は同時に、生産力（社会的分業）発展→産業革命→資本制の確立→近代市民社会の完成という歴史像を読者に提供し、それは敗戦後の読者の求める史観に一致した。生産力発展から市民社会完成にいたる脈絡のどの点においても戦前までの日本は不十分で偏頗的であり、それが敗戦の根本原因でもあったという、人びとの後半な反省ないし現状認識と、マルクスから継承した理論の提供する生産力発展史観は、幸福な一致を見たのである」（248頁）。こうした状況は長続きせず、戦後歴史学は零落していくことになる。これを牽強付会すれば、生産力発展史観に基づく農民層分解論が展望する社会変革は幻想だったのであり、ある意味、本章が行うような農業構造分析の社会的な意義は失われた——農業政策への直接的な貢献という意義は引き続いているが——ということになるかもしれない。

5）2010年センサスは旧品目横断的経営安定対策に対応するため集落営農の設立が進んだ影響を反映している点に注意をする必要がある。2010年センサス分析については、安藤編著（2012）、同（2013）を参照されたい。

6）地域別にみると構造再編が進展している地域とそうでない地域とに分かれており、その格差はますます拡大する傾向にある。安藤編著（2018）を参照されたい。

7）2020年センサスにおける常雇の減少は調査票の設計に問題があった可能性がある。

8）例えば、今井（1991）が明らかにしたように、雇用型経営であっても経営主をおよそ資本家と呼ぶことはできない「雇用依存型家族経営」にとどまるのか、それを超えた文字通りの資本賃労働関係が形成されているのか、雇用といっても外国人技能実習生という一般の労働者とは異なる社会的存在形態に依存せざるを得ないのかなどが論点となるだろう。

9）農地中間管理事業が抱える制度的問題については、安藤・深谷（2016）を参照されたい。その後、農地中間管理事業は見直されて「人・農地プラン」が前面に据えられることになったが、それが農地市場にどのような影響を与えたかといった検討と評価は今後の課題として残されている。

10）こうした構造変動は農業機械生産にも影響を及ぼしている。日本農業機械工業会HPで国内向けの農業機械生産台数の推移をみると、トラクタは2005年には6万台以上だったのが2020年には3万台を切り、田植機も4万台以上あったのが2万台を切っており、両者は15年間で半分以下となった。コンバインに至っては3万3千台から1万1千台と3分の1になっている。その一方、トラクタに占める50ps以上の割合は1割から2割へ、コンバインに占める普通型の割合も2％から7％まで上昇しており、機械の大型化が進んでいる。

11）2020年の畜産経営に起因する苦情発生戸数は1,386戸（苦情発生率は2.0％）であり、畜種別の苦情発生戸数の割合は乳用牛27.2％、肉用牛24.0％、豚24.4％、採卵鶏14.2％、ブロイラー5.7％、飼養規模別の苦情発生率はブロイラーを除く各畜種で飼養規模が大きくなるほど苦情発生率が高くなっている（農林水産省生産局畜産部畜産振興課環境計画班「畜産経営に起因する苦情発生状況」令和3年5月）。

12）農産物直売所と地域との関係については、野見山（2001）を参照されたい。また、世界各国の直売型農業を比較したものとして、櫻井編著（2011）『直売型農業・農産物流通の国際比較』農林統計出版があり、参考になる。

13）美土路（2013）、227頁。こうしたスモール・ビジネスの多くは小経営的生産様式ではあるが、美土路（2013）が整理しているように柔軟で革新性に富んでおり、地域社会を変革していく力を有しており、その動向が注目される。これはある意味ではプチ・ブルジョアジーに対する再評価でもある。ジェームズ・C・スコット（2012＝2017）が示唆するように、彼らは自主独立した存在であり、創造性に富んでおり、平等な社会を築くための自治の基盤でもあるという見方も成り立つかもしれない（第4章「プチ・ブルジョアジーへの万歳二唱」）。最近、注目を集めている「半農半X」も同じ範疇に属するかもしれない。

14）米国の穀作大規模経営の生産力構造、特に精密農業を分析した磯田（2016）は「従来の『機械化・化学化』を軸とする『工業化』路線をさらに新たなバイテク・ICTを技術的基礎とする『超工業化』へ推し進めつつ、資本による包

摂を深化させている」（65頁）とする。現在、日本で進められているスマート農業も同様の道を歩む可能性がある。

15）その1つの方向性を持続可能性も含めて提案したものとして関根（2020）をあげることができる。

**引用・参考文献**

安藤光義編著（2012）『農業構造変動の地域分析』農山漁村文化協会.

安藤光義編著（2013）『日本農業の構造変動』農林統計協会.

安藤光義編著（2018）『縮小再編過程の日本農業』農政調査委員会.

安藤光義・深谷成夫（2016）「農地中間管理機構の現状と展望」『農業法研究』第51号，pp.71-90.

磯田宏（2016）「米国におけるアグロフュエル・ブーム下のコーンエタノール・ビジネスと穀作農業構造の現局面」北原克宣・安藤光義編著『多国籍アグリビジネスと農業・食料支配』明石書店，pp.11-72.

今井健（1991）「農業労働者の性格と地域における需給構造―北海道富良野地域における『雇用依存型家族経営』の形成―」『農業経済研究』62（4），pp.231-242.

宇佐美繁編著（1997）『日本農業』農林統計協会.

小野塚知二（2020）「読者に届かない歴史」恒木健太郎・左近幸村編著『歴史学の縁取り方』東京大学出版会，pp.233-264.

川村琢・湯沢誠編著（1976）『現代農業と市場問題』北海道大学図書刊行会.

今野聖士（2014）『農業雇用の地域的な需給調整システム』筑波書房.

阪本楠彦（1980）『幻影の大農論』農山漁村文化協会.

櫻井清一編著（2011）『直売型農業・農産物流通の国際比較』農林統計出版.

桜井豊（2005）『農業生産力論・水田酪農論』筑波書房.

ジェームズ・C・スコット（2012＝2017）『実践日々のアナキズム―世界に抗う土着の秩序の作り方』岩波書店（清水展・日下渉・中溝和弥訳）.

関根佳恵（2020）「持続可能な社会に資する農業経営体とその多面的価値」『農業経済研究』92（3），pp.238-252.

玉真之介（1994）『農家と農地の経済学』農山漁村文化協会.

野見山敏雄（2001）「直売所直売所が地域農業に果たす役割」『農業と経済』67（9），pp.22-29.

福田晋（2004）「農地用益市場の特質と取引のあり方に関する考察」『土地と農業』第34号，pp.33-48.

美土路知之（2013）「拡張する食料品市場とフードビジネス」美土路知之・玉真之介・泉谷眞実編著『食料・農業市場研究の到達点と展望』筑波書房，pp.215-234.

（安藤光義）

第2章

# 農地市場の動向と農業市場論的視角の射程

## 1．本章の課題と背景

　農地市場、つまり農地の取引は、農業構造変動の基本的な要素であることや、地域資源の継承としても重要であることから、農業市場学だけでなく、農業構造分析、農業経営学、農村社会学、農村計画学、農業法学、ミクロ経済学といった、多様なアプローチ＝広義の農業経済学の主要な研究課題であり続けてきた。

　近年の農地市場の動向からは、特に以下の二点に注目する必要がある。第一は、制度・政策の変化である。農地市場は、農地法をはじめ、さまざまな法制度、政策に規定される。政府は土地利用型農業の課題である①耕地分散の解消、②農地の所有者と利用者をマッチングする仕組みの構築、を認識し、農地政策を展開してきたが、農地中間管理事業等の近年の改革が目的通りに機能しているようにはみられない。農地政策がなぜ機能しないのか、また機能するために何が必要かは、解明すべき重要な課題である。

　二点目は、農地の所有者および利用者（農業経営者）の多様化である。農地所有者は、農家、地域住民だけで無く、非農家や不在村者が増加している。また農業経営者は、雇用型の法人経営や新規参入者、一般企業が増加している。従来、いえやむらという農村の社会関係のもとで農地資源の所有や利用は継承されてきたが、これまではあまり見られなかったような多様な主体が

増えている。今後の農地取引には、これらの主体との関係構築が、重要となる。

　そこで本章では、農業市場学が上記の社会的課題にどこまで応えられるのか、つまり農業市場論的視角の射程について、近年の農業市場の動向、国内および国外の研究状況、国内各地の取り組みから、明確にすることを課題とする。なお、対象地目は基本的には田を想定している。

　まず、農地市場の形態と農地取引に関わる制度・政策の変化を整理する。つづいて、特に借り手が減少しているもとにおける、近年の農地貸借市場の動向を整理する。そして、農地市場・農地取引分析における農業市場論的視角の有効性を確認する。最後に、上記のテーマに関する事例から、今後の研究課題を導出する。具体的には、①一般企業の農地取得、②新規参入者の受入支援、③所有者不明農地への対応、④中規模農家の離農への対応、⑤農地集約における地代調整の意義、をとりあげる。

　なお、本章は2022年2月に執筆しており、2022年5月に成立した農地関連法の改正については取り上げていない。この点は堀部（2022）で論じている。

## 2．農地市場の形態と農地制度の変化

### （1）農地取引の類型

　農地の取引は、必ずしも「市場」を通じては行われない。表2-1に示すように、農地取引の諸形態は、①相対取引（借り手と貸し手の相互の信頼関係をもとにしたもの）、②地域的調整（集団的土地利用）、③仲介機関による調整、④市場的（多数の参加者による効用増加を目的とした行動）と整理され

表 2-1　農地取引の類型と賃借料

| | 類型 | 特徴 | 賃借料 |
|---|---|---|---|
| 1 | 相対取引 | 血縁者や知人など相互の信頼。非市場的。 | 相場・個別の事情 |
| 2 | 地縁的調整 | 集落営農・集団転作などの地縁的組織による利用調整。 | 組織 |
| 3 | 公的調整 | 公的機関（JA・公社・行政・農業委員会等）による調整。 | 相場を参照して組織として決定 |
| 4 | 市場 | 利得最大化を目的とする多数の参加者（貸し手・借り手）。 | 需給・相場 |

出所：福田（2004）、井坂（2017）を元に筆者作成。

る。盛田（2013）、井坂（2017）、有本・中嶋（2013）などにもあるように、それぞれの取引は、売り手（貸し手）、買い手（借り手）が限られ局所的であり、「利益」を求めた行動では無い場合も多く、④市場的取引は少ない。②地域的調整（集団的土地利用）、③仲介機関による調整、が増加しているようにも見えるが、実際には①相対取引（借り手と貸し手の相互の信頼関係をもとにしたもの）が中心であり続けているとみて良い。

　また、農地の取引は、農地法制により、農業委員会等の定められた手続きを行わないと法的に無効である。そのため、法制度による規定が強く、取引に関わる主体と対象物、方法が決められる。また、安藤（2020）が整理しているように、近年は、農地中間管理事業や人・農地プランなど、政策変化による、農地取引への影響が大きい。

## （2）農地取引に関わる政策における農地市場観

　表2-2は、1990年以降の農地制度および水田政策の主要な内容を示した。

### 表2-2　農地制度および水田政策の変遷

| 年度 | 農地制度 | 水田政策 |
|---|---|---|
| 1993 | 農業経営基盤強化促進法 | |
| | | 米政策改革大綱 |
| 2003 | 構造改革特区（特定法人貸付事業） | |
| 2005 | 特定法人貸付事業全国展開 | |
| 2007 | | 品目横断的な経営安定対策 |
| 2009 | 農地法改正　①解除条件付き、②標準小作料廃止、③農地利用集積円滑化団体 | |
| 2010 | | 戸別所得補償制度 |
| 2012 | 人・農地プラン | 農地集積協力金・青年就農給付金 |
| 2014 | 農地中間管理事業 農地法改正　所有者不明 | 米の直接支払い交付金廃止方針（～17年半額） |
| 2015 | 農業委員会制度改革 | |
| 2016 | 農地所有適格法人 | |
| 2016 | 国家戦略特区（企業による農地取得の特例・養父市） | |
| 2018 | 農地法・基盤強化法改正　所有者不明 | 生産調整制度の変更 |
| 2019 | 人・農地プラン実質化 | |
| 2020 | 食料・農業・農村基本計画策定 | |
| 2021 | 人・農地など関連施策の見直し | |

資料：筆者作成。

紙面が限られることから、①中央政府の農地市場観および望ましい農業構造観、②取引主体の多様化の点に限り、概観する。農地市場観は、端的には、農地取引について、市場メカニズムの活用に重点を置くか、地域での調整を重視するかである。また望ましい農業構造観は、効率的な経営、大規模経営や「担い手」への農地集積をどの程度重視するかである。

　現在まで続く、経営政策、農地政策の大きな枠組みは、いわゆる新政策（1992年）とそれを受けた農業経営基盤強化促進法（1993年施行）である[1]。農業経営基盤強化促進法により、認定農業者制度が創設され、育成すべき担い手に地方自治体（特に市町村）が農地を誘導する事となった。農用地利用増進法（1980年施行）においては、農地の公的団体による自主管理＝むらによる合意、利用、という理念があった。農業経営基盤強化促進法では、経営体育成が目的となり、そのための手段として利用権が位置づけられた。

　その後、米政策改革大綱（2002年）、品目横断的経営安定対策（2007年）でも、一定規模以上の担い手の育成が目指される。そして農地関連法改正（2009年）では、一般法人の農業参入が全国展開されるとともに、市場メカニズムによる価格を通じた調整に期待して標準小作料が廃止された[2]。また一方で、農地の利用調整を地域の関連団体（農協、自治体、公社等）が行う、農地利用円滑化団体制度が創設された。

　民主党政権下では方向転換がなされ、2010年の戸別所得補償制度により、担い手以外も含めた農業者への支援方向が打ち出された。農地利用については2012年に人・農地プランによって、むら段階による話し合いが目指された[3]。

　その後第二次安倍政権下において、官邸主導によって「四つの改革」（2013年）が打ち出された。特に農地市場に関しては、農地中間管理事業の創設と米の直接支払制度の廃止が大きい。農地中間管理事業は、それまでのさまざまな農地制度改革から大きく踏み込んで市場メカニズムの活用を制度の根幹に置いている点、現在まで「農地中間管理事業を通じた効率的で望ましい農業構造の実現」を目標に掲げ続けている点で、重要な制度である。農地中間管理事業の基本設計としては、地域による調整ではなく、農業委員会による

許可を不要にし、都道府県段階でのオークションによって借り手を決める制度である[4]。もちろん、法律の制定過程で、地元でマッチングされている場合はそれを優先して良いこととなり、大きな混乱は免れたが、その発想は、広域市場での調整である。また同時に、政策目標（KPI）として、担い手への八割集積を掲げ、その実現のために中央政府は、補助金を紐づけるだけでなく、数値での成果を都道府県・市町村に強く迫ってきた。

　「四つの改革」は、官邸主導によって行われたが、少なくとも農業政策においては、2019年頃から官邸主導の側面は弱まっている[5]。そのため、2020年策定の食料・農業・農村基本計画では、多様な主体への支援が打ち出された。また、人・農地プランの実質化（2019年度〜）、「人・農地など関連施策の見直し」（2021年5月）に見られるように、農地中間管理事業よりも、人・農地プランの活用、つまり市場メカニズムの利用よりも地域での調整に重点が変わってきた。しかし、担い手への八割集積というKPIと「農地中間管理事業を通じた効率的で望ましい農業構造の実現」というストーリーは変更されておらず、その手段として人・農地プランがある、という整理となっている。これは、政府の農地市場観・望ましい農業構造観としては、矛盾している部分を含むように思われるし、少なくとも複雑となっており、地方自治体・関連団体・農業者に対しては、分かりにくいメッセージとなっている。

　また、近年進められている「人・農地プランの実質化」については、推進方法が細かく定められ、報告義務や各種補助事業との関連も大きいことから、地域の自主的な農業振興の観点や行政効率の観点から、検証が必要である。さらに、2021年度から言われている「目標地図」については、むらの調整によって数年後の農地の受け手をあらかじめ決めておくことが目指されている。農地の受け手がいる状態を目指すことは有意義であるが、農地の利用者は、毎年の経営環境や組織・家族の状態によって経営判断し、農地の利用を臨機応変に行なうこともあり得る。完成図を定めてそれに向けて進めるよりも、柔軟に対応できる基盤を提供することが重要と思われる。

### （3）取引主体の多様化に関する政策

　取引主体の多様化については、出し手と受け手の双方で進行している。受け手では、第1章で見たように、規模拡大、法人化が進んでいる。また、2007年の品目横断的経営安定対策によって集落営農が増加した。政策対応のための形式的な経営もあったが、その後少なくない組織が、実質的な経営体に発展している。加えて、2012年の青年就農給付金（後の農業次世代人材投資資金）の創設以降、新規参入者が増加している。さらに、2009年以降解除条件付きの貸借が全国展開し、一般企業の農業参入も増加している。

　出し手については、不在地主および相続未登記農地の増加がある。これらの対策として、2018年に農地法、農業経営基盤強化促進法の改正が行われたが、5．で見るとおり、今後もこの問題は広がることが懸念されている。

## 3．農地貸借市場の動向

　農地市場には、売買市場と貸借市場がある。売買市場も重要ではあるが、ここでは紙面の都合から、より頻繁に取引が行われる貸借市場を取り上げ、受け手の減少によって、地代の低下と、使用貸借の増加が進行していることを示す。

　田の賃借料（小作料、地代）は、全国農業会議所『水田小作料の実態に関する調査』によれば、2.72万円/10 a（1990年）、2.50万円/10 a（1995年）、2.02万円/10 a（2000年）、1.63万円/10 a（2005年）と下落を続けてきた。2009年の農地法改正を機に本調査は廃止され、以降、農林水産省『農地の権利移動・借賃等調査』によって、把握されている。その後も1.31万円/10 a（2010年）、1.07万円/10 a（2015年）、と下落が続いたが、直近の調査結果は1.11万円/10 a（2018年）と若干増加している。これは、2015年産以降の米価の上昇の影響と思われる。

　表2-3に、田の賃借料水準の推移をブロック別で示した。2010年は、いわ

### 表2-3　田の賃借料水準の推移

（単位：100円/10a、%）

| | 2010 | 11 | 12 | 13 | 14 | 15 | 16 | 17 | 18 | 2018 対全国 | 2010−18 増減率 |
|---|---|---|---|---|---|---|---|---|---|---|---|
| 全　　国 | 131 | 127 | 129 | 121 | 125 | 107 | 114 | 110 | 111 | 1.00 | −15.3 |
| 北 海 道 | 105 | 104 | 107 | 108 | 107 | 102 | 103 | 100 | 105 | 0.95 | 0.0 |
| 都 府 県 | 132 | 128 | 130 | 122 | 125 | 108 | 114 | 110 | 111 | 1.00 | −15.9 |
| 東　　北 | 146 | 136 | 141 | 134 | 127 | 111 | 109 | 108 | 111 | 1.00 | −24.0 |
| 関　　東 | 133 | 135 | 139 | 133 | 123 | 118 | 124 | 115 | 108 | 0.97 | −18.8 |
| 北　　陸 | 177 | 171 | 173 | 163 | 166 | 134 | 142 | 144 | 146 | 1.32 | −17.5 |
| 東　　山 | 87 | 90 | 84 | 85 | 90 | 75 | 76 | 72 | 73 | 0.66 | −16.1 |
| 東　　海 | 96 | 81 | 92 | 98 | 93 | 107 | 101 | 80 | 81 | 0.73 | −15.6 |
| 近　　畿 | 84 | 84 | 84 | 85 | 83 | 83 | 80 | 77 | 81 | 0.73 | −3.6 |
| 中　　国 | 69 | 71 | 68 | 71 | 72 | 59 | 60 | 55 | 58 | 0.52 | −15.9 |
| 四　　国 | 105 | 99 | 101 | 98 | 92 | 88 | 87 | 89 | 86 | 0.77 | −18.1 |
| 九　　州 | 134 | 134 | 133 | 135 | 125 | 125 | 121 | 118 | 118 | 1.06 | −11.9 |
| 沖　　縄 | 88 | 99 | 84 | 91 | 56 | 21 | 56 | 79 | 74 | 0.67 | −15.9 |

資料：「農地の権利移動・借賃等調査」（各年版）
注：宮城県は、2010年のデータが無いため、2011年で代用した。

ゆる主要な米産地である、東北、北陸の価格が高く、東山、東海、近畿、中国、四国は低かった。2018年にかけて、東北の価格低下が注目され、全国と同価格となっている。そのほか、北海道が低下しておらず、九州もそれほど低下していない。東北地方は、古くは地域労働市場が未成熟であることから、小規模農家であっても耕作意向が強く、賃借料が高い地域とされた。地域を細分化して詳細に見れば、地域労働市場の影響があろうが、総体としては、労働市場よりも、農業者の高齢化や離農により、受け手が限られてきた側面が強くなっていると思われる。

　また、無料での貸借、使用貸借が増えている。近年、「無料でも良いから借りてほしい」との声が各地で頻繁に聞かれるようになったが、これを統計から確認する。使用貸借は、農林水産省『農地の権利移動・借賃等調査』で把握できるが、そのうち「経営移譲年金の受給のため」は2009年までしか公表されていない。これは年金受給のために親子間で行なうものであり、通常の賃貸関係の把握においては、除いた方が良い。そこで、農地法、農業経営基盤強化促進法の使用貸借の内、「経営移譲年金の受給のため」の割合を2010年以降も同じであると仮定して、農地貸借に占める使用貸借割合を試算

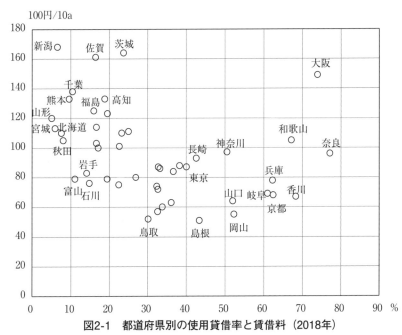

**図2-1　都道府県別の使用貸借率と賃借料（2018年）**

資料：『農地の権利移動・賃貸等調査』より作成。

した。なお、農地中間管理事業法の使用貸借割合は、農業経営基盤強化促進法と同等とした。その結果、農地法、農業経営基盤強化促進法、農地中間管理事業法による貸借権利設定の内、使用貸借の割合は、は17.0％（2006年）から、18.9％（2009年）、22.5％（2012年）、24.1％（2015年）、26.3％（2018年）と着実に増加している。

　また図2-1に、使用貸借率と賃借料水準の関係を県別に示した。使用貸借率が50％以上である県は、神奈川県、岐阜県、京都府、大阪府、兵庫県、奈良県、和歌山県、岡山県、山口県、香川県であり、都市的地域または水田裏作の使用貸借が定着している地域であった。このように、使用貸借の一部は水田裏作であると思われるが、全国的に使用貸借が増加（12年間で9.7％ポイント）していることは確認できる。なお、使用貸借が少ない地域は、北海道、東北、北陸地域で、10％未満の県がほとんどであった。

## 4．農地市場・農地取引分析における農業市場論の有効性

　これまで検討してきたように、我が国の農地の取引においては、「市場メカニズム」以外の要素が大きい。農業市場学においても、農地市場は、資本と農業者間での取引では無いため、農産物市場や農業生産財市場などの他の農業市場とは性格が異なるとされる（東山（2013））。では、どこに農業市場学による分析の有効性を見い出せばよいか。

　農地の権利移動は、経営規模の増減、つまり農業構造変動の基本的な要素となってきた。地域農業構造論では農業経営、農村社会（むら）や関係諸団体（JAや農業委員会、自治体など）の役割も含めて、多くの蓄積がある[6]。この中には、資本主義の発展度合いや景気循環が、地域労働市場を通じて、農地貸借市場に影響を与えるとし、地域農業構造を規定する最も大きな要因としてきた研究もある（山崎（1996）や、これを継承・発展させた研究など）。資本主義と農業の関係や、地域労働市場については、農業市場学が得意としてきた分野であり、農業市場論を基礎理論として、展開してきたとも言える。

　近年の農地市場は、農地中間管理事業の影響が大きかったが、これは、官邸主導の政策形成によって形成された。このような、制度・政策と、資本主義・国家との関係は、ますます重要になってきている。ここに、市場取引を対象とする狭義の農業市場学ではなく、伝統的に農業市場学が有している分析視角である政治経済学、つまり農業と資本と国家の関係から把握することの有効性がある。隣接諸分野（地域農業構造論、農業経営学、農業法学、農村社会学等）の成果を踏まえつつ、より大きな視点である政治経済学と接合し、分析することが期待される。

　また、農地の出し手、受け手ともに従来想定されてきたような農村社会の一員ではないケースも増えている。出し手については、土地持ち非農家所有の耕作放棄地の増加に見られるように、不在地主、所有者不明農地の問題がある（礒貝・堀部（2021））。受け手については、新規参入者や企業参入が増

加している。また、農家が設立した農業法人においても、雇用型労働力を地域外出身者を含めて雇用して調達することが多くなり、地域や家族から切り離されている面も増えている。このような新しい農業主体は、Ploeg（2018）の言うNew Peasantriesの一つとして、日本固有の特徴を持ちつつも、資本主義と農業の世界的な動向から理解を深めることが可能だ。Hisano et al（2018）は、日本の農業法人や集落営農について、Peasant farmingとEntrepreneurial farmingのHybrid zoneであると先駆的にまとめている。またそもそも、Conway etc（2020）によれば、ヨーロッパでは、農地の権利移動をめぐる法制度が各国で異なることもあり、農地の権利移動の状況や要因について、社会的に重要であるにもかかわらずほとんど明らかにされていない分野とされている。

さらに、Borras et al（2012）が指摘するような土地収奪（Land Grabbing）が、南半球だけで無く、北半球でも広がりつつあり、その文脈で、我が国の農地制度を捉える必要もある。土地収奪は、地域の土地利用や家族経営の既存のパターンを破壊して行われる。Ploeg et al（2015）によれば、ヨーロッパでは農地の集積が農地収奪と供に進んでいるが、その要因には生産性の向上では無く、補助金獲得の効率性、さらには「フィナンシャリゼーション（金融化）」があるとされる。Bjorkhaug（2020）が提起しているように、農地が、利潤の蓄積を求める資本の投資対象なのか、食料生産基盤なのか、あるいは地域環境資源として住民に受け継がれるものなのか、今日、世界的に問われている。これらの国際的な研究動向との接合が、グローバリゼーションと農業との関係を広く捉えてきた農業市場学に期待される。

## 5．農地市場をめぐる新しい動向と論点

### （1）農地市場をめぐる構図

農地の出し手、受け手の多様化と、制度変化の影響について、特に近年注目される新しい動向について、5つの論点（①一般企業の農地取得、②新規

参入者の受入支援、③所有者不明農地への対応、④中規模農家の離農への対応、⑤農地集約における地代調整の意義）ごとに、農地の効率的な利用、取引費用、資源継承の側面から検討する。

## （2）一般法人の所有権取得―国家戦略特区・兵庫県養父市―

　一般法人による農業参入は、2009年の農地法改正によって、全国どこでも、誰でも、解除条件付きの貸借によって行えることになった。その後、参入企業数は2019年末時点で3,669法人と、毎年約300法人程度のペースで増加している（農林水産省経営局調べ）。本節では、一般法人による農地所有権の取得をめぐる動向に着目し、兵庫県養父市において2018年に行った調査から整理したい。養父市では、国家戦略特区に指定されたことよって、2016年９月以降全国で唯一、一般法人による農地取得を特例として行える。

　農地取得の手続きは、以下の流れになっている。農地を取得したい一般法人は、その意向を市に相談する。市は、要望のある農地や地域を調べるほか、市から地域へ提案をすることもある。その後、地権者との意見交換を重ね、法人農地取得事業の手続きを行う。価格は、農地所有者と法人が直接交渉し、市は基本的に交渉には関わってないが、土地代金のやり取りは市を介して行う。市は、法人からの土地代金の納入を確認後、土地所有者から市、市から法人への所有権移転登記を申請し、またそれにあわせて、農業以外を目的とする農地所有に歯止めをかけるための事前措置として、農地の不適切な利用を停止条件とする、法人から市への所有権の再移転の仮登記もあわせて申請する。この申請に基づき、もし法人の農地利用が適切ではないと市が判断すれば、法人から市に所有権が再び移る仕組みになっている。ただし、地方公共団体による農地所有権の取得については、これまでの遊休農地対策制度や他の農地制度を見れば、積極的に地方公共団体が引き受けることは、想定しづらく、全国的にこの制度を適用することは慎重に検討すべきだろう。

　市全体で、貸借を含む一般法人の参入による耕作放棄地の解消については、13社全体による2016年の営農面積は約11.6ha、2017年は約27.2haとなってい

る。ただし、特例による農地取得は6社1.65haにとどまっている。養父市に参入した法人の中で最も耕作面積が大きいA社は、当初、同特区の農業生産法人の要件緩和で農地所有適格法人として参入し、その後、一般法人による農地取得の特例制度を利用した。A社に関して言えば、集落全体の農地を守ることができたという成果が出ている。またそれに次ぐ規模の法人は、耕作放棄地であった農地を法人農地取得事業で取得し、参入している。しかし、どちらの法人も所有権の獲得に強い意欲があったわけでないため、所有面積は小さく、経営面積のほとんどは貸借であった。

このように国家戦略特区によって、農業参入を支援しているという市の姿勢を示しながら、市の認知度を高め、農業参入を呼び込むことができた。しかし、農地所有権の取得を理由として参入したという企業は確認されず、その面積も小さいものだった。

2021年度、一般企業による農地所有権の取得は、規制改革会議において全国的な展開が議題となったが、効果は小さいとして、検討継続となった。日本国内の動きだけで無く、世界的なLand grabbingやFinancializationなどの動向も合わせ、今後も検討過程を注視する必要がある。

## （3）新規参入者への農地のあっせん―JA信州うえだ―

新規参入者が優良な農地を得ることは難しい。ただし、新規参入者の経営が立ちゆかず、離農することになれば、地域にとっても大きな損失であり、耕作放棄地に限らず、優良な農地を紹介する仕組みが大切である。

農地取引は、公的機関による支援はありながらも、基本的には相対が中心である。参入希望者は、地権者、地域から信頼される必要があるが、地権者が直接本人の経営能力や営農意向、生活面を含めた行動性向を判断することは容易ではない。そのため、多くの地域では、新規参入者をコミュニティにつなげる、研修農家・機関が重要な機能を果たしている。この橋渡し主体は、その地域の優良な農家が務めることが多いが、自治体設立の公社や、JA出資法人、雇用型の農業法人が果たす場合もある。また、複数の主体で分担す

る場合もある。研修農家・機関は、新規参入者に対して、就農要件（農業技術、農地利用の権利、資金、機械・施設、住居等）を得るための研修を行っている。また、研修の開始時や研修中を通じて、その地域の農業者としてとして相応しいかの審査も行っている。この研修農家・機関は、新規参入者の地域における信頼の担保となることが多く、コミュニティのメンバーに農地や家屋、機械・設備等について、相談・交渉することになる。

このように、研修農家・機関への負担が大きいため、新規参入者へ優良農地の貸付が順調に進んでいる地域は多くないが、さまざまな優良な取り組みもある。例えば、長野県のJAうえだは、JAが出資して法人を設立し、農業生産と、新規就農希望者の研修を行っている。JA出資法人は、自ら農業生産や研修を行うことにより、コミュニティのメンバーから多くの農地情報を直接得ることができる。また、農地利用調整を行うJA職員や、農地中間管理事業の委託を受けた、JAのOB職員と連携することにより、農地を確保して多くの新規参入者を誕生させている。

### （4）所有者不明農地への対応

農地所有者の都市部への移住や、死亡に伴う相続により、農地の所在地以外に居住する所有者が増えている。また、相続時に登記を行っていないと、所有者を確定することが難しく、多くの相続人による共有となることも多い。通常、所有者が複数いる農地の利用権設定を行う場合、共有者の過半の同意が必要となる。しかし、多くの者から同意を得たとしても、確実に「過半」であると示すことは容易ではないため、所有者不明農地の賃貸借契約を結ぶのは難しい。これまでの所有者不明農地に関する制度は、2013年改正農地法による遊休農地の公示制度があったが、実績は低調であった。

そこで、2018年の農地法および農業経営基盤強化促進法の改正により、所有者不明農地問題に対応する新しい制度が創設された。相続手続きが完了していない所有者不明農地であっても、複数いる共有者（所有者）のうち、実質的な農地の管理や納税を行っている者（管理人）の意向により、定められ

た探索、公示等の手続きを踏めば、農地中間管理機構を通じた賃貸借契約が可能となった。

礒貝・堀部（2021）は全国の動向と秋田県の事例を分析し、当制度の活用実績は限られており、制度活用における課題があることを示した。現在の農業政策は農地中間管理事業を中心に据え、様々な制度・補助金を関連させているため、「相続未登記等により所有者を確定できない」ことが問題となる。本公示制度により、当面は権利設定が可能となり、各種事業が行えるようになる意義は小さくない。ただし、手続きがある程度簡素化されたとはいえ、農業委員会や行政の負担はあり、何らかの事業と関連していない場合、公示制度の対象とならなかった所有者不明農地は今後も所有だけでなく利用からも放置され続ける可能性が高い。さらに、公示制度は所有権を確定せずに、農地を利用するための制度であるということから、所有者不明農地問題は今後も拡大せざるを得ない。

## （5）中規模農家の離農への対応―秋田県藤里町―

これまで、離農者は中小規模経営が多く、その農地については、周りの中小規模農家や、広範囲な耕作を行っている大規模経営体が引き受けていた。ところが経営の大規模化と受け手の減少が進む中で、10haを越える農地が一度に供給されるケースが現れている。離農時期を見据え、新たな受け手を探しながら徐々に規模を縮小できれば良いが、想定外の事情（不慮の事故・急病等）により、急に離農する場合もあり得る。特に優良農地が集まっている地域においては、このような事態への対処を準備しておく必要がある。

その対処の先進事例に秋田県藤里町の取り組みがある。2016年2月に水稲等（27ha）の大規模経営を行う経営主が病気で突然亡くなった。藤里町農業委員会では、即座に農地の受け手を探したが、作付時期が近づいていたことから難航した。そこで、（公社）秋田県農業公社（農地中間管理機構）と連携して町外の2法人（本社は大潟村および三種町）を見つけ、2017年6月にはA法人が水稲15ha、B法人が大豆12haの営農開始へとこぎ着けた。

評価できる点は第一に、大規模経営体の突然の離農に対して、農業委員会が組織として迅速な対応を行い、広大な荒廃地の出現を阻止したことである。農業委員会が、地権者との調整を行い、全118筆、地権者36名が同意して権利設定（大半が農地中間管理事業）を行った。二つ目は、荒廃化だけでなく、利用の分散も防止したことである。対象地は農地利用集積円滑化事業により集積されていた農地であった。受け手となった2法人は、それぞれ引き受ける農地の地区を分けて、集積されたまま利用している。三つ目は、集落内および町内で丁寧な合意形成を行ったことである。農地の受け手については、集落内、町内、町外の順で探した。また、出し手に対しても、町外も含めて受け手を探して欲しい意思があるかアンケートを行い、調整活動を進めた。そのため、町外から受け手が来ることになっても、大きな混乱は無かった。

ただし、課題もあった。当初、受け手の2法人は、営農条件の異なる地域から来たこともあり、営農技術面で苦労し、当初充分な収量を得ることができなかった。しかし2年目以降、地元集落の農家から助言を受けることで、当地域での営農技術が向上している。農業委員会のすすめもあり、2法人が地域資源管理活動に参加したことも好影響を与えている。

このように、中規模以上の経営の突然の離農に対しては、地域内だけでなく、地域外も含めた対処を想定し、対応することが今後重要となるであろう。

## （6）農地集約化における地代調整の意義—山形県酒田市、新潟県村上市—

2009年12月の農地法改正によって標準小作料制度が廃止され、農業委員会は、実勢の賃借料情報を提供することとなった。その背景には、農地取引について、市場メカニズムを活用することにより、価格を通じた需給調整が行われ、効率的な農地利用へつながる、との考えがあった。

しかし、標準小作料がなくなることへの不安の声は各地で大きく、実勢の賃借料情報とは別に、従来の標準小作料に準ずるような、地域の農業者および地権者が目安とできる賃借料水準（参考賃借料等と呼ばれる）を示している農業委員会が少なくとも47確認された（2018年、全農業委員会のHP閲覧

による）。賃借料の交渉は、農地の条件やお互いの希望から、貸し手と借り手の当事者で定めるのが基本となったが、賃借料を決める際に標準小作料（参考賃借料）を参照点とすることで、取引費用が軽減される。

山形県では、標準小作料制度廃止後の対応について、水田地帯である庄内地方および置賜地方の農業委員会から懸念の声が上がり、実勢値の公表だけでなく、標準小作料と同様に参照できる基準として、参考賃借料を設定、公表することとなった。また、堀部・伊藤（2017）によれば、新潟県村上市では、2014年の米価下落を受けて、参考賃借料を導入（復活）させている。

参考賃借料制度には、以下の三つの効果が期待される[7]。第一に、妥当な金額への誘導である。事前に根拠資料を基に、双方の事情を勘案して地域全体で協議することで、貸し手、借り手の双方が納得しやすい金額へ誘導する。また、価格が折り合わずに取引が成立しないことが少なくなる効果も期待される。

第二に、賃借料の統一による団地化・連担化である。大規模水田経営にとっては、農地の団地化・連担化が強く求められている。人・農地プランなどで、地図を見ながら借地の交換等により耕作距離を少なくする事が推進されているが、その際、賃借料が同額の方が、地権者との交渉をはるかに進めやすくなる。

第三に、農地中間管理事業の運営をしやすくすることである。農地中間管理事業において賃借料は、機構が、同程度の農地の賃料水準等を勘案して、必要に応じ得て相手方と協議することとなっている。しかし実際には、事前に貸し手と借り手が賃借料を含めて同意した上で権利設定の手続きを行う場合が多い。この点と関連して、特に、経営環境の変化があった場合に、機構として判断を示す際、参考賃借料を作成すれば、その根拠として活用できる。また、米価下落・悪天候によって大幅に収益が悪化した際の事務負担の軽減もできる。ある地域の賃借料の大半を変更しようとした場合には、一筆ごとに賃借料変更の手続きが必要となり、膨大な事務負担となる。参考賃借料制度であれば、標準小作料と同様に賃借料を「参考賃借料の通り」とすること

ができ、機構の管理システム上に登録しておけば、自動的に変更することも可能である。

このように、農地取引は、出し手と受け手の相対が中心でありつつも、そこにはむらの意識があることが多い。効率的な農地利用のためには、人・農地プランの実質化のように、むらに細かく定めた事務的なノルマを課すよりも、むらの機能が発揮される制度的な基盤を提供することが肝要ではないだろうか。

## 6．今後の課題

農地利用は、農業経済学の主要な研究テーマであったが、農業経営主体（受け手）と農地所有者（出し手）の多様化や、調整主体に関わる政策が大きく変わる中で、新たな論点が生まれており、改めて重要な研究テーマとなっている。また欧州諸国、アジア諸国を含め、多くの国では、資本による農地の取得、利用が進み、その問題点も指摘されている。

これらの分析には、農業市場論だけで無く、隣接他分野と協力・融合して取り組むことが望まれるが、その中で農業市場論としては、資本と国家と農業の三つの関係を視角とする政治経済学を活かした成果が期待される。

注
1）この間の農地制度の理念や経緯については、梶沢（2016）を参照のこと。
2）標準小作料制度の廃止は、2007年5月第一次安倍政権下の経済財政諮問会議で打ち出された。廃止すべき理由は、「農地の貸借は民間経済主体同士の取引であり、農地の利用に対する需給を反映すべきで、公的な基準で誘導することは望ましくないから」である。この背景には、経済財政諮問会では、構造改革の加速と市場シグナル（メカニズム）の活用が目指されていたこと、があった。
3）人・農地プランは、話し合いが推奨されたが、補助事業と紐付けられていたことや、急に集落単位での話し合いを市町村が推進することが容易ではなかったため、少なくとも当時は、補助事業の「付属資料」として農地や受け手に関する情報を作成する程度にとどまっていた地域が多い。

4）農地中間管理事業の形成過程、特徴、問題点については、安藤・深谷（2017）、原田（2017）（2018）。また、岡村・草刈ほか（2021）の研究では、成果が限定的だったとしている。

5）官邸主導に関して、政策形成過程の分析が求められる。基本計画について堀部（2020）は、2020年基本計画では、「官邸による影響が弱まりながらも、一定の制約がある（足かせをはめられた）もとでの、現場主義・現実路線への揺り戻し」がみられた、とした。

6）主要なものとして、例えば盛田（1999）、細山の一連の研究、直近では細山（2021）、椿（2017）、井坂（2017）など。

7）より詳細な説明は、堀部（2020）参照のこと。

## 引用文献

安藤光義（2020）「農地を動かす地域システムはどう変化したか」『農業と経済』87巻第1号，pp.26-34.

安藤光義・深谷成夫（2017）「農地中間管理機構の現状と展望」『農業法研51　戦後農政の転換と農協・農業委員会制度改革等の検証』農山漁村文化協会，pp.71-90.

有本寛・中嶋晋作（2013）「農地集積と農地市場」『農業経済研究』85巻2号，pp.70-79.

Hilde Bjorkhaug, Philip McMichael, Bruce Muirhead. (2020) Finance or Food?: The Role of Cultures, Values, and Ethics in Land Use Negotiations. University of Toronto Press.

Borras, Saturnino Jr., Jennifer C. Franco, Sergio Gomez, Cristobal Kay, and Max Spoor. 2012. "Land Grabbing in Latin America and the Caribbean." Journal of Peasant Studies, 39 (3-4), pp.845-872.

S.F. Conway, M. Farrell, J. McDonagh, A. Kinsella (2020). Mobilizing land mobility in the European Union: An under-researched phenomenon. *International Journal of Agricultural Management*, 9 (1), pp.7-11.

原田純孝（2017，2018）「農業関係法における「農地の管理」と「地域の管理」：沿革、現状とこれからの課題（1）～（5）」『土地総合研究』25（3），25（4），26（2），26（3），26（4）.

Shuji Hisano, Motoki Akitsu, Steven R. McGreevy (2018). Revitalising rurality under the neoliberal transformation of agriculture: Experiences of re agrarianisation in Japan. *Journal of Rural Studies*, 61, pp.290-301

細山隆夫（2021）「大区画圃場整備地域における大規模借地経営の出作と農村集落―構造改革先進地域・北陸地域を対象に―」『農業経済研究』93巻第1号，pp.1-16.

東山寛（2013）「農地市場に関する主要文献と論点」美土路知之ほか編著『食料・農業市場研究の到達点と展望』筑波書房，pp.13-25.

堀部篤（2020）「賃貸料の設定に農業委員会はどのように関われば良いか？」『農政調査時報』581号，（一社）全国農業会議所.

堀部篤（2021）「農村地域の再建と自治体農政の役割」谷口信和・平澤明彦・西山未真編『日本農業年報66　新基本計画はコロナの時代を見据えているか』農林統計協会，pp.179-193.

堀部篤（2022）「農地関連法改正のねらいと課題」『ニューカントリー』2022年9月号、北海道協同組合通信社.

堀部篤・伊藤亮司（2017）「公的機関による地代水準提示の意義に関する一考察—新潟県村上市の参考賃借料制度を対象として—」『農村研究』第124号，pp.23-35.

井坂友美（2017）「農地取引メカニズムの諸類型と非市場的取引の実態」『農業経済研究』89巻1号，pp.32-49.

礒貝悠紀・堀部篤「所有者不明農地の活用手法と地域農業への影響—2018年改正農業経営基盤強化促進法による公示制度に着目して—」『農業経済研究』92巻4号.

楜沢能生（2016）『農地を守るとはどういうことか—家族農業と農地制度 その過去・現在・未来』農山漁村文化協会.

盛田清秀（2013）「農地に関する経済分析の展開—主としてマルクス経済学における—」『農業経済研究』85巻2号，pp.347-352.

岡村伊織・草刈仁・藤栄剛（2021）「GISによる広域的な圃場分散状況の把握と農地中間管理事業の評価」『農村計画学会論文集』2021年1巻1号，pp.29-39.

Jan Douwe van der Ploeg.（2018）The New Peasantries: Rural Development in Times of Globalization. 2nd edition. Routledge.

Jan Douwe van der Ploeg, Jennifer C. Franco, Saturnino M. Borras Jr.（2015）. Land concentration and land grabbing in Europe: A preliminary analysis. *Canadian Journal of Development Studies / Revue Canadienne d'Études du Développement*, 36（2），pp.147-162.

椿真一（2018）「農地市場における農地中間管理事業の効果と課題—山形県を事例に—」『農村経済研究』35巻2号，pp.95-103.

山崎亮一（1996）『労働市場の地域特性と農業構造』農林統計出版.

注　本章は科学研究費助成事業（基盤（C）19K06276、基盤（C）20K06286）による研究成果の一部である。

（堀部　篤）

第3章

# 新自由主義経済政策下における農業労働力市場の変貌

## 1. 本章の課題

　昨今、様々な産業分野において「労働力不足」が叫ばれており、職種別に偏りは大きいものの全体傾向として有効求人倍率の上昇という形からも確認できる。農業においてもそれは例外では無く、農家という主たる担い手の不足、農村及びその周辺人口の減少・高齢化等による農業雇用労働力の不足という従来からの課題に加えて、他産業との競合が一層強く生じるようになってきている。十分な労働力が確保できない場合、農業者はその労働力に応じた作付け体系に変更せざるを得ない。すなわち、労働力が作付け体系を規定してしまうようなボトルネックになりつつあると言え、分析が必要である。

　そもそも「農業に関する労働」を考えるとき、労働市場と農業経営との関係性は、農家の構成員が兼業・他出といった形で労働力を供給する「農村労働市場」と農家経営自身が営農のために労働力を雇用する「農業労働市場」の二つに分けられる。農村労働市場に関する研究は古くは兼業農家問題として、労働力流出の研究として進められてきた（**表3-1**）。ただし、農家自身の高齢化や農家子弟の農外流出が進み、農村そのものの高齢化・過疎化が進展している今日においては、農家が労働力を供給する「農村労働市場」は非常に縮小しており（さりとて閑散期の存在や兼業労働など、縮小したからと

### 表3-1　農業雇用問題の変遷

| 年代 | 品目 | 対応 | 問題 |
|---|---|---|---|
| 戦前 | ― | | 労働問題 |
| 終戦直後 | ― | | 原生的労使関係問題 |
| 1950年代 | 米 | 機械化 | 労働力の農外流出 |
| 1970年代 | 畑作物 | 機械化・（外部化） | 規模拡大 |
| 1980年代<br>～2000年代 | 野菜 | 機械化・外部化・外国人化 | 集約化・規模拡大 |
| 2010年代 | 野菜 | 機械化・外部化・外国人化<br>・常雇化・多様化 | 地域労働市場との乖離<br>他産業との競合深化 |

資料：泉谷眞実「農業（雇用）労働市場に関する主要論文と論点」、『農業市場に関する主要研究と論点』農業市場の制度問題と分析モデルに関する統合的研究、p.97より引用し筆者改

言ってその重要性が失われるものではないが）、本章では後者の「農業労働市場」＝農業雇用労働力を中心に見ていくこととしたい。

　事実、農家を取り巻く環境は雇用を必要とする経営への編制が進んでいるといえよう。農産物の構造的過剰等による農産物価格の低位安定は、収益確保のために農家一戸当たりの面積を拡大させるほか複合経営を促進し、結果として企業的農業経営や家族経営であっても雇用を前提とした「雇用依存型」農業経営を増加させており、農業における雇用労働力の需要は、農家戸数が急速に減少する中でも増加傾向にある。

　一方で人口の都市部への集中が進展しており、地方部における過疎化が急速に進展していることから、農家雇用労働力を取り巻く状況は、地方部における一層の逼迫化が進み、戸別農家による雇用労働力の確保が困難な状況となってきている。昨今はさらに他産業との競合や農作業への敬遠意識等によって、雇用労働力の確保はより困難さを増しているといえよう。したがって本章の課題は、主に2000年以降、とりわけ2010年代における農業雇用労働力市場の変化と農業者の対応について、この間政府が実施してきた新自由主義的経済政策との関係性に注目しながら明らかにしていくことである。

## 2．農業雇用労働力の種類と概況

　現在、農業雇用労働力として捉えられている主体は、大きく分けて３つに分類される。一つめは農業経営体が直接雇用した「（主に日本人の）労働者」である。その雇用期間によって常雇（７ヶ月以上の約束）、臨時雇（７ヶ月未満、手間替えや手伝いも含む）に分けられる。かつては地域労働市場から臨時雇を中心に多く雇用されていたが、昨今の地域労働市場の縮小によって常雇化・臨時雇の減少が続いている。

　二つめは外国人技能実習生である。農業における外国人労働力とは、主としてこの外国人技能実習生をさしている。歴史的な経緯及び現在の農業における位置は後述するが、ここではその概況を確認したい。

　外国人技能実習生は実習生の送り出し国における募集や面談、日本語や日本文化の研修を受けた上で来日し、１経営体当たり年間３名[2]を上限として受け入れが可能な労働力である。日々の賃金に加えて住居の整備や研修費用の負担、往復の交通費負担等を鑑みると、費用面ではもはや日本人常雇と大きな違いは無い。しかし、従事期間中安定した労働力として重要であり、地域（産地）・品目によって受け入れ状況に偏りはあるものの、日本の農業、とりわけ投下労働時間の多い露地野菜や施設園芸産地の生産を支えている。

　一方で、雇用主と技能実習生のトラブルによる途中離脱や失踪・当初中心的な給源であった中国の生活水準が上昇した事による応募者数の減少と給源の他国への移動（低賃金労働力をどこまで確保し続けられるか）・積雪寒冷地における１年未満での帰国（冬期間の作業が確保出来ないため春～秋で帰国するため毎年新しい技能実習生を探す必要があり機会費用がかさむ。加えて再来日不可のため技能実習生間で技術の伝達がなされず教育コストがかかる）といった課題がある。

　三つめは近年関心が高まっている「多様な労働力」である。これまで農業で雇用労働力として受け入れることに制約のあった主体を、雇用条件の整備

表3-2　農業労働力の概況（全国）

（単位：人，％）

| 年次 | 総農家 | 販売農家 | 常雇 | | | 臨時雇 | | |
|---|---|---|---|---|---|---|---|---|
| | | | 雇い入れた経営体数 | 人数 | 延べ人日 | 雇い入れた経営体数 | 人数 | 延べ人日 |
| 2000 | 3,120,215 | 2,336,909 | 23,612 | 61,943 | — | — | — | — |
| 2005 | 2,848,166 | 1,963,424 | 28,355 | 129,086 | 23,348,748 | 481,392 | 2,281,203 | 33,842,441 |
| 2010 | 2,527,948 | 1,631,206 | 40,923 | 153,579 | 31,388,325 | 426,698 | 2,176,349 | 34,359,637 |
| 2015 | 2,155,082 | 1,329,591 | 54,252 | 220,152 | 43,215,042 | 289,948 | 1,456,454 | 24,820,502 |
| 2020 | 1,747,079 | 1,027,892 | — | — | — | 138,823 | 947,553 | 21,002,887 |
| 2015/2000年比 | 69.1% | 56.9% | 229.8% | 355.4% | （185.0%） | 60.2% | 63.8% | 73.3% |

資料：農業センサス各年次　　　　　　　※15/05年比　　　　　　　※20/05年比

注：1）2000年の—はデータ無し（統計の取り方が変わったため接続不能）。2020年の常雇はデータ接続に嫌疑があるため — とした。
　　2）2015/2000年比のうち常雇延べ人日は15/05年比、臨時雇は20/05年比である。

や相互理解等によって受け入れるようになった労働力である。例えば援農ボランティアや農福連携、副業アルバイト等があげられる。他にも雇用の主体としての分類ではないが、農家が直接雇用しない主体として派遣労働者やコントラクター組織の作業請負等があげられる。

　次に農業雇用労働力の概況を見ていきたい。2000年以降の農業雇用労働力の概況を表3-2に示した。2000年から2020年にかけて総農家、販売農家は共に大きく減少し、2000年を基準とすると2015年で69.1％・56.9％、2020年の販売農家にいたっては44.0％となった。一方で雇用労働力の状況を確認すると、常雇は大幅な増加・臨時雇は大幅な減少と明暗が分かれている[1]。

　もう少し詳しくみていこう。常雇は2000年から2015年まで増加傾向が続いている。2015／2000年比では雇い入れた経営体数が229.8％となり倍以上、実人数は355.4％となり3倍以上と大きく拡大した。1経営体当たりの雇用人数で見れば2000年の2.6人から2015年の4.1人へと増加しており全体でも経営体ごとでも拡大傾向にある。近年における雇用を前提とした法人経営の増加も影響していると考えられる。

　次に臨時雇について見てみると常雇とは反対に雇い入れた経営体数・実人数ともに大きく減少している。2020／2005年比ではいずれも60％台となっ

表 3-3　農業分野における外国人の労働者数

（単位：千人）

| 年次 | 技能実習生 | 専門的技術的分野 | その他 | 計 |
|------|-----------|-----------------|--------|-----|
| 2012 | 13.8 | 0.4 | 2.1 | 16.3 |
| 2013 | 14.2 | 0.4 | 2.0 | 16.6 |
| 2014 | 15.0 | 0.5 | 2.1 | 17.6 |
| 2015 | 16.9 | 0.6 | 2.2 | 19.7 |
| 2016 | 20.8 | 0.7 | 2.2 | 23.7 |
| 2017 | 24.0 | 0.8 | 2.3 | 27.1 |
| 2018 | 27.9 | 0.9 | 2.3 | 31.1 |
| 2019 | 31.9 | 1.3 | 2.3 | 35.5 |
| 2020 | 33.0 | 2.2 | 2.9 | 38.1 |

資料：農業白書 2020 年版 43 ページより引用
注：1）1 次資料の出典は厚生労働省「外国人雇用状況」
　　　各年次の届出を基に農林水産省作成。
　　2）各年 10 月末時点。専門的・技術的分野の 2019
　　　年以降の数値には「特定技能在留外国人」の人数
　　　が含まれる。

たが、延べ人日はやや減少幅が小さく73.3％であった。すなわち雇用可能な実人数が減少したために雇い入れた経営体数が減少した一方、不足する労働力を補うため、雇用条件の改善等によって、臨時雇1人あたりの雇用期間が延長されている事が推察される。

　以上のように販売農家数が激減する中において雇用労働力の重要性は増しているが、地域労働市場の縮小によって臨時雇の実人数減少が続いており、常雇への依存傾向が高まっていることが示唆されたといえよう。

　続いて外国人労働力の現状について表3-3から確認しておきたい。2012年以降でみてみると、技能実習生の人数は2012年の13,800人から毎年増加し、2020年には33,000人に達している。2020年はCOVID-19の影響によって例年より入国者の増加率が低いことが指摘されており、その影響がなければさらに人数が拡大していたと考えられる。先にも述べたとおり、地域別・品目別の偏りはあるものの、労働力投下が大きい青果物や酪農等において安定的に計算できる労働力として捉えられており、重要性がより高まっているといえる。とりわけ地域労働市場が縮小している過疎地において経営規模の拡大や

労働力多投品目の生産を計画する場合、地域労働市場に依存しない形で常雇を確保出来るという意味で重要である。

　一方で地域労働市場と切り離されることで、被雇用者の賃金に下方硬直的な影響を与える可能性があるほか、農業雇用がCOVID-19のようなグローバルリスクの影響を受けやすくなるといった影響もある。

## 3．地域労働市場縮小に対応した雇用労働力需給調整システムの構築

### （1）1990-2000年代における組織的調整の取り組み

　これまでみてきたように、農家自身の高齢化や農家子弟の農外流出が進み、農家の保有する労働力は脆弱化してきている。併せて地方部の人口が都市部へ集中するなど地域労働市場の縮小が進んできた。このため労働力の確保について他産業との競合が生じ始めたほか、求職者の農作業への敬遠意識等によって雇用労働力の確保が難しくなってきていた。加えて農業の特性である農閑期と農繁期の作業量の変動は、必然的に通年雇用を難しくし、短期的な雇用による需給調整を求めることとなる。

　このため農業者は労働力需要のピークを作付け形態の工夫等によって平準化させ、雇用期間を延伸することで雇用環境を改善したほか、雇用労働力の内部化（いわゆる個別経営段階における常雇化）を行うなどの対応を行ってきた。さらに、労働者が頻繁に交代する派遣労働者や農作業に不慣れな労働者であっても労働力として雇用せざるを得ない状況が生じると、作業の単純化やリーダー格となる（パート）労働者の育成など、非熟練労働力への対応が求められる事となった。

　しかし、家族経営の農業経営にとってそのハードルは高く、結果として農家雇用労働力の需給調整を戸別農家単位ではなく、組織的に補完する種々の取組が試みられる事となった。もう少し具体的な状況を述べると、露地野菜作や施設園芸のような青果物においては機械化の進展が遅く、手作業による収穫作業が求められ、多くの人員を必要としていた。反面、個別農家レベル

に落とし込めばそのような多数の労働力（者）を必要とする期間はごく限られるため、周囲の労働市場が過疎化・高齢化によって逼迫し、他産業との競合が生じる中では、不安定な短期雇用かつ屋外作業である収穫時の雇用労働力を確保することは一層困難になっていった。

　このため、個別農家レベルではなくいくつかの地域や農家を束ねて作業量や作業期間を延伸する取り組み、「労働力の組織的調整」が行われるようになった[3]。具体例を挙げれば、農協と産地商人による集荷競争を前提とした青田買いや公的組織による名簿紹介型需給結合、各作業単位で労働力を外部化する作業受委託などの対応が勃興し、さかんに試みられた。

　しかし、戸別農家による雇用労働力の確保の難しさが調整組織にそのまま転嫁されただけであったため、酪農における牧草の刈り取り作業・水稲作業における防除・収穫作業等の一部を除いて、2000年代までに大きく後退することとなった。その一方で更なる経営面積の拡大や農家世帯員数の減少が進み、雇用労働力需要は堅調に推移する。

　このため、より縮小する農村（周辺）の地域労働市場へ対応した労働力需給調整システムの必要性が再認識され、これまでのような単なる組織的調整ではなく、調整範囲の拡大や労働力の広域移動、常雇化といった様々な工夫が試みられることとなる。また、農家子弟の跡継ぎや新規学卒就農者が減少傾向で推移する中で、新規参入として他産業から就農する者が一定数おり、その中には経営者としてではなく従業員としての参画を希望する者も存在する。企業的経営を確立した法人経営においては、これらの層を従業員として雇用することで安定雇用を目指す取り組みも見られるようになり、農業法人におけるキャリア形成が意識されるようになった。

## （2）2000年以降の農業労働力市場の展開

### 1）新たな農業雇用労働力の担い手の出現～派遣と技能実習生～

　農業雇用労働力を供給する農業労働市場は単独で存在しているわけではなく、地域の労働市場に内包されているため、日本経済の変化の影響を大きく

受け、その条件は常に変化してきたといえる。農業雇用労働力の需要は機械化の進展が早かった水稲よりも投下労働量が多い青果物で顕著であることから、農業雇用労働力となり得る地域労働市場の賦存状況に応じて野菜作産地が形成される事例が多くみられる。例えば北海道を例にあげると、古くは国鉄の機関区や自衛隊などの地方部に位置する人口集積地、あるいは旧産炭地のような滞留労働力が存在した地域に労働集約的な農業が発展した。すなわち農業雇用労働力は「政治的・社会的要因」によって形成された地域労働市場の影響を受けることとなる。

　1990〜2000年代にかけて、先に述べたように過疎化・高齢化による地域労働市場縮小の影響を受けて農業雇用労働力の確保が難しくなり、組織的調整といった対応がなされることになった。加えて、2000年代には新たに派遣という就業形態が一般化し、農業の場面においても重要な役割を担う様になっていった。派遣労働者がこれまでの労働者と異なる点は、農業者が地域労働市場から労働者を直接雇用するのではなく、労働者派遣業者を通じた労働力確保が行われることである。労働力派遣業者は主に一定規模の都市部で労働者を募集し、派遣先へ送迎する機能を持っている。労働者の移動にかかる費用の問題はあれども、派遣先の地域労働市場に限定されずに労働力を確保することが可能となる点でこれまでと異なる特徴を持つ。また、労働者派遣業者は労働者の募集や移動、労務管理を担うため、農業者はこれらの機会費用を節約することが可能となる。一方でその派遣費用は直接雇用と比して高額であり、必ずしも農業に習熟した労働者が派遣されてくるわけではないため、農業者は非熟練労働力に対応した作業体系や教育システム（リーダー格となるパート従業員の養成など）を構築する必要がある事が指摘されている[4]。

　また、前節で触れたように外国人技能実習生が広く農業雇用労働力を担うようになったのも2000年代以降の特徴である。これらの新しい農業雇用労働力は「社会的・政治的要因」によって形成されてきたと言える。次項ではその概況を整理したい。

## 2）新自由主義的政策と農業労働市場への影響

　本項では2000年代初頭から2010年代にかけて台頭した新自由主義的経済政策が（地域）労働市場と農業労働市場にどのような影響を与えたかを整理していく。いわゆる平成不況によって形成されたフリーター層を対象とした労働者派遣業者の台頭や外国人研修生の出現である。

　日本における新自由主義的経済政策の台頭を振り返ってみると、初発は1996年11月に発足した第2次橋本龍太郎政権であるといわれている。「6つの改革」を標榜し、財政構造改革や社会保障構造改革、経済構造改革といった「改革」を推し進め、「減税の廃止」「消費税の引き上げ」「公共事業の削減」が行われた。折しもアジア通貨危機が発生しアジア諸国向け輸出も減少したことも相まって景気は低迷し、株価の下落が生じていった。さらに金融ビッグバンとも言われた「金融システム改革」が不安を引き起こし、結果として北海道拓殖銀行や山一証券の破綻が生じた。いわゆる金融危機の発生である。

　これらの影響を受けて1998年7月に発足した小渕恵三内閣は改革路線を中止し、様々な経済対策を行ったことで、2000年頃までに徐々に景気が回復傾向となった。しかし、首相直属の諮問機関「経済戦略会議」が1999年2月に「日本経済再生への戦略」として取りまとめた答申は、日本型雇用・賃金システムや手厚い社会保障制度が日本経済の成長の足かせとなっていると指摘し、再び改革路線に戻すことを求めるものであった。ここから様々な構造改革、例えば「健全で創造的な競争社会」「小さくかつ効率的な政府」「公務員定数の削減」といった提起が行われている。

　なかでも労働市場に関係性が深いのが「労働者派遣等の対象業種を早期に原則自由化する」ことであろう。小渕恵三首相が脳梗塞によって退陣した後、森喜朗内閣が引き継いだが景気の落ち込みは止まらず、その跡を継いだのが小泉純一郎内閣（2001年4月）である。小泉内閣は構造改革による日本経済の再生を唱え、いわゆる「骨太の方針」を打ち出していく。特に労働市場にとって影響が大きかったのは2003年の労働者派遣法改正である。労働者派遣法が制定されたのは1985年であるがその際、中央職業安定審議会から「常用

雇用労働者の代替を促す事とならないよう十分配慮する必要がある」と立法化に当たっての答申が出ており、「専門的な知識などを必要とする13業務のみ（同年10月、15業務へ拡大）」が認められていた。その後徐々に法改正（規制緩和）がなされ、1996年には対象業務を26業務へ拡大、1999年には原則自由化（ネガティブリスト制）といった緩和が行われていた。さらに小泉内閣は2003年に改正を行い、ネガティブリストから「物の製造業務」を外し、製造業で派遣労働者を雇用できるようにし、派遣期間を1年から3年へ拡大したのである。これによって派遣労働が一般化し、結果として非正規労働者が増加していくこととなる。さらには格差の拡大を招き、労働者の再生産が進まなくなり、少子高齢化が加速していくこととなる。

この結果が端的に表れたのがリーマン・ショックによる景気の落ち込みである。2008年末から2009年初頭にかけて派遣契約を解除された失業者が公園に集まり、いわゆる「派遣村」を形成することとなった。直接的にはリーマン・ショックによる景気の低迷と失業者の拡大が要因であるが、その根本原因は先に述べたような橋本内閣〜小泉内閣による「構造改革」として実施された自由主義的な経済政策、特に派遣労働者に関する規制緩和策である事は言うまでもない。厚生労働省の「労働力調査」によれば2000年代初め、派遣労働者は20〜30万人程度であったが、2003年の労働者派遣法改正によって製造業への派遣が解禁されてから増加が続き、リーマン・ショックの頃には140万人に達していたとされる。リーマン・ショックによって派遣労働者は雇用の調整弁とされたため、2008年から2010年までの2年間で約40万人減少する事となった。同時期の失業者数は70万人の増加であるため、半数以上が派遣労働者のような非正規労働者であったことが推察される。

かつて農村は労働力の供給源であったのと同時に、景気が悪化した場合には余剰労働力を受け入れる機能を持っていた。しかし現在、失業者は農村との関係性を持っておらず、都市部に失業者があふれることとなった。また、いわゆる「失われた20年」によって平均所得が減少[5]し、それを補うために共働きが一般化[6]した。いわゆる専業主婦（家計補助的動機で働く労働者）

が減少したため、主婦層を雇用していた農業者は確保が困難になっていく。それはとりわけ雇用依存型家族経営や政策的に推進されてきた大規模な企業的経営で顕著であった。一方で、新自由主義的政策下において形成された平成フリーター層とも呼ばれる非正規労働者（過剰人口）が生じ、その受け皿として農業が期待された。大規模な企業的経営では「農の雇用事業」等によって需給接合が試みられ、家族経営を含む農業経営全体においては派遣労働者という形で農業労働市場に参入する事となった。しかし現在のように全産業的な労働力不足下では派遣労働者を含む非正規労働者を求める産業は多く、他産業と比較して雇用条件が劣っていると見えやすい農業において、十分な非正規労働者を確保することは難しくなってきている。

　同じく2000年代にかけて新自由主義的経済政策（労働力規制緩和・グローバル化）として展開されたのが外国人研修生である。1993年に「研修」を行うとして始まった技能実習制度は1997年に研修期間が３年間に延長され、多くの産業分野で定着していくこととなる。実習生の人権問題や受け入れ先とのトラブル、送り出しプロセスの不透明性など数々の課題を抱えつつも、地域労働市場と切り離した形で雇用労働力を安定的に確保出来るため、農業のみならず多くの地域で実質的な「労働者」として産業を下支えすることとなった。2010年には「研修生」ではなく「労働者」として扱われる事となり（技能実習１号・２号）、当初から労働基準法の適用対象となった。2017年には期間を３年から５年へさらに延長し「実質的な労働力化」が進んだ。

　さらに安倍内閣下の2019年には大きな転換があった。これまではあくまでも「研修」や「技能実習（技術移転）」を目的としており、実質的な労働者であったとしても在留期間に上限が定められており、移民とは一線を画すものであった。しかし、2019年４月に施行された「出入国管理及び難民認定法」改定では、在留資格として「特定技能」（特定技能１号・２号）が創設された。「特定技能」はこれまでのような研修や実習ではなく、人材不足が深刻な14業種に限って「労働者」としての滞在を認めている。特に特定技能２号にいたっては同一職種内での転職が認められること、家族の帯同が許されること、

在留資格の更新に回数制限がないことなどから事実上の移民政策につながるものとの意見もある[7]。

すなわち、労働市場および農業雇用労働力をとりまく社会的要因は2000年代以降に展開された新自由主義的経済政策とそれに伴うグローバル化の影響を大きく受けていると言える。

## ４．2010年代以降の農業労働力市場に対応した労働力需給 システムの構築とその限界

### （１）組織的調整の深化とその限界

上記のような農業労働力市場の展開を受けて、農業セクターはどのように農業雇用労働力を確保しようとしてきたのであろうか。2000年代後半から2010年代半ばにかけてまず対応が進んだのは、組織的調整の深化[8]である。

2000年代初めまでに喪失した農業雇用労働力の組織的調整の特徴は、個別農家段階で募集することが困難になったことを受けて、組織的に募集することで募集機会の拡大・一定の作業面積を確保することによる作業期間延長を目的としていた。たとえばニンジンの収穫を１農家ではなく、１農協管内とすることでその作業期間を確保しようとしたものである。しかし、先に述べたように地域労働市場が急速に縮小していく中で、一品目・一作業ごとに労働者を募集していく仕組みではその作業期間の延長に限界があり、これまで長く従事してきた労働者をつなぎ止めることは出来ても、新たな労働者を確保することは出来なかったと言える。この様な状況を受けて、2010年代にかけては様々な形で組織的調整の深化が見られる。とりわけ青果物産地においては作業期間の更なる延伸、常雇化を模索する動きが見られ、そのために組織的調整の範囲がより複雑化・広域化していった。

具体的に言えば、他産業と雇用条件を比較される事を前提に可能な限り安定した雇用環境（主に従事期間）を整え、臨時雇から常雇への転換を目指す取り組みである。そのためには組織的調整の範囲を単一品目・単一作業から

拡大する必要があり、複数品目の組み合わせはもとより、農家からの作業請負と選果作業を組み合わせるなど、いわば地域的なレベルで農業雇用労働力の需給調整システムを構築することが求められた。このようなシステム構築により作業従事期間を延長し、パートから季節雇へ、季節雇から常雇へ転換を進める対応であった。さらに言えば、その「地域的」な範囲も広域化している。単一市町村段階から複数市町村を含む範囲へ拡大し調整のバッファーを広げる取り組みや、季節的な需要に対応するため北海道と四国、沖縄のような広域移動を支援する取り組み、あるいは隣接した複数県段階で作業受委託と労働力移動を行う様な取り組みが見られるようになってきている。

しかし2010年代の後半にかけて、農業だけでなく全産業的な労働力不足が生じたことにより、これらの対応にも限界が見られるようになってきた。一つめは他産業との競合の激化である。単純に雇用期間を延伸しただけでは、現在の従事者に対する引き留めの効果は見られるものの、新規に参加する労働者へのインセンティブが高いとは言えない。小売業をはじめとする他産業において通年雇用は当然であり、農業のような雇用の不安定性（生育状況や悪天候による中止や延長）や調整不能な作業環境（寒暖）は存在しない。

加えて昨今では身近に農業従事者がいない都市住民が増加し、農作業への敬遠意識、もっといえば「農業を知らない・農業が身近ではない世代」が生じており、農業で働くことが選択肢に入らない市民が一般化していると考えられ、そのような属性を持つ地域労働市場から農業雇用労働力を確保することはより一層困難になりつつある。

また移動の広域化や派遣労働者によって地域労働市場を越えた範囲から農業雇用労働力を確保する取り組みも見られるが、現在の賃金水準では季節的な広域移動を伴う働き方を許容する労働者が容易に増加するとは考えにくい状況である。

二つめは常雇化の限界である。常雇化を行うためには作業期間の通年化が必須となるため、一定規模かつ農閑期も含めた作業の確保が必要となる。積雪寒冷地においては冬期間の作業確保が必須となり、その対応として6次産

業化による加工の取り組みが見られるが、6次産業化部門の運営に当たっては「農業とは異なる技術」が経営主に求められるため、そのハードルは高い。逆に温暖地においては、年間を通じた労働力需要のボトムに合わせた雇用計画が求められ、常雇で全ての労働力需要を賄うことが出来ない。なぜならピークの労働力需要に合わせて常雇を雇用すればボトムに余剰労働力が発生してしまうからである。いずれのケースでも当然、品目の組み合わせによる作業量の平準化を行うにせよ、農業の特性上労働力需給のピークが発生することは避けられないため、結果として臨時雇をゼロにすることができない。つまり常雇化が農業労働市場問題の根本的な解決策となり得ないことが分かってきたのである。

　三つめに農業セクター単独による労働力需給調整に限界が見られるようになってきた点である。これまでの地域的（広域的）な労働力需給調整システムでは、品目や作業・地域は変動するものの、あくまでも「農業セクター」の中で労働力の融通を行っていたと言える。しかし、昨今のような全産業的な労働力不足・過疎化の元では、全ての産業で労働力を求めており、単一セクターの中で労働力を確保し通年つなぎ止めておくことが困難になってきている。このため他産業を含めた本当の意味での「地域的な」労働力需給調整システムの構築が求められていると言える。ただし、その実現のためには、①地域内で複数の産業を横断して通年作業を確保する必要があり組織間の調整が難しいこと②賃金水準が異なる産業間でどのように労賃水準（家計補助的段階から労働力の再生産が可能な段階まで多様）を設定するか、といった課題がある。

　とりわけ家計補助的水準に留まれば、この労賃によって労働力の再生産がなされることが期待できないため、最終的には地域労働市場の縮小を止めることが出来ない。このため、他産業と比較して相対的に低い農業雇用労働力の労賃水準を向上させ（あるいは何らかの形で補填し）、地域相対的な需給調整システムを構築する必要があろう。

## （2）外国人「研修生制度」に支えられた農業雇用の常態化と限界

　先に述べたように、現在の日本の農業において外国人技能実習生の存在は
いまや必要不可欠な段階にあると言える。日本の賃金が諸外国と比べて相対
的に低下する中、もはや外国人技能実習生は安価な労働力ではないが、決め
られた期間（積雪寒冷地においては10ヶ月程度、通年作業可能な品目・地
域では３〜５年）安定して作業に従事する労働力が確保出来ることが、農業
者にとって最大のメリットとなっている。

　外国人技能実習生はその主目的が「研修」であったが、「事実上の労働力」
として見なされることが多かったのも事実である。外国人技能実習生制度は
実態を追認する形で法改正がなされ、2010年以降は「労働者」として労働基
準法や最低賃金法の適用を受ける事となった。すなわち建前といえども「研
修」の目的が薄れ、「労働者化」したといえよう。但し「公式」にはあくま
でも「研修」の扱いを貫いている（特定技能を除く）。これは外国人技能実
習生を「外国人労働者」として受け入れる場合、生活に係る社会的費用負担
（社会保障制度や教育等）が生じるが、これを負担する仕組みを国が構築し
ていないためである。このため本質的な意味での「自由化」は制限され、グ
ローバル化が進む中でも国による労働市場規制が行われることとなる。とは
いえ、その役割（労働市場における重み）は増しており、外国人技能実習生
の総人数は2016年の約21万人から2020年の約40万人へ拡大し（厚生労働省「外
国人雇用状況」の届出状況表一覧（令和２年10月末現在））、農業においては
2019年度のデータで約３万２千人が従事していると推定されている。産地の
品目・通年作業の有無などの状況から、茨城県や熊本県といった特定の地域
に偏りはあるものの、日本の農業生産（とりわけ青果と畜産）を支えている
といえよう。外国人研修生の送り出し先に関しては創設当初から中国が多く
を占めていたが、中国の経済的発展に伴い東南アジアからの参加が増えてき
ている。現在では耕種・畜産を合わせた総数で41％がベトナム、中国が26％、
フィリピンが11％などと変化してきている。

　技能実習生は実習途中での転職が認められていないため、日本へ入国後に農業分野から他分野へ異動することは出来ない。しかし、入国前の分野選定時に雇用条件や賃金水準で農業と他産業を比較することは可能である。さらに言えば日本以外の他国における同様の外国人労働者の賃金・雇用条件とも比較される事となる。現在のように日本の賃金水準が諸外国と比べて相対的に低下しつつある中では、外国人が賃金を目的として日本の技能実習制度を選択し、かつ農業分野を志向するインセンティブは薄れつつあり、中国から所得水準の低い東南アジア諸国へ給源が変化していることからも裏付けられる。将来的には外国人労働者ですら確保が困難になる可能性が高いと考えられ、不足する場合は生産構造に大きな変化を生じさせる可能性がある。事実、COVID-19の影響下において外国人技能実習生の入国は制限され、生産現場では大きな影響を受けている。通年雇用が可能な地域では、当該年度に入国予定であった実習生が入国できず欠員となった（2～3年目は継続従事中）、という影響であったが、通年雇用が難しい積雪寒冷地においては年度当初に外国人技能実習生を受け入れ秋口に帰国させていたため、当該年度入国予定の実習生が0名になるという影響を受けた。この場合、短期的には家族労働力の強化や作付面積の縮小という対応が取られるが、長期的に充足が難しくなった場合には品目の転換が生じる可能性が高い。

## 5．今後の展望とCOVID-19の影響

　このように、農業雇用労働力は地域労働市場の急速な縮小を背景として常雇化と社会的・政治的な影響を受けた人々を対象とした臨時雇の確保、外国人技能実習生への依存が並行して進んできたと考えられる（ただし、地域的なバイアスは大きいと想定される）。しかし、COVID-19は外国人技能実習生に依存した日本農業に大きな制約を与え、農業雇用が新たなグローバルリスクに巻き込まれたことを詳らかにしたといえよう。国内の地域労働市場の縮小が続く中では、当然、国内回帰を進める事も困難である。

このような状況下で現在求められているのは「多様な担い手の参画」である。唯一解と言えるような、「容易に大人数が確保でき、継続的に従事してくれる最低賃金を厭わない労働者」は、もはや存在しない。短期的には多様な労働者を積極的に受け入れる事によって農業雇用労働力不足を回避すると共にグローバルリスクのヘッジを行う必要がある。

　例えば昨今取り組みが始まったのが副業としての農業である。これまでのように一定期間連続して作業従事することを義務付けず、1日単位で労働者を募集する取り組みである。また、多様な担い手として農福連携や援農ボランティアの参画が考えられる。なぜなら障害者や援農ボランティア参加者は、農業所得が相対的に低廉な場合でも保健リクリエーション効果や心理的報酬といった金銭以外の理由で作業従事する[9]からである。すなわち農業所得による労働者の再生産が望めない中では、重要な「支援者」になる可能性がある（臨時雇の代替ではない）。そのためには農業者が積極的なコミュニケーション等によって参加者に心理的報酬を与える必要があるほか、これら非熟練労働者が滞りなく作業従事できるようなマネジメント、言い換えれば作業の行程ごとの分解や従事者の都合に合わせた作業スケジュールの調整といった能力が求められることとなる。

　中長期的には、賃金水準を含む雇用環境を改善し、働きやすさを整え、他産業と比較されても勝てる（労働者に農業で働くことを選択してもらえる）環境づくりが必要である。その上で、農業に参加したい・してもよいと考える層を増やしていく必要がある。いわば都市住民に農と食の関係を知ってもらい、農業アルバイトや従業員としての就業が選択肢に入るように啓蒙していく必要がある。すなわち農業所得によって労働力が再生産可能な水準まで賃金水準を向上させると同時に、農作業の理解者を増やしていく必要がある。また、生産年齢人口が減少していく将来を考えると、外国人「労働者」の受入に対する議論、とりわけ社会的な費用負担のあり方に対する検討は避けて通れない課題である。

　とはいえ個別の農業経営段階では、必ずしも「確保が困難な農業雇用労働

力を要する経営体系を維持するとは限らない」ことに注意が必要である。実際に北海道においては、不足する労働力に合わせ、機械化に対応した省力的品目への転換が進行している（アスパラ・かぼちゃから大豆・麦へ）。すなわち農業雇用労働力不足による地域農業の再編成が現実を帯びてきているといえよう。その結果はどのような未来であろうか。地域の特産品が消滅し、政策作物や省力的な作物へ偏重した地域農業へ向かうのであろうか。多くを輸入に依存しニッチな高級農畜産物に収斂するのであろうか。いずれにせよ、個別に農業経営を最適化せざるを得ない個別農家段階ではなく、JAや行政といった地域に根ざした存在が農業雇用労働力を含めた地域農業のグランドデザインを描く必要がある段階に達していると言えよう。

**注**

1）農業センサスの雇用労働力の数値は近年集計対象の変更があったため、過去のデータと接続が難しくなっていることに留意が必要である。臨時雇は2000年調査まで臨時雇とゆい・手間替え・手伝いが分離していたが2005年より臨時雇として統一された。また、2020年の常雇はこれまでの傾向と異なり大幅な減少として公表されたが、他統計や労災の加入者数の変化動向から大幅な減少に嫌疑があるとの声が上がっている。このため本節では2020年常雇の数値を用いていない。

2）常勤の職員数や優良な実習実施者による受け入れ人数枠の拡大といった対応もある。

3）岩崎（1997）に詳しい。

4）高畑（2019）に詳しい。

5）平均所得は、厚生労働省「国民生活基礎調査」によれば1992年の647.8万円をピークとして下落傾向が続き、2018年には552.3万円となっている。

6）総務省「労働力調査（詳細集計）」によれば1980年には専業主婦世帯が6割を占めていたものの、1992年に共働き世帯が数で逆転し、2020年は68.5％が共働きとなっている。

7）2021年6月現在、特定技能1号で日本国内に在留している外国人は約3万人であり、うち農業分野は4,008名となっている。

8）今野（2014）に詳しい。

9）今野（2021）に詳しい。

**参考文献**

堀口賢治編 (2017)『日本の労働市場開放の現況と課題　農業における外国人技能実習生の重み』筑波書房.

岩崎徹編著 (1997)『農業雇用と地域労働市場』北海道大学図書刊行会.

金沢夏樹編集代表 (2009)『農業におけるキャリア・アプローチ—その展開と論理—』日本農業経営年報No.7, 農林統計協会.

金子勝 (2019)『平成経済衰退の本質』岩波書店.

今野聖士 (2014)『農業雇用の地域的な需給調整システム—農業雇用労働力の外部化・常雇化に向かう野菜産地—』筑波書房.

今野聖士 (2017)「農業雇用労働力の需給調整を中心とした地域的営農支援システムにおける農協の役割に関する研究—臨時雇型から常雇型労働力需給調整システムへの転換—」(全国農業協同組合中央会編『協同組合奨励研究報告第42輯』pp.107-144, 家の光出版総合サービス).

今野聖士 (2019)「農業雇用労働力の地域的需給調整システムの展開—北海道・東北地方における個別・臨時雇型から地域的・常雇型への転換—」食農資源経済学会「食農資源経済学会論集」70 (1), pp.1-10.

今野聖士・泉谷眞実・柳京熙 (2021)「学生援農ボランティア組織における運営方式の規定要因—農業労働市場における市場と非市場の関係性—」日本農業市場学会、「農業市場研究」29 (4), pp.1-7.

農業問題研究学会編 (2008)『労働市場と農業』筑波書房.

『農業と経済　多様に広がる農業労働力』(2012) 78 (9) 昭和堂

高畑裕樹 (2019)『農業における派遣労働力利用の成立条件：派遣労働力は農業を救うのか』筑波書房.

山家悠紀夫 (2019)『日本経済30年史バブルからアベノミクスまで』岩波書店.

　付記：本研究はJSPS科研費　18K14540、22K05871の助成を受けたものです。

（今野聖士）

第4章

# 金融市場の変化と農協信用事業の展望

## 1．農協信用事業の今日的問題

　総合農協（以下、農協と略称）が信用事業を兼営する制度的な意義は、組合員からの貯金を原資として、組合員に営農資金や生活資金等を提供し、農家・農業経営の営農活動および生活経済の維持・発展を金融面から支援することにある。また、農協経営上の意義としては、赤字運営が通常である販売・購買等の「経済事業」や、農家組合員の期待が最も強い営農相談活動の展開に対して、共済事業とともに財政的に支えていることである。

　但し、信用兼営の制度的意義は国内金融市場の変化によって相対化される。1980年代半ば頃までの間接金融時代は、大都市部や商工業の基幹産業部門において旺盛な資金需要があり、銀行等が農業部門に資金供給できる余裕は乏しかった。この時代までは、農業金融を担う民間固有の産業金融機関として、農協の信用事業が果たした役割は大きいといえる。

　80年代後半になると、大企業を中心に社債や株式の自社発行によって金融市場から直接、資金を調達するようになる。その直接金融の比重が高まると、貸出先を求めて、大手都市銀行でも個人消費者を顧客とした住宅ローン市場に参入する。それは、バブル崩壊後の90年代半ばに住宅専門金融機関が破綻する遠因ともなる。そして、90年代後半の金融危機を経てデフレ経済が定着

する2000年代初め以降は、大企業に限らず中小企業も内部留保が増大し、銀行等への産業界からの資金需要はさらに縮小してくる。その後、13年から始まった日銀の「異次元金融緩和」政策により、過剰金融市場下の低金利競争の時代に入ると、都市銀行ないし地方銀行等に関わらず資金運用難に直面するようになった。

この状況下で、地方銀行や信用金庫等の一部は、新たな貸出先として農業金融市場に参入してくる。その主な取引対象は大規模経営農家や農業法人であるが、いまや農家・農業経営にとって、金融選択の可能性は80年代以前に比べて飛躍的に拡大している。それに伴い、農業金融市場における系統農協金融の社会的役割は相対的に縮小した。

このような国内金融市場の変化は、現在の農協信用事業において次の二つの問題を生じさせている。一つは、他の金融機関と同様に、極度の利鞘の低下により農協信用事業および信連・農林中金における事業収益の縮小傾向である。その事態は、信用・共済部門による「経済事業」部門の赤字補填を困難にして、農協経営自体の存立を危うくさせている。二つは、組織の准組合員化を反映して、農業金融および地域金融において、他の地域金融機関に対する農協信用事業の差別性や優位性が曖昧になっていることである。

この問題状況は、15年公布の改正農協法で農水省が示唆した「信用事業分離」論とも絡んでおり、「総合」農協の制度的な存在意義を改めて問うている。

そこで本章では、農協信用事業の展望に関連して次の三つの課題を検討したい。まず、農協信用事業の収益構造の悪化とその背景について、信連・農林中金の資金運用構造との関連において明らかにする。また、近年の農業金融市場の動向と特徴を確認し、系統農協と銀行等との競合関係を検討する。そして、現今の「超金融緩和」政策下の国内金融市場環境において、地域金融機関としての農協信用事業のあり方を提起してみたい。

## 2．農協信用事業の収益構造の変化と背景

　最初に、近年の農協信用事業の減益傾向とその要因について検討してみよう。

　2013年以降の日銀による金融緩和政策は、16年1月からの「マイナス金利付き量的・質的金融緩和」の導入によって一段と深化した。そのため、貸出をめぐる低金利競争がいっそう激しくなり、国内市場が主な営業基盤である地銀・第二地銀や信用金庫では、預貸利鞘の圧迫等により16年度以降の業務純益や経常利益は減益基調にある。

　このような状況は農協も同様である。農水省『総合農協統計表』によれば、2000年以降の信用事業総利益は、リーマンショックの一時（08年度）を除けばおおよそ順調に伸長して13年度にピークに達する。それ以後は下降し続け、18年度に一時上昇したものの翌年再び落ち込み、19／14年度対比でみれば△6.0％となる。

　信用事業総利益が減少傾向にある直接的な要因の一つは、利鞘が大きい貸出金の減少にある。貸出金の伸び率は、11～17年度まで対前年比△0.9～△2.5％で推移しており、他方の貯金の伸び率はほぼ2％以上で上昇していたため、貯貸率は10年度の27.8％から17年度に21.4％へ、19年度現在で20.9％に低下した。

　また、貸出金利回りの低下がもう一つの減益要因である。信用事業総利益の動向を左右する貯貸利鞘は、2.60％の00年以降では12年度の1.74％までは緩やかに低下していた。その後、減少度が大きくなり、19年度の1.13％へとほぼ直線的に下降する。その貯貸利鞘の大幅な低下は、12年度以降、貯金利回りが0.05～0.10％の下限に張り付いた状況で、貸出金利回りが12年度の1.84％から19年度には1.18％へと下がり続けたためである。

　一方、預金利回りは、08年度の0.74％から11年度の0.56％に低下したあと、翌年以降は0.52～0.57％の横ばいに近い水準で推移している。その結果、貸

出金と預金の利回り格差は11年度の1.37％から19年度には0.66％までに縮小し、系統預金運用の優位性が相対的に向上した。そして、貯金の伸びと貸出金の減少により、系統預金運用が19／10年度対比で38％も増えたため、貯預率は10年度の67.6％から19年度には76.2％へと上昇する。その結果、運用収益に占める預金利息の割合は、15年度には貸出金利息を上回り、19年度には過半の51.0％を占めるに至っている。

ところで、マイナス金利政策の導入以降、市中店頭の定期預金金利が限りなくゼロパーセントに近いなか、19年度現在でも0.52％という農協の高い預金利回りは系統利益還元（奨励金等）で支えられている。ここで、農水省「農業協同組合連合会統計表」に依拠して、農協に対する信連・農林中金の利益還元の大きさを計数的に捉えてみよう。

そのさい、系統組織段階の中間に位置する信連の「預け金利回り」と「貯金利回り」に着目する。前者は、農林中金からの利益還元の大きさとして、預金利息、受取奨励金と受取特別配当金の合計値を預金残高対比で、また、他方の「貯金利回り」は農協への利益還元の大きさとして、貯金利息と支払奨励金の合計値を貯金残高対比で求める。

なお、都道府県の信連数は、農林中金への統合・事業譲渡や県単一農協合併の進展によって、2004年の46から15年以降は32に減少している。また、信連の預金や受入貯金には若干の系統外資金も含むため、両者の「利回り」の算出値は正確さを欠く。但し、おおよその実態を示しているとみてよいであろう。

図4-1によれば、「貯金利回り」は2011年度以降ほぼ0.6％で推移しており、農協に対して信連が一定の利益還元を維持していることが分かる。但し、その水準は「預け金利回り」の高さで支えられている。近年の動向では、農林中金の経常利益が急増した14・15年度は「預け金利回り」も高い水準にあったが、16年度以降はやや低下している。

ここで、信連自体の運用収益源に着目してみよう。まず、同図によれば、09年前後から貯貸率に加えて貸出金利回りも大きく下がり続けたため、貸出

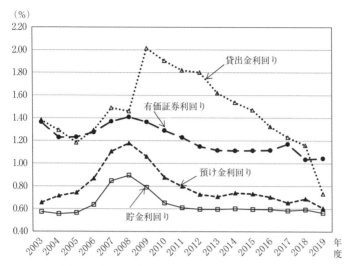

**図4-1　信連の貯金・貸出金等利回りの推移**

資料：農水省「農業協同組合連合会統計表」より作成。

注：図中の「預け金利回り」は預金利息、受取奨励金、受取特別配当金の合計値を預け金残高
　で、「貯金利回り」は貯金利息、支払奨励金の合計値を貯金残高で、「貸出金利回り」は貸
　出金利息を貸出金残高で、「有価証券利回り」は有価証券利息配当金を有価証券残高でそ
　れぞれ除した算出値である。そのさい、分母の各資金残高は前年度末と当年度末残高の平
　均値を適用している。

金利息は19／09年度対比で6割も減少し、経常収益での構成比では18.4％
から8.1％に低下している。

　これに対し有価証券運用では、貯証率で見ると、14・15年度にやや低下し
たがそれ以降は約30％で推移し、19年度では貯貸率の12.7％に対し30.4％と
高い。その利息配当利回りでは、前図に見るように、08／13年度に1.41％
から1.11％に低下したが、以後の変動幅は小さく、19年度までは1.04〜1.17
％の範囲で推移した。その結果、有価証券利息配当利益は09年度以後、経常
収益の3割前後を維持している。

　また、系統預金運用では、超低金利下で預金利息は11年度以降になると運
用収益にほとんど貢献せず、経常収益に占める割合は08年度の14.7％から低
下し続け、19年度ではわずか0.6％にすぎない。但し、「受取奨励金・特別配

当金」が大きく、00 ～ 13年度までは有価証券利息配当利益とほぼ並ぶ水準であった。それ以後、農林中金の増益を反映して急増し、経常収益に占めるその割合は19年度でも36.0％と最大の収益源になっている。

このように信連は、有価証券運用で独自収益もあり、農協に対する系統利益還元を補完している。但し、貸出金利回りのいっそうの低下は、経常利益の縮小をもたらしている。00年度以降で14年度が最大であり、以後低下し続け、19／14年度対比で29％の減益となっている。また、受入貯金（農協預金）の増大に対して、信連にとっても貸出の低迷や有価証券運用での限界から系統預金運用が増している。信連貯預率は、08年度の54.8％から19年度には64.8％に上昇し、残高対比ではこの間1.6倍に膨らんだ。

一方、農林中金においても、他の金融機関と同様に最近は運用難を反映して減益基調にあり、これまでの「還元水準」は見直しを迫られている。

近年の経常損益（単体）の動向について、ディスクロージャー誌でたどってみよう。まず、08年度にリーマンショックの影響で６千億円以上の巨額欠損を出したが、系統組織内の自己資本増強支援を受けて09年度には00年代初めの水準に回復する。そして、12年度まではやや横ばいで推移したあと翌年から再び大幅な増益が続き、14年度には全国農協計の経常利益2,585億円に対して5,043億円という空前の利益を出した。ところが翌年以降になると大幅な減益傾向に転じ、18・19年度は32信連計の経常利益をも下回る1,200億円弱に縮小した（20年度はアメリカ利下げによる資金調達費用の低下等で3,096億円に増益）。

なお、20年度の預金（平残）65兆７千億円に対して預証率が75.4％であり、有価証券投資での国際業務部門の運用割合は68.7％％というように、農林中金は国内最大手の海外投資機関である。そして、国内業務部門の業務粗利益は、系統利益還元にともなう資金調達利回りの高さから08年度以降、恒常的に赤字である。一方、国際部門は08年度を除けば連年高収益を上げており、とくに14年度以降では、18年度と20年度を除いて４千億円以上の業務粗利益を生み出した。要するに、農林中金はもっぱら海外資金運用で稼いでいる。

　国際部門の運用収益性は、総資金利鞘でみると09〜12年度で0.76〜0.88％、13〜17年度には0.91〜1.25％と高い水準で推移していた。それが18年度には、アメリカの金利上昇でドル資金調達費用が増加し、利鞘は0.55％と大幅に低下する。19・20年度は1.00％、1.17％に回復するものの海外での資金運用難を反映して、リスクテイク志向のCLO（ローン担保証券）投資を18年度に急増させており、日銀・金融庁から注視されている[1]。

　このような農林中金の海外資金運用難の状況下で、高収益に依拠した系統利益還元が保証できなくなっている。その事情が、系統農協内預金に対する奨励金水準を2019年から段階的に引き下げることになった背景である。現在の農協・信連は、これまでのように系統預金運用に安住できず、自己運用の努力をいっそう迫られている。

## 3．農業金融市場の変化と銀行・信金等の新規参入

　次に、近年の農業金融市場の特徴や系統農協と銀行等間との競合関係を検討してみたい。

　最初に、農業金融市場の状況に関連して、農水省「経営形態別経営統計」で農業経営の借入金の動向をみてみよう。**図4-2**は、個別経営およびそのうちの法人経営に関して、借入金計とそのうちの農業借入金の年末残高（いずれも１経営平均）について、2004年から18年までの推移を折れ線グラフで示している。なお、2020年農業センサスで「農業経営体数」のうち「個人経営体」（家族経営）が96.4％を占めており、同図の個別経営平均の統計は、圧倒的に多数を占める家族経営の実態を表しているとみてよい。

　まず、個別経営の「借入金計」の動向では、14年の168万円をボトムとして次年以降から上昇傾向にあり、18年末には286万円とこの間に1.7倍に急増している。但し、「農業借入金」に関しては、同時期に91万円から117万円と1.3倍の増加にとどまる。また、兼業農家ないし副業農家を多数含む家族農業経営の場合、「農業借入金」は18年末実績で「借入金計」の41％を占める

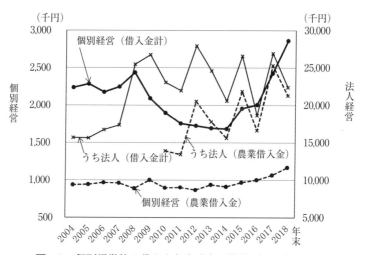

**図4-2　個別経営等の借入金年末残高の推移（１経営平均）**

資料：農水省『経営形態別経営統計』（各年度）より作成。

にすぎず、むしろ生活関連の資金需要が大きい。

　一方、法人経営における「借入金計」の場合では、06年以降08年までに急上昇したあと、増減の大きな変動を繰り返しており、鳥瞰すれば横ばい状況にある。これに対して「農業借入金」は、統計上で確認可能な10年以降の動向では、同様に増減の変動が大きいものの上昇傾向にあるようにみえる。その借入金残高は、18／10年対比でみれば、1,390万円から2,128万円へと1.5倍に増えている。しかも、「借入金計」に占める「農業借入金」の割合が上昇しており、18年末では95％を占める。また、上述の個別経営（≒家族経営）と比較した場合、経営規模間格差を反映して法人経営の借入金残高は、18年末の実績で「借入金計」では7.8倍、「農業借入金」では18.2倍の大きさになる。

　近年、家族経営（個人経営）は激減する一方で、農業経営の規模拡大とともに農業法人が徐々に増えている。農業センサスによれば、2020／10年対比で、家族経営は△37％の減少に対して、法人数は２万1,627から３万636へと42％も増大している。

　以上のように、国内の農業金融市場において農業法人の比重が大きく増大
している。このような事情が、近年になって地方銀行等が農業法人を主な取
引対象として、農業金融市場分野に積極的に新規参入している背景といえよ
う。但し、家族経営の農業借入金は、借入規模が小さくとも戸数が多いため、
全体では農業法人のそれを大きく上回るであろう。そして、家族経営の戸数
自体は激減していることから、農業法人での借入金増大を家族経営での減少
が相殺して、国内全体としての農業借入金の増加は小さいと推察される。

　この点を確認するために、いま、「法人経営」の農業借入金を農業法人平
均の実績とみなし、18年の「法人経営」の実績を統計上の制約から20年とほ
ぼ同等と仮定しよう。その場合、2010年の農業法人全体の農業借入金は、1
法人1,390万円×法人数2万1,627で3,006億円となる。同様の計算により、20
年の推計額は2,128万円（18年実績）×法人数3万636（20年実績）で6,519億
円と10年の2.2倍になる。

　一方、個別経営の農業借入金を家族経営平均の実績とみなして、上述と同
様の計算によれば、10年の家族経営全体の農業借入金は、1戸90万円×164
万3,518戸＝1兆4,792億円となる。また、20年の推計額では、117万円（18年
実績）×1,03万7,423戸＝1兆2,134億円と同年の農業法人全体の1.9倍に当たり、
2010年実績より△18％の減少となる。

　ここで、非法人の「団体経営」（20年センサスで「農業経営体数」の0.7％）
を除いて、農業法人と家族経営だけで国内農業借入金の大きさを推計すると、
2010年では農業法人3,006億円＋家族経営1兆4,792億円＝1兆7,798億円とな
る。一方、20年では同6,519億円＋同1兆2,134億円＝1兆8,653億円であり、
20／10年対比の10年間で4.8％の微増にとどまる。要するに、農業経営の法
人化は進展していても、国内の農業総生産額が停滞基調にある状況では、農
業経営全体の資金需要の伸びも低くならざるを得ないといえよう。

　また、「農業の成長産業化」という誇大な政策スローガンとは裏腹に、
TPPやFTA等による海外農産物の輸入攻勢や後継生産者の激減、国内消費
人口の減少等で、今後とも産業拡大に向けた農業投資が増大するような経済

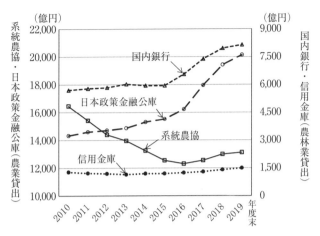

**図4-3　金融機関別の農（林）業貸出残高（年度末）の推移**

資料：農林中金『農林漁業金融統計』および日本政策金融公庫「ディ
　　　スクロージャー誌」（Webサイト）より作成。
注：国内銀行および信用金庫の実績は農林業の貸出実績である。

環境にはない。その意味では、狭隘な農業金融市場の中で、地域金融機関ど
うしが貸付先を奪い合う激しい競争が展開することになる。

　ここで、農林中金『農林漁業金融統計』に依拠して、農業金融市場におけ
る金融機関別の農業貸出実績の状況を概観してみよう。まず、**図4-3**にみる
ように、2010年度時点では系統農協（農協、信連、農林中金）は貸出実績に
おいて最大の農業金融機関であった。但し、その農業貸出金残高は16年度ま
で一貫して減少し続け、以後は微増傾向にとどまる。19／10年度対比では
△20.3％の減少率となり、この間、系統農協の地位は明らかに低下している。

　また、同図での国内銀行および信用金庫の原統計は、日銀Webサイトか
ら引用されているのだが、「農林業」の貸出実績を示している。但し、資金
需要の規模から推測して、農業部門に比べて林業の貸出実績はごく小さいと
推察されるため、当該統計はほぼ農業貸出の状況を表しているとみて良い。

　まず、国内銀行の農林業貸出の場合、同図が示すように15年度までは横ば
いに近い状況にあり、次年度以降から増大傾向に転じている。19／15年度

対比の4年間で37%の増加率になる。他方、信用金庫の場合では、13年度までは微減傾向であったが、その後は微増に転じており、19／13年度対比の6年間では29%の増加率になる[2]。

このように国内銀行（主に地方銀行）は、農林業貸出実績において信用金庫よりもはるかに大きいのだが（19年末には5.5倍の格差）、農業金融市場への参入は最近になって顕著である。そして、地域金融機関における銀行の農業貸出シェアは着実に拡大しており、系統農協の農業貸出実績に対する銀行の農林業貸出実績の比率では、10年度末に34.7%であったのが19年度末で62.1%へと顕著に上昇している。

なお、地方の銀行・信金等が農業分野に進出する背景には、先述のように、日銀の超低金利政策下でいっそう厳しくなった企業貸出をめぐる競争的な市場環境がある。最近の銀行等の農業融資戦略においては、具体的には次のような特徴が見られる[3]。

まず、融資体制の面では、農業法人を主な取引対象とした専任担当者や担当部署を配置・設置している例が多い。そのさい、担当職員に農業研修を課すとか、元県農業行政職員を採用している場合もある。また、農業金融商品の創設に加えて、日本政策金融公庫の代理貸付や農業近代化資金等の制度資金の取り扱いに積極的な銀行もある。とくに融資関係を契機に、既存の取引先に食品関連の製造・卸小売企業を抱えている優位性を活かして、商談会の開催や首都圏で農産物販売ブースを開設するなど、直販志向の農業法人等に販路開拓を支援している場合も少なくない。

最近では、地域商社の設立によって、農協や関係業界との連携により特産農産物や加工品を県外に販売促進している例が多く、輸出支援に取り組んでいる地方銀行もある。なお、金融庁金融審議会は20年12月に、「人口減少や少子高齢化に直面する地域の社会経済の課題解決」への貢献、とりわけ「ポストコロナ対策」として、銀行の事業会社への出資制限や業務範囲規制の緩和を提案している[4]。出資制限の緩和では、まちづくりや地域産品の販売等を担う「地域活性化事業会社」に対しては100%出資を認める（現行は最大

50％）。また、事業会社の業務範囲規制緩和においては、具体的な業務規定
として、高齢者の見守りサービスや登録型人材派遣などを例示している。その政策は、銀行等の「兼営化」を奨励することであり、その究極的な姿は、皮肉にも先の改正農協法で忌避された「総合農協」の兼営形態に接近しよう。

　このような地方銀行等の新規参入の動きに対して、近年の系統農協の農業金融においては、とくに大規模生産者や農業法人への対応強化が戦略的な取り組み課題として重視されている。具体的な対策としては、上述の銀行・信金の場合と同様に、渉外・相談活動の強化に向けた農業融資担当職員の配置や専門部署を設置するなどである。また、県信連が法人向け農業融資に積極的に取り組んでいる場合もあり、例えば茨城県では県信連と全農県本部が連携して農協や農業法人向けに商談会を開催しているという[5]。

　但し、農協の特徴は営農相談活動を基軸にした総合的事業の展開にある。08年頃から全農によって導入された「TAC制度」（営農総合相談対応の「担い手」専任担当制）は、その発想を徹底させて一つの事業方式に制度化したといえよう。金融事業では、北海道内農協における「クミカン（組合員勘定）」制度がそれに該当し、営農指導を組み合わせた短期資金の継続融資あるいは動産担保金融の取り組みである。

　また、数年前から全国的に普及しつつある「農業経営管理支援事業」は、農業者の所得増大や経営改善の観点に立って、営農相談活動を起点とした総合的な経営支援の構想をさらに発展させた事業である。具体的には、農業経営者の簿記記帳（代行含む）を前提として、生産・販売の実績および財務諸表等の経営分析・診断と技術診断等との統合により、農業者・農業法人の経営改善や所得向上に直結した具体的な経営支援・相談を行うという事業である。その経営支援には各種の金融支援も含み、単協内の金融部と営農部との連携や県域レベルでの県中・各事業連間の連携によって展開している[6]。

　以上のように、農業金融市場における系統農協の優位性は、「総合」農協の独自性を生かした信用事業体制をいかに確立できるかにかかっているといえよう。但し、今日の系統農協にとって、最大の競合金融機関は政府出資の

日本政策金融公庫である。

　先の**図4-3**に見るように、2010年度以降で金融公庫の農業貸出金は一貫して増大傾向にあり、12年度末には系統農協の実績を上回り、17年度以降になるとその増加度を上昇させている。その貸出金残高は19年度末で2兆131億円と系統農協の1.5倍になり、いまや系統農協に代わって国内最大の農業金融機関となった。なお、同図に示す系統農協の農業貸出実績には公庫資金の受託貸付が2割ほど含まれており、系統農協のプロパー資金のみで対比すれば、その実績格差はさらに拡大することになる。

　このような貸出実績の様相からすれば、今日の農業金融市場は、融資条件で優位にある「官業」（政府系金融機関）が主体で、「民業」（系統農協、銀行、信金等）がそれを補完しているという「倒錯」した問題状況にある。また、日本政策金融公庫の民営化（株式会社化）によって、地方金融機関との競合関係が強まっており、この事態において、改めて政府系金融機関の役割のあり方が問われるべきであろう。

## 4．地域金融機関としての農協金融の展望と課題

　近年、2016年施行の農協法改正で、政府より「農業所得増大への最大限の配慮」を求められたため、農協信用事業および信連・農林中金の「自己改革」では、「農業金融強化」が第一に掲げられるようになった。その様相は、大都市部の農協・信連でも同様である。但し、今後の事業改革において、「農業金融強化」で満足して良いのであろうか。

　農業者を正組合員とする協同組織である限り、農協金融における農業経営者や農業法人対応の重要性は大きいとはいえ、保有する資金量規模に比べれば農業金融市場は極めて狭隘である。また、地域農業の衰退傾向や農家・農業者の大幅な減少により、将来的に農業貸出を伸ばしうる余地も小さい。当然ながら、この状況は都市農協に最も当てはまる。

　いま、『農林漁業金融統計』によると、19年度末で農協系統（農協・信連・

中金）の「農業関連」貸出金残高は2兆2千億円になるが、そのうち農業貸出金は1兆3千億円（約6割）に留まり、それ以外は農協や全農・経済連とその子会社等を含む「農業関連団体等」への貸出金が占める。また、農協の農業関連貸出金1兆2千億円（系統組織内の54.4％）は、貸出金総残高のわずか5.4％である。かりに、銀行等の農林業貸出金約1兆円をも農協が代わりに資金供給したとしても、農業関連貸出は総貸出金の1割、貯金に対して2.1％にすぎない。要するに、系統農協金融にとって農業金融市場で事業拡大の余地はそもそも小さい。

　ここで、01年以降の農協貸出金の推移について、『農林漁業金融統計』で概観してみよう。まず、01年度末の21兆3千億円から05年度末の20兆8千億円までは微減で推移し、その後上昇に反転して09年度末には24兆円のピークを迎える。それ以後は減少傾向に変わり、16年度末には21兆7千億円まで低下する。その後に再び微増傾向で推移しており、19／16年度末対比では1.5％の微増になるが、19／09年度対比では△8.4％の減少になる。

　この中で農業関連資金については、統計が掲載されている10年度以降では減少傾向にある。19／10年度末の対比では、1兆6千億円から1兆2千億円へと△24.7％の減少となり、貸出金に占める割合も6.7％から5.4％に低下している。

　これに対して住宅資金は、貸出先ではいまや最大であり、19年度末で13兆1千億円となる。01年以降、ローンセンターの設置農協が増えたこともあって、賃貸・居住用の住宅ローンは順調に伸長し、08／01年度対比で1.6倍に急増する。その後、リーマンショック直後の09年度の落ち込みや14年度の消費税率引き上げ時から17年度までは停滞したものの、18年度からは再び伸長している。その結果、住宅資金残高は19／01年度末対比で1.9倍に増加し、農協貸出に占める割合も33.3％から59.6％へと1.8倍に上昇した。

　なお、住宅資金および農業関連資金を除いた貸出金は、生活資金（自動車ローンや教育ローン等）や農外事業資金等となる。当該資金内訳の詳細は不明だが、その合計額は19／10年度の残高対比で△30.5％の減少、構成割合

では46.5％から35.0％に低下している。

　以上のことから、近年の農協貸出の伸長には住宅資金のみが貢献していることになる。但し、農協の貸出規模それ自体が貯金高に対して著しく小さい。とくに近年では貯金の高い伸びもあって、農協の貯貸率は10年度の27.8％から19年度には20.9％に低下し、逆に貯預率は同年度間に67.6％から76.2％へと上昇している。信用金庫および信用組合の預貸率（19年度50.0％、56.0％）に比べれば、今日の農協は貯蓄組合化をいっそう強めている。

　近年、地域金融機関に対して金融庁が強く求めているように、金融仲介機能を通して地域経済の活性化支援という責務は農協も負っていよう。また、資金運用を系統組織に依存する経営姿勢は、「総合農協」の地域組合化を標榜する組織理念にそむくものである。したがって、農協の信用事業は、農業金融機能の強化だけではなく、生活金融に加えて地域の関連産業金融に積極的に取り組むべきであろう。

　ところで、連年の赤字国債の累積にも関わらず、政府の抜本的な税制改革の回避により、今後とも日銀は実質的な財政ファイナンスを続けざるを得ない。そのため、財政再建は次次世代までに及ぶ超長期的な課題になり、可能かどうかは別として、日銀は現行の超低金利政策を将来とも持続しようとするであろう。このことは、主に貸出を本業とする地域金融機関にとって、薄利のもとで綱渡り的な経営が今後も長期に渡って強いられることを意味する。とくに、現下の新型コロナウイルス感染禍にともなう不況の長期化で、利鞘の縮小に加えて与信コストの増大により地方銀行・信用金庫等の経営収支はいっそう悪化してきている[7]。

　この問題状況に対して政府は、県内銀行の経営統合を容易にする「独占禁止法特例法」を20年11月に施行した。同月にはまた、地方銀行等の再編にメリットを与えるため、日銀が「地域金融強化のための特別当座預金制度」（追加的な付利）を導入した。さらに、金融庁金融審議会の提案を受けて、21年3月に政府は、銀行等再編に対する時限的な「資金交付制度」の創設（金融機能強化法改正案）を閣議決定している。

現在の農協においても、効率化を追求した信用事業収益の改善方策として、県単一農協をも含む超広域農協への再合併は一つの選択肢となろう。とくに、営農・生活関連部門の事業収支を改善できない、あるいはもっぱら系統預金運用に依存してきた農協にとっては、農林中金の預金奨励金水準の引き下げに対して、「総合」農協の兼営形態を堅持する限り、もはや再合併の選択肢しか残されていないのかもしれない[8]。

　但し、銀行とは異なって協同組合系の地域金融組織の場合、制度的に営業地域が制限されており、組織の合併は都道府県域を超えることはできない。また、地方銀行や信用金庫等の場合は、立地面で競合していた従来店舗を統合するだけでも合併効果は大きいのだが、もともと営業管内を棲み分けている農協の場合はその効果が期待できない。

　したがって、協同組合金融組織の対応方向は、「組合員・地域密着型」金融への徹底、すなわち古江（2018）のいう「深掘り戦略」が基本となろう。マイナス金利政策下でも、実際に貸出面で成果を出している信用金庫や信用組合が少なくない[9]。

　その「深掘り戦略」の展開方向は、「JAバンク中期戦略（2019～21年度）」でもすでに提起されており、系統農協が「組合員・利用者目線による事業対応の徹底に最優先して取り組む」として、「農業・地域の成長支援」、「貸出の強化」、「ライフプランサポートの実践」、「組合員・利用者接点の再構築」という四つの課題を掲げている。問題は、具体的にどのような事業方式で実践していくかである。

　金融庁は数年前から地域金融機関に対して、「事業性評価」に基づく「顧客本位」の金融を求めている。このような事業方式は、農業金融においてはむしろ農協が先行しており、先述の「クミカン（組合員勘定）」制度や「農業経営管理支援事業」も同様のビジネスモデルといえる。このような事業方式を「六次産業化」など農業関連産業の振興に関わる事業資金の対応にも適用し、多事業兼営のメリットと系統組織の機能を効果的に発揮し、地域金融の拡大に積極的に取り組むべきであろう。農協レベルではそのノウハウが乏

しく体制も不備なため、信連・農林中金や全農・経済連等との連携で対応していく必要がある。

　また、生活金融における農協版「深掘り戦略」は、「協同活動」や「相談活動」を基軸にした事業方式の展開となろう。その詳細は省くが、マイナス金利政策下の今日、低金利競争での事業展開はすでに限界に来ており、改めて農協固有の事業方式を再確認し、その創意工夫と実践に努めるべきと考える[10]。

## 注

1）CLO（ローン担保証券）は、信用力の低いアメリカ企業向け貸出債権を束ねて証券化したクレジット商品である。農林中金はCLO保有額を18年度中に3.8兆円から7.4兆円に増やし、世界最大の保有機関となった。実態経済の悪化によって、その格付けが下がった場合などで巨額の評価損の発生する恐れがある。農林中金は20年5月に、新型コロナウイルス感染禍の金融市場の混乱で、20年3月期のCLOの評価損が4千億円超と公表している。なお、CLO投資のリスク評価に関しては、日本銀行（2019）を参照されたい。

2）古江（2018）によれば、信用金庫および信用組合の農業貸出金残高の実績に関して、2018／11年において前者が1,127億円から1,406億円の24.8％増、後者が321億円から504億円へと57.0％増と紹介している。

3）地方銀行の農業融資に関する事例を紹介した文献としては長谷川（2019）などがある。

4）金融庁金融審議会「銀行制度等ワーキング・グループ報告─経済を力強く支える金融機能の確立に向けて─」（2020年12月22日）の報告である。

5）系統農協の農業金融面での新たな展開については、石田（2019）を参照されたい。

6）JA全国第24回大会（2006年）決議で、「担い手」に対する経営指導体制の強化策として、農業経営管理支援の活動方針を明示した。同事業の経緯と2015年頃の状況については、農林中金総合研究所（2015）が詳しい。

7）新型コロナウイルス感染禍の地方銀行の経営収支状況や「新型コロナ対策」については、古江（2021）が参考になる。なお、コロナ禍不況で不振企業に対する公的利息補助の政策的支援融資の急増により、21年度決算において経営利益を向上させた地銀等が少なくない。その場合、当該資金が償還を迎えたとき不良債権化するリスクを抱えている。

8）「信用事業運営体制のあり方」に関する農林中金のアンケートでは、2019年5

月末現在の回答613農協のうち、「信用事業分離」5、「合併」73、「単独」535（うち「合併協議中・検討」140）であった（農林中金「ニュースリリソース」2019年8月8日による）。

9）最近の信用組合等の「深堀戦略」に相当する多様な取り組み事例については、農林中金総合研究所『金融事情』（月刊誌）に連載の「金融機関の新潮流」が参考になる。

10）協同組合理念に即した事業方式や信用事業兼営の「総合農協」の展望については、青柳（2019）を参照されたい。

**引用・参考文献**

青柳　斉（2019）「信用事業分離論と総合農協経営の展望」増田佳昭編著『制度環境の変化と農協の未来像』昭和堂.

古江晋也（2018）「マイナス金利政策下における地域金融機関の経営戦略」『農林金融』2018-5, pp.2-14.

古江晋也（2021）「地方銀行の2020年度中間決算の状況と経営戦略」『金融市場』2021-2, pp.30-35.

長谷川晃生（2019）「積極化する地銀の農業融資」農林中金総合研究所『地域・協同組織金融とJA信用事業』全国共同出版.

石田一喜（2019）「農業融資の現状とJAの取組み」農林中金総合研究所『地域・協同組織金融とJA信用事業』全国共同出版.

日本銀行（2019）『金融システムレポート』2019-10, pp.42-45.
https://www.boj.or.jp/research/brp/fsr/data/fsr191024a.pdf（2019年10月号）.

農林中金総合研究所（2015）『JAの農業経営管理支援に関する実証的研究』（総研レポート2015-7）.

（青柳　斉）

第5章

# 肥料・農薬産業と市場構造

## 1. 経済環境の変化と肥料・農薬の流通

　本章では、農薬、肥料の生産の動向と市場構造について述べていきたい。

　農薬及び肥料生産を担っているのは重化学工業であり、農業との直接的関係はない。しかし、農法変革の歴史を見る時、地力維持方式と雑草・病害虫防除法の発達は重要な問題であり、肥料、農薬の果たす役割は非常に大きい。

　農薬も肥料も化学工業製品として、速やかな効果の発揮が期待される一方で、自然の物質循環に反するとして、その有害性や副作用に対する批判も根強く、近年では、生物農薬、有機肥料も注目されている。

　農林水産省は、農業競争力強化支援法（2017年8月）に基づく、良質で安価な資材の供給推進のうえで、肥料・農薬の価格引き下げを急いでいる。2019年の農業経営費のうち農業生産資材の割合は、水田作61.9％、畑作58.4％など高い割合を占める。2015年を基準年としたとき、2019年の指数は肥料で98.0と低下している一方で、農薬は100.5と横ばい状態であるが、肥料に比較すると価格の低下しにくい農薬産業の特性が反映されていると考えられる。また、一部の資材は、原材料・原料を輸入に依存しており、鉱物資源、穀物の国際価格、為替相場の変動等の国際情勢の影響を受けやすいなど問題がある[1]。

こうした政府施策や原料の国際市場動向を背景に、農協購買事業の果たす役割が再び重要になりつつある。

## 2. 地力再生産と肥料の生産・流通

### (1) 肥料市場の法的枠組み

戦後の肥料市場の法的枠組みの変遷について簡単にみよう。戦後の肥料市場は肥料配給公団による管理市場としてスタートした。1950年に公団が廃止され、一時的に肥料価格はメーカーと需要者を代表する全購連との交渉に委ねられた。ところが、価格交渉は難航し、肥料流通に支障が出る事態に陥った。

そこで、1954年6月に「臨時肥料需給安定法」、「硫安輸出調整臨時措置法」の肥料二法が成立した。肥料二法下では、肥料工業の合理化、肥料輸出の助成が意図されるとともに、政府による肥料の需給調整、価格調整が計られた。

1964年には肥料二法にかわって「肥料価格安定等臨時措置法」（以下、肥安法）が制定された。これは、価格の決定をメーカー、需要者の自主交渉に委ね、政府の役割は需給見通し、生産費等の資料の交付と、交渉難航時における調停のみにとどめられた。肥安法は時限立法であったが、25年間もの長期にわたって存続した[2]。

1989年6月、肥安法が廃止されたことにより、以後、価格決定は需要者側代表と各メーカーとの個別交渉に委ねられている。肥安法はメーカーに有利な価格カルテル的に機能していたが、同法の廃止を期に、全農が個別のメーカーと価格交渉により価格形成されることになり、全農価格形成機能が強くなり、「価格要求をしていく上で農民側の正当な要求をより強く主張していく機会が格段に増加した」点で意義があった[3]。

現在、肥料関係の法律は、肥料取締法、土壌改良資材の品質規格を定める地力増進法がある。肥料取締法は「肥料の品質等を保全し」、「公正な取引と安全な施用を確保する」ことによって、「肥料の規格及び施用基準の公定、

登録、検査等を行い、もって農業生産力の維持増進に寄与するとともに、国民の健康の保護」を図ることを目的とし、肥料の生産業者・輸入業者・販売業者の許可、肥料の登録、品質規格を定めている。肥料取締法は、肥料を「普通肥料」、「特殊肥料」に大別している。そのうち、「特殊肥料」とは、魚かす、ぬか、コーヒーかす、堆肥等、農林水産大臣が指定したもので、現在、46種が指定されており、「普通肥料」とは「特殊肥料」以外の肥料をさす。

## （2）土づくりと堆肥

ここでは、まず堆肥について見ていきたい。堆肥は法律上は特殊肥料に分類され、「わら、もみがら、樹皮、動物の排せつ物その他の動植物の有機質物」を混合・発酵させたもので、「窒素0.30 ～ 0.65%、りん酸0.04 ～ 0.28%、加里0.38 ～ 1.38%、その他けい酸、石灰、苦土及び微量要素を含む」とされる[4]。現在、これまでの化学肥料偏重に対する反省から堆肥による土づくりに関心が集まっている。

堆肥は肥料成分の少ない「土づくり型堆肥（木質堆肥）」（腐葉土、バーク堆肥、牛糞堆肥など）、「有機質肥料型堆肥（栄養堆肥）」（豚糞堆肥、鶏糞堆肥など）に分けられる。

牛糞堆肥の成分は窒素1.9：りん酸1.2：カリ3.5で、カリウムがやや多く、肥効はやや遅い。豚糞堆肥の成分は窒素1.8：りん酸1.7：カリ0.7で、牛糞堆肥に比較してりん酸がやや多く、肥効はやや早い。鶏糞堆肥の成分は窒素3：りん酸5：カリ2.4で、りん酸・石灰分が多く、肥効は早い。これらの特性から、「成分量の少ない牛糞堆肥や豚糞堆肥は、おもに有機物の補給による土壌改良的肥料」であり、土づくりに用いられるのに対し、「鶏糞堆肥は、有機質肥料そのもの」として、追肥に用いられる[5]。

堆肥の重要な原料となる家畜排せつ物の利用について見よう。農林水産省の発表によれば、現在、「家畜排せつ物発生量の約9割が堆肥化や液肥化処理」に仕向けられているという[6]。

令和2年の畜種別家畜排せつ物発生量は8,013万t、うち乳用牛：2,186万t、

肉用牛：2,358万t、豚：2,115万t、採卵鶏：791万t、ブロイラー：563万tである。堆肥原料用家畜糞の83.1％は「土づくり堆肥」となる、牛糞及び豚糞が占めていることになり[7]、日本の地力維持構造の基礎となっている。

## （3）化学肥料の生産動向

　土づくりが重視される中にあっても、現代農法における肥料の中心を占めているのは化学肥料である。化学肥料には①窒素質肥料（尿素、硫安、塩安、石灰窒素）、②リン酸質肥料（過リン酸石灰、熔成りん肥）、③カリウム質肥料（塩化加里、硫酸加里）、④複合肥料（高度化成肥料、普通化成肥料、配合肥料）、⑤石灰質肥料（炭酸カルシウム肥料、消石灰）、⑥その他肥料（ケイ酸質肥料、苦土肥料）があるが、中心となるのは窒素、りん酸、カリウムの三要素肥料である。

　窒素質肥料は原油・天然ガス、鉱物資源などの無機物を原料として作られ、工業原料の生成・分離過程の副産物である。戦後肥料産業の中心は石炭・石油などの化石資源から副生されるアンモニアを用いた尿素、硫安などの窒素質肥料であり、国の政策的支援を受けて大型プラントが建造されたが、2度のオイルショックの過程で国際競争力を喪失した[8]。

　りん酸、カリウムなどの鉱物資源を原料とする肥料は海外に依存している。ただし、カリウムの場合、食品工業、繊維工業の副産物を副産カリ肥料とすることができる。

　**表5-1**は国内における化学肥料の生産及び輸入動向について示したものである。まず生産面から見よう。国内で生産される一要素のみの単肥化学肥料の中心は窒素質肥料であり、中でも硫安の占める割合が高く、次いで尿素、石灰窒素となっている。塩安は2015年に急減した。

　鉱物原料を海外に依存しているりん酸質肥料の国内生産は皆無、工業副産物として得られるカリウム肥料も少ない。一方、省力化を背景に生産を伸ばしてきた化成肥料の生産量は徐々にではあるが減少している。

　輸入について見ると、りん酸質肥料、カリウム質肥料の輸入は多い。りん

表 5-1　無機質肥料の生産量と輸入量の推移

(単位：t )

|  |  | 2012 年 | 2013 年 | 2014 年 | 2015 年 | 2016 年 |
|---|---|---|---|---|---|---|
| 生産 | 硫安 | 1,245,197 | 1,224,641 | 1,159,570 | 1,070,303 | 897,793 |
| | 石灰窒素 | 47,570 | 46,217 | 44,716 | 31,490 | 47,188 |
| | 尿素 | 344,259 | 358,888 | 328,483 | 340,623 | 416,687 |
| | 硝安 | 2,551 | 2,283 | 1,541 | 1,977 | 942 |
| | 塩安 | 79,234 | 73,153 | 78,660 | 24,304 | 0 |
| | 過リン酸石灰 | 0 | 0 | 0 | 0 | 0 |
| | 重過リン酸石灰 | 0 | 0 | 0 | 0 | 0 |
| | 熔成りん肥 | 0 | 0 | 0 | 0 | 0 |
| | 硫酸カリ | 8,850 | 6,623 | 8,072 | 8,292 | 8,242 |
| | カリ塩類 | 46,810 | 46,472 | 47,007 | 43,224 | 41,130 |
| | 複合肥料（化成肥料） | 1,279,000 | 1,277,403 | 1,197,179 | 1,164,462 | 1,089,156 |
| | 複合肥料（配合肥料） | 155,453 | 139,172 | 146,717 | 148,279 | 146,403 |
| | 石灰（生石灰） | 107,348 | 117,213 | 127,153 | 69,857 | 73,580 |
| | 石灰（消石灰） | 123,879 | 107,782 | 135,381 | 110,308 | 107,418 |
| | 炭酸カルシウム肥料 | 785,565 | 809,872 | 764,200 | 526,540 | 512,924 |
| | 珪酸石灰 | 173,553 | 177,223 | 163,832 | 153,407 | 143,990 |
| 輸入 | 硫安 | 60,497 | 33,373 | 41,391 | 42,955 | 52,091 |
| | 石灰窒素 | 3,400 | 0 | 0 | 0 | 0 |
| | 硝安 | 24,359 | 23,145 | 23,604 | 20,653 | 19,321 |
| | りん安 | 417,500 | 498,731 | 476,319 | 467,319 | 467,221 |
| | 塩化カリ | 529,446 | 479,149 | 534,365 | 494,113 | 450,345 |
| | 硫酸カリ | 98,118 | 94,340 | 89,332 | 92,667 | 74,608 |
| | りん鉱石 | 378,642 | 363,499 | 312,987 | 293,399 | 243,938 |

資料：『ポケット肥料要覧　2017／2018』（2019）
注：年は暦年。

鉱石の輸入が減少したのは、国際競争力の低下による生産設備の遊休化で、製品輸入の方が安価となったためとみられる。

　化学工業における基礎的な窒素源として重要なアンモニア工業の発展を基礎に高い輸出競争力をもって製造されてきた窒素質肥料も、国内化学工業の国際競争力低下に影響を受けて輸入量が増加した。特に、硫安の場合、1980年代後半～90年代前半に、3,400 ～ 7,200tの輸入を続け、その後しばらくは0 ～ 140tの小規模な輸入で推移したが、2009年に突如、9 万8,694tの大幅輸入が行われ、以後、現在まで輸入は続いている。

　次に、肥料生産設備能力の動向についてみよう。表5-2は2010年度からの国内の化学肥料原料生産設備能力を示したものである。尿素、リン酸液の設

表 5-2　国内主要肥料生産能力

(単位：千 t)

| | 原料源・製法 | 工場 | 2012 年 | 2013 年 | 2014 年 | 2015 年 | 2016 年 | 備考 |
|---|---|---|---|---|---|---|---|---|
| アンモニア | | 4 | 1,358 | 1,304 | 1,255 | 1,042 | 1,079 | |
| 尿素 | | 2 | — | — | — | — | — | 長期休止施設 |
| 石灰窒素 | | 4 | 263 | 263 | 263 | 263 | 263 | |
| 硝安 | | 1 | | | | | | |
| 熔成りん肥 | 電炉法 | 2 | 55 | 55 | 55 | 55 | 55 | |
| | 平炉法 | 1 | 60 | 60 | 60 | 60 | 60 | |
| | 小計 | 3 | 115 | 115 | 115 | 115 | 115 | |
| りん酸液 | | 2 | | | | | | 長期休止施設 |
| 硫酸 | 製錬ガス | | 6,747 | 6,874 | 6,874 | 5,066 | 5,110 | |
| | 硫黄 | | 1,620 | 1,557 | 1,546 | 1,074 | 1,074 | |
| | その他 | | 396 | 368 | 362 | 155 | 158 | |
| | 小計 | | 8,738 | 5,800 | 8,783 | 8,813 | 8,789 | |

資料：『ポケット肥料要覧　2017／2018』（2019）
注：肥料年度、7 月 1 日～6 月 30 日．2）硫酸は 100％換算。

表 5-3　主要肥料国内消費量の推移

(単位：t)

| | 2012 年 | 2013 年 | 2014 年 | 2015 年 | 2016 年 |
|---|---|---|---|---|---|
| 硫安 | 554,995 | 566,608 | 536,427 | 503,167 | 498,529 |
| 石灰窒素 | 42,463 | 42,093 | 39,918 | 35,396 | 39,099 |
| 尿素 | 329,490 | 341,463 | 326,203 | 316,088 | 436,629 |
| 硝安 | 1,076 | 1,318 | 1,337 | 1,345 | 963 |
| 塩安 | 77,716 | 77,243 | 72,016 | 28,135 | 0 |
| 過リン酸石灰 | 128,912 | 122,008 | 114,981 | 96,289 | 94,371 |
| 重過リン酸 | 7,117 | 9,319 | 7,878 | 6,270 | 6,990 |
| 熔成りん肥 | 0 | 0 | 0 | 0 | 0 |
| 塩化カリ | 319,090 | 377,973 | 347,798 | 319,760 | 296,177 |
| 硫酸カリ | 83,867 | 82,934 | 78,868 | 79,904 | 59,166 |
| 高度化成 | 738,206 | 779,097 | 749,354 | 705,322 | 693,299 |
| 普通化成 | 278,074 | 269,623 | 273,213 | 235,533 | 235,432 |

資料：『ポケット肥料要覧　2017／2018』（2019）
注：年は暦年。

備は稼働していない状態である。また、ほかの設備能力も現状維持か徐々に縮小する方向で進んでいる。

　表5-3は主要肥料の国内消費動向について見たものである。まず、窒素系肥料の動向を見ると、硫安、石灰窒素、尿素の消費は年別の増減はあるものの比較的安定した消費動向を示しているのに対して、硝安、塩安の消費量は変動幅が大きく、近年では減少が著しい。これは、窒素質肥料においては硫

安がいわゆる「万能肥料」として位置づけられ、国内で硫酸の設備的余剰も大きく安価であるのに対して、塩安は施用作目を選ぶ上に硫安に比して価格が割高であること、硝安は雨水に溶けて硝酸が流亡しやすく、即効性はあるが肥効は短く、また、爆発物の原料となるため取り扱いが危険であり、肥料としての使用が減少している[9]。

　次にりん酸質肥料であるが、2010年に熔成りん肥の単体消費はゼロになり、過りん酸石灰の利用に移行している。熔成りん肥、過りん酸石灰とも、元肥として利用されているが、過りん酸石灰の副成分である石膏には、硫黄、石灰分としての肥効も期待できるため、過りん酸石灰がりん酸質肥料の主流となっている[10]。カリウム質肥料の消費は漸減しているものの、あくまで農業の後退に伴う傾向的な現象であって消費動向に大きな変化は見られない。

　肥料は、労働力の減少や高齢化の中で、施肥労働の省力化を目的とした、複数の成分を含み、副次的効果の期待できる肥料へと消費が移っている。特に、チッソ・りん酸・カリの三要素の2成分以上をふくみ、3成分合計が30％以上の高度化成が消費を伸ばしてきたが、2012年にピークを迎え、その後は徐々に消費を減らしている。

### （4）有機質肥料の生産動向

　有機質肥料には、①堆肥（牛ふん堆肥、豚ふん堆肥、鶏ふん堆肥）、②動植物質肥料（魚粕粉末、菜種油粕、骨粉）、③有機副産物肥料（汚泥肥料）がある。ここでは、②動植物質肥料について見たい。

　動植物質肥料は、主に、食品工業の原料残滓副産物が利用される。油粕類は油脂工業の副産物である。魚肥料にはりん酸、アミノ酸が多く含まれる。かつてはイワシを干した干鰯がその代表であったが、現在は、缶詰工業や鰹節工業の副産物として生産される魚粉、骨粉が中心となっている。

　**表5-4**は主な植物質肥料と動物質肥料の国内生産について示したものである。植物質肥料の生産総量は2014年までも傾向的に増加してきたが、とくに、2015年からは大きく増加している。動物質肥料のうち、魚肥料は周期的増減

### 表5-4　有機質肥料生産量の動向

(単位：t)

| | | 2012 年 | 2013 年 | 2014 年 | 2015 年 | 2016 年 |
|---|---|---|---|---|---|---|
| 油粕類 | 合計 | 611,259 | 580,674 | 796,440 | 1,114,633 | 1,113,514 |
| | 大豆油粕 | 134,413 | 167,474 | 264,848 | 476,881 | 494,514 |
| | 菜種油粕 | 343,283 | 279,440 | 392,433 | 476,881 | 482,288 |
| | 綿実油粕 | 11,959 | 10,735 | 12,705 | 11,255 | 12,301 |
| 魚肥料 | 合計 | 49,775 | 81,092 | 69,226 | 41,575 | 49,886 |
| | 粉末魚肥 | 48,063 | 52,042 | 40,426 | 40,132 | 47,532 |
| | 骨粉 | 87,567 | 86,274 | 62,474 | 84,048 | 91,873 |

資料：『ポケット肥料要覧　2017／2018』（2019）
注：年は暦年。

### 表5-5　輸入有機肥料の動向

(単位：t)

| | | 2012 年 | 2013 年 | 2014 年 | 2015 年 | 2016 年 |
|---|---|---|---|---|---|---|
| 有機質肥料 | 合計 | 44,716 | 57,877 | 56,584 | 63,745 | 57,062 |
| うち | 魚かす粉末 | 6,804 | 7,709 | 10,753 | 12,078 | 6,689 |
| | 蒸製皮革粉 | 14,868 | 18,428 | 13,742 | 18,985 | 17,399 |
| | なたね油かす | 4,628 | 9,005 | 7,076 | 3,934 | 4,495 |
| | ひまし油かす | 1,425 | 3,225 | 12,126 | 16,755 | 12,694 |
| | 副産植物質肥料 | 4,474 | 5,412 | 4,635 | 1,579 | 5,997 |

資料：『ポケット肥料要覧　2017／2018』（2019）
注：1）年は暦年，2）肥料取締法に基づく輸入数量報告による。

がみられたが、BSEの発生以降、畜産業由来の肉骨粉などの輸入が停止して、魚肥料の生産が伸びている。

　**表5-5**は輸入有機質肥料についてまとめたものである。輸入される有機質肥料としては皮革粉末が最も多く。1.3 ～ 1.8万tを維持している。魚かす粉末は年ごとの増減が大きい。

　植物質肥料はなたね油かす、ひまし油かすが多い。これら副産植物質肥料は食品工業、発酵工業において副産される植物質原料由来の残滓である。このうち、近年急激に増加しているのはひまし油かすである。それまで、植物質肥料輸入の中心はなたね油かすであったが、2013年までは３千t台であったひまし油かすが、14年には1.2万tへと急増し、なたね油かすを大きく引き離している。これは、家畜に対する毒性があるため飼料には用いられなかったひまし油かすが、国際的な飼料需要のひっ迫の中で、積極的に肥料用に利

用されるようになったためである[11]。副産植物質肥料価格は国際飼料市場の動向の影響も受ける。

　このように国内では徐々に有機肥料の利用が広がっているが、国内農業の衰退により肥料市場そのものが縮小していく中で、国際競争力を失った化学肥料生産の縮小、その一方にある鉱物質原料の海外依存の深化がある。また、化学肥料に対する過剰な依存への反省から生まれた有機肥料利用の増加も、実際には輸入に強く依存しているなど、地力維持の面から見た自給力の低下が進行しており、今後どのような政策的取り組みを行うべきなのかが課題である。

## 3．農薬の生産と流通

### （1）農薬市場の法的枠組み

　農薬市場は「農薬取締法」によって法的な枠組みが形成されている。「農薬取締法」は「農薬について登録の制度を設け、販売及び使用の規制等を行うことにより、農薬の安全性その他の品質及びその安全かつ適正な使用の確保を図」ろうとするものであり、これにより、「農業生産の安定と国民の健康の保護」、「国民の生活環境の保全に寄与」を目的としたものである（第一条）。

　第二条において、農薬とは「農作物を害する菌、線虫、だに、昆虫、ねずみ、草その他の動植物又はウイルス」等「病害虫」の「防除に用いられる殺菌剤、殺虫剤、除草剤その他の薬剤」、および「その薬剤を原料又は材料として使用した資材で当該防除に用いられるもの」及び農作物等の生理機能の増進又は抑制に用いられる成長促進剤、発芽抑制剤その他の薬剤」と定義されている。

　農薬の生産は原体と製剤に区分される。原体とは農薬の有効成分そのものである。この原体に他の補助成分や乳剤、水和剤などの添加し、実際に圃場で使用可能な形態に加工したものを製剤というが、「その薬剤を原料又は材

料として使用した資材」は農薬原体と製剤を示している。

　農薬は用途別に見て、殺虫剤、殺ダニ剤、殺線虫剤、殺菌剤、除草剤、殺虫殺菌剤、殺鼠剤、植物成長抑制剤、忌避剤、誘引剤、展着剤に分けられるが[12]、その他に、土壌燻蒸剤や土壌消毒用石灰も農薬の範疇に含まれている。

## （2）農薬の生産・流通

　農薬製造メーカーには、①原体を専門に製造するメーカー、②原体と製剤の製造を兼業するメーカー、③製剤を専門とするメーカーがある。原体を開発・製造するメーカーは大手企業である。原体メーカーは新農薬開発に多額な費用を投資し、生産設備にも資本投下を必要とする。そこで開発された原体で特許を取り、商標・農薬登録を行って、はじめて独占的な権利を所有し利益を上げるのである。原体開発による特許権の保有は市場支配の力の源泉となり、原体特許権を梃子にした開発－製造－流通の編成が進んでいる。原体メーカーは、製剤メーカーを系列化し、流通ルートを確立する。積極的に原体開発に参入する海外企業も増え競争が激化している。製剤メーカーには、①系統農協にのみ販売するメーカー、②系統農協と商系に販売する二元メーカー、③商系にのみ販売するメーカーの三つの類型がある[13]。

　2014年時の国内農薬メーカー数は243社（農薬製造：154社、石灰、土壌燻蒸剤：89社）、2019年には227社（農薬製造：137社、石灰、土壌燻蒸剤：89社）と農薬製造メーカーはやや減少している[14]。農薬産業は参入企業が多く、中小企業が大半を占めている。また、消毒用石灰メーカーは原料である鉱物資源の産出する地方部に多い[15]。

　近年、環境問題への関心の高まりから農薬の使用は減少している。しかし、一方で、農薬は病害虫による減収を防ぐためになくてはならないものでもある。宮川・元場によれば、農薬不使用の場合の作物の平均減収率は、イネ：27.5％、コムギ：35.7％、ダイズ：30.4％、リンゴ：97.0％、モモ：100.0％、キャベツ：63.4％、ダイコン：23.7％、キュウリ：60.7％、トマト：39.1％、ジャガイモ：31.4％、ナス：21.0％、トウモロコシ：28.0％を示す。農薬使

用の必要性は果樹が最も高く、次いで野菜類、根菜類や穀物類は低い傾向にある。世界的な農薬売上高の傾向として、除草剤の比率が高い。宮川らによれば世界の作物用農薬売上高に占める割合について見たとき、除草剤は42.2％を占め、殺虫剤28.0％、殺菌剤26.8％、植物成長調整剤・燻蒸剤等3.0％である。一方、日本の農薬使用量の特長として、「日本の耕作地は比較的高温多湿で、害虫や微生物による病害が発生しやすい環境にあるため」として殺虫剤、殺菌剤の比率が多いが[16]、これはあくまで構成比から見た特徴である。出荷実績を見る限り、最も使用量の多いのは除草剤であり、日本の農薬使用の実態は、日本の圃場環境は高温多湿であり雑草防除の必要に加えて、害虫や微生物による病害を防ぐために多種の農薬使用を多投しているのである。

### 表5-6　農薬出荷数量実績

(単位：t，kℓ)

| | | 2015年 | 2016年 | 2017年 | 2018年 | 2019年 |
|---|---|---|---|---|---|---|
| 水稲 | 殺虫剤 | 11,682 | 10,212 | 10,101 | 9,614 | 9,465 |
| | 殺菌剤 | 6,547 | 6,082 | 5,670 | 5,299 | 4,952 |
| | 殺虫殺菌剤 | 15,005 | 13,501 | 13,144 | 12,695 | 12,119 |
| | 除草剤 | 30,028 | 28,940 | 28,955 | 28,328 | 28,041 |
| | 小計 | 63,261 | 58,735 | 57,871 | 55,937 | 54,577 |
| 果樹 | 殺虫剤 | 7,657 | 7,331 | 7,561 | 7,664 | 7,415 |
| | 殺菌剤 | 6,228 | 6,099 | 6,022 | 5,986 | 5,913 |
| | 殺虫殺菌剤 | 518 | 505 | 548 | 467 | 446 |
| | 除草剤 | 4,270 | 4,317 | 4,508 | 4,441 | 4,521 |
| | 小計 | 18,673 | 18,252 | 18,639 | 18,559 | 18,295 |
| 野菜・畑作 | 殺虫剤 | 40,149 | 39,559 | 39,201 | 40,170 | 38,622 |
| | 殺菌剤 | 24,164 | 24,821 | 25,293 | 25,629 | 25,732 |
| | 殺虫殺菌剤 | 2,371 | 2,406 | 2,345 | 2,091 | 1,611 |
| | 除草剤 | 10,913 | 10,435 | 10,482 | 10,316 | 10,680 |
| | 小計 | 77,598 | 77,220 | 77,322 | 78,206 | 76,644 |
| その他 | 殺虫剤 | 3,571 | 3,377 | 3,262 | 3,014 | 2,745 |
| | 殺菌剤 | 1,013 | 960 | 922 | 1,019 | 1,046 |
| | 殺虫殺菌剤 | 2,438 | 2,270 | 2,492 | 2,266 | 2,298 |
| | 除草剤 | 15,167 | 18,107 | 19,171 | 23,286 | 23,405 |
| | 小計 | 22,188 | 24,714 | 25,847 | 29,585 | 29,494 |
| 合計 | 殺虫剤 | 63,059 | 60,479 | 60,125 | 60,462 | 58,247 |
| | 殺菌剤 | 37,952 | 37,962 | 37,907 | 37,933 | 37,643 |
| | 殺虫殺菌剤 | 20,332 | 18,682 | 18,529 | 17,519 | 16,474 |
| | 除草剤 | 60,378 | 61,799 | 63,116 | 66,371 | 66,647 |
| | 小計 | 181,721 | 178,922 | 179,677 | 182,285 | 179,011 |

資料：農薬工業会統計データ「農薬年度出荷実績」https://www.jcpa.or.jp/labo/data.html
注：年は農薬年度（10月1日〜9月30日）。

表5-6は近年の農薬出荷について数量ベースで見たものである。ここでの農薬の出荷量は有効成分の含有量の違う薬剤の量的合計であり、有効成分使用量の総量を示すものではない。統計上は殺ダニ剤、殺線虫剤は「殺虫剤」に一括され、誘引剤（フェロモン）、忌避剤は「その他」として計上される。

　まず、合計について見ると2015年時点において日本の農薬利用において最も多かったのは殺虫剤、除草剤、殺菌剤、殺虫殺菌剤の順であるが、そのうち、殺虫剤、殺菌剤、殺虫殺菌剤は傾向的に減少を続けているが、除草剤は一貫して増加している。これは、殺虫剤、殺菌剤および殺虫殺菌剤は農業生産の後退に直接的に影響を受けて使用が減少するのに対して、除草剤はほ場管理の省力化を図るために、除草剤散布が増大している。

　こうした動向を最もよく反映しているのが稲作である。稲作は減反政策の影響を受けて、殺虫剤、殺菌剤の使用が減少している。その一方で、除草剤の減少速度は緩やかである。水田で増加する休耕地・放棄地の除草管理を、限られた労働力で行うために除草剤が広く利用されている。果樹は生産物の外観や品質を保つために農薬に対する依存度が高い。殺虫剤、殺菌剤の利用は年の増減があるものの安定的に推移している。一方、ここでも除草剤の使用は傾向的に増加している。野菜作・畑作では殺虫剤の使用は年ごとに増減があるが安定的に推移している。殺菌剤が徐々に増加を続けているのは注目される。除草剤の利用も、年ごとの増減はあるが安定的に推移している。

　以上のように、現在、有機・無農薬農産物ブームの中で殺虫剤、殺虫殺菌剤の使用は徐々に減少しているが、省力化のための除草剤使用などは、むしろ増加しているといえる。


## ４．市場流通と農協購買事業

　肥料、農薬の流通について見よう。これまで、農業資材流通において農協の占める地位は非常に大きく、価格形成にも大きな影響力を及ぼしてきた。

　肥料の場合、1989年６月、肥安法が廃止されて以後、価格決定は需要者側

代表と各メーカーとの個別交渉に委ねられており、これは現在まで続いている。全農がこの価格決定の場に需要者代表として交渉に関与してきた。また、現在、農協が主に化成肥料価格に影響を与えるうえで有力な手法となっているのが、事前予約を基礎とした「銘柄集約による共同購入」である。これは農協が組合員に肥料の予約注文を受け付け、予約量を積み上げ、成分構成の似通った銘柄を集約する。それまで全国で延べ数で約400銘柄以上あった化成肥料を東北から九州までの地域ごとに6〜8銘柄、全国で見てのべ17銘柄に集約したうえで、大量発注をすることにより、価格引き下げを実現するというものである。農協では、この「銘柄集約・事前予約」の手続きを「新たな共同購入運動」と呼んでおり、2017年4月から行っている。「新たな共同購入運動」によって、「ブロック毎・銘柄毎に異なるが、基準価格に比べおおむね▲1〜3割の価格引き下げを実現」している[17]。農薬も肥料同様に、組合員農家の予約積み上げを基礎とした大口の計画購買を行うことによって価格交渉力を高め、メーカーの独占的価格形成に対抗している。

　肥料及び農薬の流通に占める農協の地位について見たい。現在、農薬および肥料の流通には「農協系統」と「商系」に分けられる。特に、農薬製剤メーカーは系列化が進み、①系統農協にのみ販売するメーカー、②系統農協と商系に販売する二元メーカー、③商系にのみ販売するメーカーの流通網が形成されたが、こうした流通構造が、農協系統のシェアにも影響を与えている。

　肥料流通においては、化学肥料の国内生産の減少と輸入の増大、有機肥料需要の拡大に実態の把握が追い付いていない実情があり、数量・金額ベースでの農協シェアの実態は明確な数値として示すことができないが、農林水産省によれば肥料流通における農協シェアは、2013年調査で74％を占めているとされている[18]。現在では農協シェアはさらに低下している可能性もある。

　一方、農薬流通における農協シェアについて金額ベースでみると、**表5-7**のようになる。2009〜18年10か年の農薬出荷の金額実績に対する農協の供給取扱高について見ると、2009年には73.1％であったが多少の増減はあるものの傾向的に減少し、18年には65.3％となっている。

表 5-7　金額ベース農薬出荷量と購買事業シェア

(単位：千円、%)

|  | 農薬出荷実績 | 農協取扱 | シェア |
|---|---|---|---|
| 2009 年 | 330,910,000 | 241,865,940 | 73.1% |
| 2010 年 | 324,476,000 | 239,967,939 | 74.0% |
| 2011 年 | 328,647,000 | 234,995,525 | 71.5% |
| 2012 年 | 334,754,000 | 234,855,382 | 70.2% |
| 2013 年 | 337,226,000 | 258,424,263 | 76.6% |
| 2014 年 | 343,991,000 | 219,065,516 | 63.7% |
| 2015 年 | 335,869,000 | 228,174,253 | 67.9% |
| 2016 年 | 331,018,000 | 227,010,736 | 68.6% |
| 2017 年 | 336,961,000 | 222,502,132 | 66.0% |
| 2018 年 | 337,320,000 | 220,381,210 | 65.3% |

資料：農薬工業会統計データ「農薬年度出荷実績」
https://www.jcpa.or.jp/labo/data.html、『総合農協統計表』各年
https://www.maff.go.jp/j/tokei/kouhyou/noukyo_rengokai/index.html。

　現在、農業用資材流通はこれまでの農家主体の大口取引に対して、一般家庭向けの小口取引が増加している。農林水産省によれば、ホームセンター等の販売シェアは肥料で7％、農薬は「約1割」とされており[19]、今後、家庭菜園ブーム拡大の中で、徐々にホームセンター利用が拡大していくことが予想される。

　農薬産業は原体開発の都度、価格も引き上げられるために小売価格が低下しにくい。農協のシェアが低いのは、こうした共同購入の強みを発揮しにくい農薬価格の特性にもよると考えられる。一方で、特許権には期限があり、近年になって、特許権の切れた原体を利用したジェネリック農薬も登場している。農協は農薬関連企業も設立しているため、今後は、農協の価格形成力が高まり、より安価な農薬の普及も期待できる。

　政府の「農業競争力強化プログラム」に対して、全国農業協同組合連合会は次のような自己改革に踏み切った。①「新たな共同購入運動」により550種類あった一般高度化成肥料の銘柄を平成30年(2018)秋肥から25種類まで集約し、競争入札により肥料価格を1〜3割程度引き下げた。②農薬では大容量規格によるスケールメリット、完全受注生産、メーカー工場からの直接配

送等により、農薬製品価格を通常規格より2～3割程度引き下げるなど、成果をあげている[20]。

## 5．展望と課題

　肥料市場及び農薬市場の現状について見てきた。日本の肥料市場は縮小が続いているにもかかわらず、かつての国際競争力を失った化学肥料産業は国内市場に依存せざるを得ず、加えて、肥料源となる鉱物質原料の海外依存は深化している。また近年注目されている有機質肥料も資源の海外依存が進んでおり、国内における肥料資源・成分の有効活用の必要性がある。

　農薬市場は、日本農業後退の中で肥料市場ほどの後退を見せていない。日本農業の置かれた高温多湿の環境、省力化の要請が農業経営と農薬を不可分の関係にしているのである。

　また、農薬産業は特許権所有が大きくものをいう。ライセンス契約による国境を越えた市場獲得も可能である。そのため、原体開発のために国境を越えた農薬メーカーの提携関係が進んでいる。国内農薬市場に対しても海外メーカーの参入が進んでいるのである。将来的には、日本の農薬産業、特に原体メーカーは国内市場から海外市場に軸足を移していくことが考えられる。一方で、ジェネリック農薬も登場しており、今後、農協系統の価格形成力の強化が期待される。

　農協購買事業は、これまでのように需要者代表としてのみならず、農業の川上産業としての資材産業の維持、需要の確保、流通再編に積極的役割を果たしていく必要がある。

**注**
1）農林水産省大臣官房（2021）pp.202-204による。
2）戦後肥料産業の政策展開は茂野隆一（1990）による。
3）綱島不二雄（1990）pp.48-49による。
4）農林統計協会（2019）p.123による。

5）堆肥類の基本的な性格や使用については日本土壌協会監修（2020）pp.94-96。また、バーク堆肥は製紙会社などの副産物である樹皮に家畜糞尿や尿素などを加えて堆積、腐熟させたもの。

6）農林水産省生産局畜産部畜産企画課畜産環境・経営安定対策室（2015）「家畜排せつ物の管理と利用の現状と対策について」p.1。https://www.env.go.jp/council/09water/y0917-03/mat03.pdf

7）農林水産省（2020）「家畜排せつ物の発生と管理の状況」https://www.maff.go.jp/j/chikusan/kankyo/taisaku/t_mondai/02_kanri/

8）茂野隆一（1990）pp.65-66による。

9）塩崎尚郎編（2008）pp.5-7による。

10）塩崎尚郎編（2008）p.14による。

11）農林統計協会（2019）p.131による。

12）宮川恒・元場一彦（2019）p.4による。

13）宮崎宏（1990）pp.55-57による。

14）2014年の企業数については日本植物防疫協会編（2015）pp.681-687、2019年の企業数については日本植物防疫協会編（2021）pp.685-691。

15）農林統計協会（2019）p.128。石灰のように土壌消毒に用いられ、なおかつ肥料としての効果ももつものを「農薬肥料」とよぶ。肥料と農薬を混合して製造するものや、石灰窒素のように、そのものが肥料でもあり、なおかつ農薬でもあるものがある。

16）農薬使用の現状については、宮川恒・元場一彦（2019）pp.5-8による。

17）農業協同組合新聞（2017）「予約積上げで肥料価格最大3割引下げ実現（2017.12.13）」『農業協同組合新聞JACOM』https://www.jacom.or.jp/noukyo/news/2017/12/171213-34213.php）

18）農林水産省生産局技術普及課生産資材対策室（2021）「肥料をめぐる情勢」p.3。https://www.maff.go.jp/j/seisan/sien/sizai/s_hiryo/attach/pdf/index-1.pdf

19）農林水産省生産局技術普及課生産資材対策室（2021）「肥料をめぐる情勢」p.3、https://www.maff.go.jp/j/seisan/sien/sizai/s_hiryo/attach/pdf/index-1.pdfおよび、農林水産省生産局技術普及課生産資材対策室（2016）「農薬をめぐる情勢」p.2https://www.maff.go.jp/j/seisan/sien/sizai/noyaku/attach/pdf/index-1.pdf

20）農林水産省大臣官房（2021）p.205による。

**参考文献**

宮川恒・元場一彦（2019）「農薬とは」宮川恒・田村廣人・浅見忠男編『新版　農薬の科学』朝倉出版, pp.4-8.

宮崎宏（1990）「農薬産業の変貌」吉田忠・今村奈良臣・松浦利明編『食糧・農業

の関連産業』、農山漁村文化協会，pp.55-57.

日本土壌協会監修（2020）『図解でよくわかる土・肥料のきほん』誠文堂新光社，pp.94-96.

日本植物防疫協会編（2015）『農薬要覧2015年』日本植物防疫協会，pp.681-687.

日本植物防疫協会編（2021）『農薬要覧2020年』日本植物防疫協会，pp.685-691.

農林水産省大臣官房（2021）『令和2年度食料・農業・農村の動向　令和3年度食料・農業・農村施策』農林水産省https://www.maff.go.jp/j/wpaper/w_maff/r2/pdf/zentaiban.pdf, pp.202-205.

農林統計協会（2019）『ポケット肥料要覧　2017／2018』農林統計協会：p.123，p.128，pp.131-132.

茂野隆一（1990）「化学肥料産業の市場構造と産業政策」荏開津典生・樋口貞三『アグリビジネスの産業組織』東京大学出版会，pp.63-67.

塩崎尚郎編（2008）『肥料便覧　第6版』農山漁村文化協会，pp.5-7，p.14.

綱島不二雄（1990）「農協系統の強い肥料市場」吉田忠・今村奈良臣・松浦利明編『食糧・農業の関連産業』農山漁村文化協会，pp.48-49.

（長谷美貴広）

# 第6章

# 配合飼料メーカーの事業展開と酪農・畜産経営

## 1．問題の所在と課題の設定

### （1）問題の所在

　1960年代中葉以降、酪農・畜産経営は省力化と生産性向上を目的に配合飼料への依存を強めながら規模拡大を図ってきた。しかし、同時にそれは配合飼料メーカーの事業展開の影響を強く受けることを意味している。一方で、配合飼料メーカーは、1990年代中葉以降における配合飼料市場の縮小にともなう事業展開の見直しと転換に迫られている。この転換が酪農・畜産経営に及ぼす影響について理解することは、わが国の酪農・畜産経営が直面する諸課題の克服において不可欠となろう。

### （2）既存研究の整理と課題の設定[1]

　配合飼料市場および配合飼料メーカーの事業展開について、既存研究では主として以下の二点が整理・考察の対象とされてきた。一つは配合飼料メーカーの需要獲得行動で、酪農・畜産経営との関係強化のあり方や畜産経営および食肉加工・販売などの川下部門への展開が対象とされる。宮崎（1972）や吉田（1974）、その後の宮田（1988）、村上（1994）らの配合飼料メーカーおよびその上部に位置する総合商社を頂点とした畜産インテグレーションに

着目した研究では、配合飼料販売を梃子とした畜産インテグレーションの展開が時代・地域毎に把握され、その目的が一貫してインテグレーターである総合商社や配合飼料メーカーの利潤極大化にあり、酪農・畜産経営の自律性と収益性が毀損されることが明らかにされる。これに対してフードシステム論からの解明を試みた斉藤（1999）は、技術・情報の提供、指定配合飼料への対応や酪農・畜産物の買取りによる配合飼料メーカーと酪農・畜産経営の連携が、前者には長期的・固定的需要の獲得、後者には生産物差別化・高付加価値化による利益をもたらすと結論づける。同様の事業展開について財務諸表分析から接近した森（2002）では、需要獲得に向けた販売奨励金等の負担増加のみならず、指定配合飼料への対応によっても原料価格の上昇を製品価格に転嫁できないことから事業収益が低位となるだけでなく、生産ロット制約がある指定配合飼料の拡大は、酪農・畜産経営の選別と格差拡大を促進することから、さらなる市場縮小を招く可能性が示唆される。このように、需要獲得行動については既存研究での理解に大きな差異が確認されることから、この差異を踏まえた考察が不可欠である。これが本章における課題の一つとなる。

　二つはわが国の配合飼料価格が諸外国と比較して相対的に高位である要因の解明と、生産費低減に向けた合理化行動が事業収益と配合飼料価格に及ぼす影響についての解明である。わが国の配合飼料価格が高位である要因を国際比較から解明を試みた天間（1990）、佐々木（1991a）、永木（1991）らは、共通農業政策に起因する輸入穀物価格上昇を契機とする食品循環資源などの低・未利用資源への転換のほか、自家配合飼料割合の高さが配合飼料価格引き下げ要因であることや、原料穀物調達費削減のための調達量の大きさと価格変動に対応するための資本力の必要性、大量販売のための広域・多段階にわたる販売網の維持費用が、わが国の配合飼料価格が相対的に高位となる要因であることを明らかにしており、現在でも示唆に富む研究となっている。

　流通飼料費の低減については、配合飼料メーカーの事業展開からも接近が図られる。早川（1988）、杉山（1990）、佐々木（1991b）らは、単独での工

場統廃合による酪農・畜産経営の立地移動への対応の限界に逢着した配合飼料メーカーが、販売競争を維持しながらも委託生産拡大や競合他社との合弁工場設立など生産面では協力関係を構築するという従来とは異なる事業展開を確認するとともに、配合飼料生産費低減を目的にそれが加速することを明らかにしている。また産業組織論からの接近を試みた生源寺（1995）は、配合飼料メーカーによる工場統廃合・委託生産拡大は、設備稼働率向上、需要獲得競争による配合飼料取引条件の改善、取引条件改善による配合飼料需要増大という「相互依存的な成長」関係をもたらすと結論づけている。生源寺が取引条件改善にまで踏み込んで論究したことを除外すれば、ここでの議論に大きな違いは確認されないが、2006年秋以降の長期的な飼料穀物高騰と国内における物流費高騰により、配合飼料メーカーと酪農・畜産経営は新たな対応を迫られていることから、配合飼料メーカーによる合理化行動が酪農・畜産経営に及ぼす影響と、酪農・畜産経営の新たな対応の意味を明らかにすることが必要であり、これが本章における課題の二つとなる。

　そこで本章では、配合飼料産業調査結果と協同飼料株式会社（以下「協同飼料」とする）の有価証券報告書の整理に基づき、事業展開とその要因について事業収益面から考察したい。2014年に三井物産株式会社との資本関係が強い日本配合飼料株式会社（以下「日本配合飼料」とする）と合併するまでは独立系大手配合飼料メーカーであり、製粉・製油・水産会社の兼業部門として配合飼料事業を展開してきたメーカーでもないことから、配合飼料メーカーとしての事業展開を考察するうえで適当と判断した。

## 2．わが国における酪農・畜産の推移と配合飼料メーカーの動向

### （1）酪農・畜産の推移と配合飼料市場の展開

　1985年9月のプラザ合意以降の「円高・ドル安」と、ウルグアイ・ラウンド合意に代表される酪農・畜産物貿易輸入自由化のいっそうの拡大により、わが国の酪農・畜産経営は国際的な価格競争への編入をよりいっそう余儀な

くされた。その結果、中小規模酪農・畜産経営の離脱により飼養戸数は急速に減少したが、大規模酪農・畜産経営における飼養戸数増大と飼養規模拡大（酪農では経産牛1頭当たり搾乳量増大も含まれる）により1990年代前半までは酪農・畜産物生産量は維持される状況にあった。しかしながら周知のとおり、1990年代中葉以降は鶏卵を除いて減少に転じている。こうした事態を反映して、配合・混合飼料生産量は1988年の26,437千t、配合飼料のみの生産量は1993年の24,883千tをピークに減少に転じている。**表6-1**で確認されるように、畜産インテグレーションの対象である養豚用配合飼料生産量の減少は大きく、1990年から2019年にかけて19.2％減少している。これに対して、1995年からの10カ年で乳用牛飼養頭数が27.3万頭（14.3％）減少したにもかかわらず、乳牛用配合飼料生産量にほぼ変化は確認されず、2005年以降は減少に転じたものの、減少率は飼養頭数のそれよりも小さくなっている。また肉用牛飼養頭数が2010年以降減少しているにも関わらず、肉牛用配合飼料生産量は増加傾向にある。

　養豚用配合飼料生産量推移と乳牛用・肉牛用配合飼料生産量のそれにおける差異は、以下の要因によるものと考えられよう。一つは養豚で給餌される飼料のほぼすべてが配合飼料であることから、肥育頭数の減少がそのまま需要減少に直結することである。二つは、畜産インテグレーションが進展して

### 表6-1　配合・混合飼料生産量の推移

（単位：千t、％）

| | 1960 | 1970 | 1980 | 1990 | 1995 | 2000 | 2005 | 2010 | 2015 | 2016 | 2017 | 2018 | 2019 |
|---|---|---|---|---|---|---|---|---|---|---|---|---|---|
| 配合飼料 | 2,434 | 14,824 | 21,387 | 24,479 | 23,826 | 23,231 | 23,553 | 24,024 | 23,125 | 23,179 | 23,385 | 23,038 | 23,608 |
| 　採卵鶏用 | 2,320 | 6,944 | 7,347 | 7,073 | 7,073 | 6,816 | 6,494 | 6,342 | 6,272 | 6,301 | 6,464 | 6,479 | 6,492 |
| 　ブロイラー用 | | 1,506 | 3,345 | 4,140 | 3,720 | 3,420 | 3,723 | 3,955 | 3,832 | 3,812 | 3,853 | 3,803 | 3,859 |
| 　養豚用 | | 3,932 | 6,399 | 6,981 | 6,166 | 5,980 | 5,872 | 6,041 | 5,638 | 5,614 | 5,579 | 5,548 | 5,642 |
| 　乳牛用 | 309 | 1,741 | 2,323 | 3,004 | 3,245 | 3,257 | 3,260 | 3,133 | 2,990 | 2,998 | 2,991 | 2,982 | 3,034 |
| 　肉牛用 | 5 | 876 | 2,724 | 3,202 | 3,525 | 3,678 | 4,116 | 4,496 | 4,336 | 4,397 | 4,442 | 4,437 | 4,520 |
| 　そのほか | 248 | 77 | 116 | 94 | 97 | 79 | 90 | 56 | 56 | 57 | 57 | 58 | 61 |
| 混合飼料 | 448 | 252 | 864 | 1,383 | 1,041 | 770 | 556 | 455 | 418 | 450 | 482 | 495 | 531 |
| 配合・混合飼料合計 | 2,882 | 15,076 | 22,252 | 25,862 | 24,866 | 24,001 | 24,109 | 24,479 | 23,542 | 23,629 | 23,867 | 23,533 | 24,138 |

資料：2000年までは農林水産省畜産局『流通飼料便覧』、2005年以降は配合飼料価格安定機構『飼料月報』各年より作成。

注：1）1960年から1980年までは、配合飼料の畜種別の欄の数値は、配合飼料と混合飼料の合計となっており、配合・混合飼料の合計と一致する。加熱圧ぺん二種混合飼料は含まない。

　　2）1985年以降については、混合飼料、配合・混合飼料合計の数値には、加熱圧ぺん二種混合飼料を含む。

　　3）配合・混合飼料生産量のピークは1988（昭和63）年の26,437千t（配合24,554,混合1,833）。配合飼料生産量のピークは1993（平成5）年の24,883千t。混合飼料生産料のピークは1988（昭和63）年の1,833千t。

いた養豚と比較して、酪農と肉用牛では中小規模の経営が多く存在し、そこでは配合飼料のほか自給飼料を含む単体飼料も給餌されていたが、規模拡大とともに労働力や自給飼料基盤の制約から配合飼料への依存が大きくなったことである。三つは乳牛用配合飼料に限定されるが、1987年に全農と乳業メーカーによる生乳の乳脂肪分3.5％基準の導入により、酪農経営が濃厚飼料多給に迫られたことである。このように、わが国における酪農・畜産の縮小にともなう配合飼料市場の縮小といえどもそこでの変化は一様ではなく、配合飼料メーカーもそれに応じた対応に迫られることになる。以下では、配合飼料産業調査結果に基づき、主に2000年以降の動向を整理したい。

## （2）市場縮小局面における生産合理化と銘柄数増大

配合飼料市場が縮小段階を迎える1990年代中葉以前より、配合飼料メーカーでは生産設備の合理化を含めた工場統廃合が図られてきた。定時生産能力別配合・混合飼料生産量等の推移を示した**表6-2**からそれを看取できる。1990年からのおよそ30年間で66工場（全体の38.4％）減少しているが、定時生産能力18,000t未満の工場数とそこでの生産量が半減し、23,000t以上の工場に生産が集約されている。ただし、それと連動しての操業率向上が必ずしも図られているわけではないことに注意が必要である。集約先とされた23,000t以上の階層では、生産量で1,003万t（4.5倍）増加するが、2019年の操業率は1990年と比較して28ポイント低下している。

一つは、操業率を規定する定時生産能力の需要量増加を上回る水準での拡大によるものである。設備近代化と規模の経済性を目的とした主要な酪農・畜産地帯を後背地に控えた大規模港湾への工場移転・集約化と、2001年に発生したBSE対策の一環として2003年より段階的に義務付けられた牛用生産ライン分離への対応を背景としている。更なる既存工場の整理・縮小と委託生産拡大を見据えた行動であることから操業率の改善が見込まれるが、その改善が果たされるまでは収益を圧迫する要因として作用することになる。

二つは、製造銘柄数の増加とそれにともなう1銘柄あたり生産量の減少で

表6-2　定時生産能力別配合・混合飼料生産量等推移

(単位：t、%)

| | | 1990 | 2000 | 2010 | 2019 |
|---|---|---|---|---|---|
| 12,000 t 未満 | 工場数 | 106 | 80 | 58 | 46 |
| | 配合・混合飼料生産量 | 10,651,010 | 6,916,973 | 4,660,964 | 3,997,924 |
| | うち受託生産量 | 1,706,408 | 1,674,241 | 1,497,937 | 1,446,754 |
| | 定時月産能力 | 591,137 | 558,978 | 369,632 | 302,417 |
| | 操業率 | 150.1 | 103.1 | 105.1 | 110.2 |
| | 製造銘柄数 | 5,395 | 5,472 | 3,830 | 4,316 |
| | うち受託分製造銘柄数 | — | 1,240 | 1,496 | 2,343 |
| | 1工場あたり銘柄数 | 50.9 | 68.4 | 66.0 | 93.8 |
| | 1銘柄あたり生産量 | 1,974 | 1,264 | 1,217 | 926 |
| 12,000 t 以上 18,000 t 未満 | 工場数 | 46 | 41 | 22 | 23 |
| | 配合・混合飼料生産量 | 8,640,241 | 9,613,065 | 4,248,715 | 4,333,863 |
| | うち受託生産量 | 1,332,416 | 2,492,903 | 1,195,232 | 2,359,237 |
| | 定時月産能力 | 532,850 | 627,780 | 322,119 | 318,212 |
| | 操業率 | 135.1 | 127.6 | 109.9 | 113.5 |
| | 製造銘柄数 | 3,053 | 5,356 | 2,881 | 3,736 |
| | うち受託分製造銘柄数 | — | 1,409 | 1,015 | 2,041 |
| | 1工場あたり銘柄数 | 66.4 | 130.6 | 131.0 | 162.4 |
| | 1銘柄あたり生産量 | 2,830 | 1,795 | 1,475 | 1,160 |
| 18,000 t 以上 23,000 t 未満 | 工場数 | 12 | 14 | 13 | 10 |
| | 配合・混合飼料生産量 | 2,741,492 | 4,048,162 | 3,260,680 | 2,676,254 |
| | うち受託生産量 | 304,974 | 1,234,063 | 675,015 | 691,039 |
| | 定時月産能力 | 199,450 | 290,744 | 272,800 | 210,080 |
| | 操業率 | 114.5 | 116.0 | 99.6 | 106.2 |
| | 製造銘柄数 | 848 | 2,223 | 2,228 | 2,032 |
| | うち受託分製造銘柄数 | — | 682 | 540 | 597 |
| | 1工場あたり銘柄数 | 70.7 | 158.8 | 171.4 | 203.2 |
| | 1銘柄あたり生産量 | 3,233 | 1,821 | 1,464 | 1,317 |
| 23,000 t 以上 | 工場数 | 8 | 8 | 29 | 27 |
| | 配合・混合飼料生産量 | 2,832,263 | 3,148,268 | 11,537,128 | 12,863,785 |
| | うち受託生産量 | 22,767 | 777,470 | 3,230,624 | 3,768,690 |
| | 定時月産能力 | 175,200 | 254,848 | 1,093,330 | 1,005,928 |
| | 操業率 | 134.7 | 102.9 | 87.9 | 106.6 |
| | 製造銘柄数 | 781 | 1,521 | 7,285 | 7,952 |
| | うち受託分製造銘柄数 | — | 485 | 2,389 | 2,779 |
| | 1工場あたり銘柄数 | 97.6 | 190.1 | 251.2 | 294.5 |
| | 1銘柄あたり生産量 | 3,626 | 2,070 | 1,584 | 1,618 |

資料：農林水産省畜産局流通飼料課「配合飼料産業調査結果」各年、配合飼料供給安定機構「配合
　　　飼料産業調査結果」各年。
注：資料制約から、1990年の定時生産能力は、「12,000 t 未満」は 10,000 t 未満、「12,000 t 以上
　　18,000 t 未満」は 10,000 t 以上 15,000 t 未満、「18,000 t 以上 23,000 t 未満」は 15,000 t 以上
　　20,000 t 未満、「23,000 t 以上」は 20,000 t 以上となる。

あり、製造ライン清掃などのためのアイドルタイム増加、すなわち操業率低
下に直結することになる。この問題については、BSE問題を契機に2002年に
農林水産省生産局に設置された飼料問題懇談会でも認識されており、「メー
カー間の販売競争のもとで、畜産農家のニーズもあって、製造銘柄数が増加
していること等から、効率化は進まず稼働率の向上が見られていない」と示

表6-3　2019年度定時生産能力別配合・混合飼料生産量等推移（受託生産専門工場のみ）

(単位：t)

| | 5,000 t 未満 | 5,000 t 以上<br>8,000 t 未満 | 8,000 t 以上<br>12,000 t 未満 | 12,000 t 以上<br>18,000 t 未満 | 18,000 t 以上<br>23,000 t 未満 | 23,000 t 以上 |
|---|---|---|---|---|---|---|
| 工場数 | 2 | 1 | 7 | 10 | 1 | 7 |
| 配合・混合飼料生産量 | 9,234 | X | 168,330 | 219,396 | X | 482,337 |
| 定時月産能力 | 769 | X | 10,560 | 14,186 | X | 31,431 |
| 操業率 | 100.1 | X | 132.8 | 128.9 | X | 127.9 |
| 製造銘柄数 | 11 | X | 284 | 181 | X | 346 |
| 　1工場あたり銘柄数 | 5.5 | X | 40.6 | 18.1 | X | 49.4 |
| 1銘柄あたり生産量 | 839 | X | 593 | 1,212 | X | 1,394 |

資料：配合飼料供給安定機構「令和元年度に係る配合飼料産業調査結果」より作成。
注：操業率は配合・混合飼料生産量÷(定時月産能力×12) で算出されている。

されている[2]。これに対して、複数の配合飼料メーカーによって設立された受託生産専門メーカーでは**表6-3**で確認されるように、操業率の改善が図られているが、その水準であっても採算ラインとされる操業率200％と比較した場合には、採算性が厳しい状況にある[3]。12,000t以上18,000t未満の受託専門工場の1銘柄あたり生産量は同規模工場を上回るものの、それ以外は大きく下回っていることから、生産効率の低い小ロット銘柄の生産を引き受けることで全体としての操業率を引き上げざるを得ない状況にあると推察される。

　報告書では製造銘柄数増加要因が畜産農家におけるニーズへの対応とされるが、ここでは流通飼料市場の特徴を踏まえてその要因について整理したい。わが国の配合飼料市場は1990年代中葉に縮小へと転じたが一様ではないことは前述のとおりである。配合飼料メーカーはこの市場変化に対応した事業展開を迫られるが、市場シェアの30％以上を占め、配合飼料供給者であると同時に生産者組織という特殊性を内包する全農のプライス・リーダーシップが強いことから、価格以外の需要獲得手段の一つとして銘柄の多様化が選択されたと理解できる[4]。畜種別銘柄数と比率の推移を示した**表6-4**では、変動を伴いながらもすべての畜種で銘柄数が増加するものの、比率において養豚のみが31.7％から24.0％へと7.1ポイント減少し、乳牛で3.1ポイント、肉牛で2.0ポイント増加していることを確認できる。流通飼料政策・制度の経緯や制約から単体飼料や自家配合飼料などの選択肢が限定され[5]、他方で規模拡

表6-4　畜種別配合飼料製造銘柄数の推移

| | | 1990 | 1995 | 2000 | 2005 | 2010 | 2015 | 2016 | 2017 | 2018 | 2019 |
|---|---|---|---|---|---|---|---|---|---|---|---|
| 採卵鶏 | 銘柄数 | 2,433 | 2,668 | 3,090 | 3,697 | 4,037 | 4,106 | 4,406 | 4,553 | 4,630 | 4,433 |
| | 比率 | 24.1 | 23.6 | 22.6 | 23.7 | 24.5 | 25.7 | 25.7 | 26.0 | 26.8 | 25.6 |
| | 1工場あたり | 14.0 | 17.0 | 28.0 | 45.5 | 47.9 | 54.0 | 58.7 | 63.2 | 65.2 | 63.3 |
| ブロイラー | 銘柄数 | 971 | 1,040 | 1,137 | 1,278 | 1,395 | 1,309 | 1,409 | 1,539 | 1,548 | 1,749 |
| | 比率 | 9.6 | 9.2 | 8.3 | 8.2 | 8.5 | 8.2 | 8.2 | 8.8 | 8.9 | 10.1 |
| | 1工場あたり | 6.0 | 7.0 | 12.2 | 17.1 | 17.8 | 19.0 | 20.7 | 23.3 | 23.8 | 27.3 |
| 養豚 | 銘柄数 | 3,196 | 3,308 | 3,558 | 3,965 | 4,032 | 3,844 | 4,064 | 4,173 | 3,987 | 4,153 |
| | 比率 | 31.7 | 29.3 | 26.0 | 25.4 | 24.5 | 24.0 | 23.7 | 23.8 | 23.0 | 24.0 |
| | 1工場あたり | 18.0 | 22.0 | 32.0 | 45.9 | 42.9 | 49.9 | 53.5 | 57.2 | 54.6 | 60.2 |
| 乳牛 | 銘柄数 | 1,656 | 1,910 | 2,978 | 3,159 | 3,347 | 3,214 | 3,418 | 3,297 | 3,324 | 3,378 |
| | 比率 | 16.4 | 16.9 | 21.8 | 20.3 | 20.3 | 20.1 | 20.0 | 18.8 | 19.2 | 19.5 |
| | 1工場あたり | 10.0 | 17.0 | 24.6 | 41.6 | 47.2 | 49.4 | 54.3 | 55.0 | 54.5 | 55.4 |
| 肉牛 | 銘柄数 | 1,821 | 2,358 | 2,754 | 3,247 | 3,511 | 3,378 | 3,688 | 3,793 | 3,667 | 3,475 |
| | 比率 | 18.1 | 20.9 | 20.1 | 20.8 | 21.3 | 21.1 | 21.5 | 21.7 | 21.2 | 20.1 |
| | 1工場あたり | 11.0 | 15.0 | 22.8 | 45.4 | 49.6 | 52.8 | 59.5 | 63.2 | 61.1 | 57.9 |
| 合計 | 銘柄数 | 10,077 | 11,284 | 13,681 | 15,591 | 16,486 | 16,007 | 17,114 | 17,499 | 17,298 | 17,325 |
| | 1工場あたり | 59.0 | 73.0 | 101.9 | 117.9 | 127.9 | 141.7 | 155.6 | 171.6 | 166.3 | 168.2 |

資料：農林水産省畜産局流通飼料課「配合飼料産業調査結果」各年、配合飼料供給安定機構「配合飼料産業調査結果」
　　　各年。
注：合計には「その他」が含まれる。

大における自給飼料基盤や労働力の制約、輸入畜産物との差別化を図るため
のブランド化や生乳の乳脂肪分3.5％基準の導入に直面した酪農・畜産経営
に対して、多様な銘柄や指定配合飼料の販売を梃子にして需要拡大が見込め
る乳牛用・肉牛用配合飼料需要獲得を図ったと理解できる[6]。ただし、銘柄
数増大による需要確保と、他方での操業率低下または生産委託料負担の増大
というジレンマのなかでの対応でもあったことにも留意が必要である。

## （3）川下部門への展開―協同飼料株式会社を事例として

図6-1は日本配合飼料との合併直前（2014年）における協同飼料の事業系
統図である。川下部門への展開を整理する前に、本図で示される製造委託に
ついて整理しておきたい。協同飼料は受託生産専門メーカー5社を連結・関
連会社として設立している。門司飼料は自社の門司工場を他社からの受託を
含めた受託生産専門工場として1997年に別会社化させたもので、それ以外の
4社はいずれも1980年代から90年代前半にかけて競合他社との共同出資によ

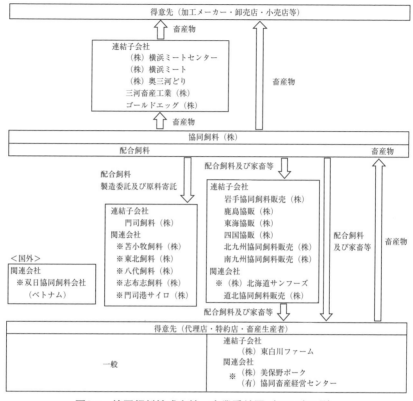

**図6-1 協同飼料株式会社 事業系統図（2014年3月）**

資料：協同飼料株式会社「有価証券報告書（第69期）」2014年6月より転載。
注：※は持分法適用会社

って設立されている。その特徴は、大型港湾に隣接した工業団地・コンビナートに立地するだけでなく、月産定時生産能力と年間生産量が苫小牧飼料で48,000tと525,400t（推定操業率91.2％）、八代飼料で36,000tと450,000t（推定操業率104.2％）と、既存工場と比較して非常に大きいことにある。

　次に、川下部門への展開について整理したい。協同飼料は出資によって畜産経営や食肉加工・販売などとの関係強化や展開を図っている。**図6-1**に示される畜産経営はいずれも養豚経営で、会社法の定める所有・支配関係に該当する経営のみが記載されているため、それ以下で出資する畜産経営は記載

されない。しかし最大となった1993年3月期には、有価証券報告書に記載される子会社と関連・関係会社だけでも18の畜産経営があったことを勘案すれば大幅に減少している[7]。協同飼料では取引先の金融機関等からの債務に対して債務保証も行なっているが、これも大幅に減少している。損益計算書に偶発債務として記載される債務保証が最高額となった1993年3月期には9,675百万円に達しており、うち関係会社以外の40社へのそれが4,161百万円（43.0％）で、多くが畜産経営を対象としている。これに対して2013年3月期のそれは1,807百万円で、うち関係会社以外の5つの畜産経営への債務補償が961百万円（53.2％）となっている。したがって、2014年3月期においても一部の畜産経営との関係は維持されてはいるが、従前と比較して全体ではその程度が弱まっていると考えることができよう。食肉加工・販売への展開も畜産経営と同様の仕組みで行われている。2014年3月期には5社が連結子会社となっているが、これ以外にも出資や債務保証を通じて関係強化が図られている。しかし、子会社および関係・関連会社の合併も要因の一つではあるが、1993年3月期の有価証券報告書に記載される連結子会社および関係・関連会社が19社であったほか、前述の偶発債務の大幅な減少を勘案すれば、出資による川下部門への展開の位置が低下していることが看取される。

　これら1990年代中葉以降の変化の要因について、**表6-5**に示される協同飼料の連結財務状況・経営諸指標の推移に基づき事業収益面から整理したい。1980年代後半から1990年代後半にかけて、受託生産専門工場設立による室蘭工場廃止（1995）や門司工場分社化による受託生産専門工場化（1997）に加えて、鹿島工場稼働による横浜工場廃止（1988）、関西地区における需要減少による神戸工場廃止（1995）などにより生産合理化を図るも、2005年の4.8％を除外すれば飼料事業売上高営業利益率（G/B）は改善せず、むしろ全体としては低下傾向にある。穀物価格が高騰する一方で、配合飼料市場縮小下での需要獲得競争のために製品価格への転嫁が困難だったことから、生産合理化によるコスト削減分が相殺されたと理解されよう。また、畜産物事業売上高営業利益率（H/C）は飼料事業のそれよりも低い水準で、食肉加工・

## 表 6-5　協同飼料株式会社／フィード・ワン株式会社連結財務状況・経営諸指標の推移

（単位：百万円）

| | | 協同飼料株式会社 | | | | | | | フィード・ワン株式会社 | |
| --- | --- | --- | --- | --- | --- | --- | --- | --- | --- | --- |
| | | 1991 | 1995 | 2000 | 2005 | 2010 | 2013 | 2014 | 2015 | 2020 |
| 売上高 | A | 118,671 | 113,775 | 100,561 | 108,224 | 117,144 | 138,333 | 167,028 | 228,903 | 214,120 |
| 　飼料事業 | B | 59,249 | 54,450 | 52,386 | 63,324 | 80,052 | 95,461 | 123,440 | 164,156 | 162,180 |
| 　畜産物事業 | C | 59,421 | 59,326 | 48,175 | 44,900 | 37,092 | 42,872 | 41,053 | 61,740 | 49,259 |
| 　その他 | | | | | | | | 2,534 | 3,005 | 2,681 |
| 売上原価 | D | 103,493 | 101,716 | 89,357 | 96,125 | 104,675 | 126,098 | 149,617 | 204,769 | 192,163 |
| 販売費及び一般管理費 | E | 12,668 | 11,416 | 9,577 | 9,127 | 10,596 | 12,429 | 14,505 | 20,641 | 16,284 |
| 　運賃諸掛 | | 2,215 | 2,529 | 2,184 | 2,135 | 2,555 | 2,953 | 3,652 | 5,361 | 6,511 |
| 　販売奨励金 | | 3,384 | 2,431 | 604 | 422 | 586 | | | | |
| 　安定基金負担金 | | 1,130 | 495 | 854 | 855 | 1,824 | 2,754 | 3,485 | 4,991 | |
| 営業利益 | F＝A－(D+E) | 2,511 | 643 | 1,627 | 2,971 | 1,873 | -193 | 2,906 | 3,493 | 5,673 |
| 　飼料事業 | G（注） | 2,251 | 1,484 | 1,199 | 3,068 | 2,040 | 744 | 2,457 | 3,132 | 5,753 |
| 　畜産物事業 | H（注） | 259 | -841 | 428 | -97 | -167 | -937 | 298 | 32 | -400 |
| 経常利益 | J | 1,525 | 1,160 | 1,503 | 2,580 | 1,485 | -504 | 2,810 | 3,735 | 6,082 |
| 税金等調整前当期純利益 | K | 1,412 | -816 | 1,601 | 892 | 169 | -623 | 2,701 | 3,372 | 6,473 |
| 売上高原価率 | D/A | 87.2 | 89.4 | 88.9 | 88.8 | 89.4 | 91.2 | 89.6 | 89.5 | 89.7 |
| 売上高営業利益率 | F/A | 2.1 | 0.6 | 1.6 | 2.7 | 1.6 | -0.1 | 1.7 | 1.5 | 2.6 |
| 売上高経常利益率 | J/A | 1.3 | 1.0 | 1.5 | 2.4 | 1.3 | -0.4 | 1.7 | 1.6 | 2.8 |
| 指標 売上高純利益率 | K/A | 1.2 | -0.7 | 1.6 | 0.8 | 0.1 | -0.5 | 1.6 | 1.5 | 3.0 |
| 売上高比率 飼料事業 | B/A | 49.9 | 47.9 | 52.1 | 58.5 | 68.3 | 69.0 | 73.9 | 71.7 | 75.7 |
| 　　　　　 畜産物事業 | C/A | 50.1 | 52.1 | 47.9 | 41.5 | 31.7 | 31.0 | 24.6 | 27.0 | 23.0 |
| 営業利益率 飼料事業 | G/B | 3.8 | 2.7 | 2.3 | 4.8 | 2.5 | 0.8 | 2.0 | 1.9 | 3.5 |
| 　　　　　 畜産物事業 | H/C | 0.4 | -1.4 | 0.9 | -0.2 | -0.5 | -2.2 | 0.7 | 0.1 | -0.8 |

資料：協同飼料株式会社「有価証券報告書」，フィード・ワン株式会社「有価証券報告書」各年より作成。

注：各事業毎の営業利益算出にあたっては，セグメント情報に記載される配賦不能の営業費用を各事業売上高比率で按分している。

販売への展開が積極的に行われた1990年代中葉でも１％未満または赤字となっている。つまり、畜産経営に対して販売経路を担保することで価格競争が限界にある状況下での配合飼料需要の確保と、独自の配合飼料を給餌した高付加価値畜産物販売による畜産事業での収益拡大を目的とした川下部門への展開や畜産経営との関係強化は、畜産物販売における価格競争から十分な利益を獲得できなかっただけでなく、子会社および関係・関連会社の経営不振・清算による特別損失の計上など、収益を引き下げる要因として作用したのである[8]。

　こうした事態から、協同飼料における90年代後半以降の川下部門への展開は大きく転換する。具体的には、1992年の三河畜産工業、ウスミハム（いずれも食肉加工・販売）への資本参加、95年の横浜ミートセンター（食肉卸売）設立に代表される食肉加工・販売への積極的展開から、食肉加工・販売事業の整理・縮小が図られたのである。その象徴が、競合する食肉加工・販売会社に対して販売網とブランド浸透面での遅れにより業績不振にあった日本デリカの、1996年に行われた中堅食肉加工メーカーである米久への営業権譲渡であろう。ただし、営業権譲渡と前後して協同飼料と米久が食肉および食肉加工品販売についての業務提携を締結していることから、営業権譲渡が販売網喪失を意味していないことに留意が必要である。米久の広範な販売網とブランドに依拠することで、畜産経営に対して販売経路を担保することで配合飼料需要を確保するとともに、独自の配合飼料を給餌した高付加価値畜産物販売による畜産事業での収益拡大を模索したのである。子会社である横浜ミートセンターによる2004年の関係・関連会社であるウスミハムとマルス（食肉卸）の吸収合併もその一環で、重複する販路の解消による合理化と、それにより節約された経営諸資源を販路拡大に充当することを意図したのであるが、2000年代以降の畜産物事業売上高営業利益率の推移を勘案すれば、これらの対応では十分な収益性の改善が図れていないことは明らかである。合併後のフィード・ワンにおいても畜産物事業売上高営業利益率に大きな変化を確認することができないことから、規模の経済性を追求した大量の配合飼料

販売と市場規模が限定される酪農・畜産物の高付加価値化をセットにした畜産インテグレーションの限界がここに露呈したと理解される。

　配合飼料価格安定基金負担金が収益を大きく圧迫していることについてもここで指摘する必要があろう。配合飼料価格安定基金は、価格高騰に際しての酪農・畜産経営の負担を軽減するために、価格上昇分の一部を補填する機能を果たしており、わが国の流通飼料市場の中心が配合飼料となった要因の一つである。しかしながら、主原料となるトウモロコシや大豆油かすなどの2000年以降における高騰から、価格安定基金負担額が営業利益と同額かそれ以上で推移しているのである（表6-5）。飼料穀物を強く輸入に依存しながら配合飼料市場を拡大させてきたことの限界がここにも露呈している。

　本節の最後に、配合飼料メーカーの事業展開の影響を大きく受け、かつ酪農・畜産経営において重要となる配合飼料価格にも注目したい。2006年秋以降、配合飼料価格が過去最高価格を幾度も更新する状況にあることは周知のとおりであるが、昨今の国内物流の担い手不足に起因する運賃高騰がそれを加速している。国土交通省と農林水産省が2020年に合同で設置した「流通飼料の合理化に関する検討会」でも2010年と比較して物流費が24％上昇したことのほか、片道平均輸送時間「1-3時間」が全体の63％を占めるなど、輸送の長距離・長時間化が問題として指摘されている[9]。表6-6は年間100万トン以上生産される道県における同一道県内流通量と移出先を示している。2008年から18年までの10年間で、主要生産拠点に位置付けられる7道県における生産量とシェアが伸張し、全国生産量の81.1％を占めている。他方で、北海道を除外すれば同一道県内流通量は半分かそれ以下で、残りは近隣だけでなく広域に流通していることが看取される。とりわけ、鹿児島に次ぐ生産拠点に位置付けられ、主要配合飼料メーカーの工場が立地する茨城における移出割合が高く、関東一円と信越地方の一部が供給対象とされていることが看取される。広域流通の要因が、生産合理化を目的とした工場統廃合にあることは明確であるが、本章での整理からも明らかなように今後も継続して工場統廃合が行われること、そして2017年に配合飼料製造が農業競争力強化支援法

表 6-6　配合・混合飼料生産量と移出量

(単位：t)

| | | 工場数 | 生産量 | シェア | 同一都道府県内流通 | シェア | 移出量 | 中心的な移出先 (2018) とシェア | | | | |
|---|---|---|---|---|---|---|---|---|---|---|---|---|
| 北海道 | 2008 | 23 | 3,313,870 | 13.5 | 3,311,276 | 99.9 | 2,338 | | | | | |
| | 2018 | 19 | 3,757,561 | 15.8 | 3,755,402 | 99.9 | 9,296 | 東京 36.7 | 青森 13.6 | 群馬 10.4 | | |
| 青森 | 2008 | 6 | 1,798,859 | 7.3 | 958,738 | 53.3 | 879,132 | | | | | |
| | 2018 | 6 | 1,998,282 | 8.4 | 1,009,308 | 50.5 | 1,095,269 | 岩手 79.4 | 秋田 17.7 | | | |
| 宮城 | 2008 | 14 | 1,513,049 | 6.2 | 624,746 | 41.3 | 904,230 | | | | | |
| | 2018 | 11 | 1,324,643 | 5.6 | 550,030 | 41.5 | 785,035 | 岩手 29.8 | 福島 28.0 | 山形 22.6 | 秋田 9.1 | |
| 茨城 | 2008 | 13 | 3,926,099 | 16.0 | 1,115,451 | 28.4 | 2,776,430 | | | | | |
| | 2018 | 13 | 4,140,919 | 17.4 | 1,148,797 | 27.7 | 2,962,427 | 千葉 29.6 | 群馬 24.1 | 栃木 12.3 | 東京 6.7 | 神奈川 5.9 |
| 愛知 | 2008 | 14 | 2,100,873 | 8.6 | 1,065,988 | 50.7 | 1,104,081 | | | | | |
| | 2018 | 11 | 1,891,372 | 7.9 | 869,660 | 46.0 | 1,072,259 | 三重 26.3 | 岐阜 24.8 | 静岡 14.3 | 長野 7.1 | |
| 岡山 | 2008 | 8 | 1,504,625 | 6.1 | 463,299 | 30.8 | 1,020,330 | | | | | |
| | 2018 | 7 | 1,968,244 | 8.3 | 455,648 | 23.1 | 1,412,609 | 兵庫 23.2 | 広島 18.8 | 香川 17.9 | 鳥取 13.8 | 愛媛 6.6 |
| 鹿児島 | 2008 | 14 | 4,146,348 | 16.9 | 2,319,878 | 55.9 | 1,808,954 | | | | | |
| | 2018 | 13 | 4,229,641 | 17.8 | 2,423,527 | 57.3 | 1,879,147 | 宮崎 80.3 | 熊本 7.0 | | | |
| 合計 | 2008 | 173 | 24,498,730 | 74.7 | 9,859,376 | 40.2 | 8,495,495 | | | | | |
| | 2018 | 138 | 23,802,737 | 81.1 | 10,212,372 | 42.9 | 9,216,042 | | | | | |

資料：農林水産省生産局畜産部飼料課編「飼料月報」各年より作成。
注：年間生産量 100 万トン以上の都道府県のみ抽出。
　：生産量のシェアは各年の全国生産量に対しての値。同一都道府県内流通のシェアは各都道府県の生産量に対しての値。
　：生産量と同一都道府県内流通の差は、期首・期末在庫の関係から厳密な移出量とはならない点に留意が必要。中心的な移出先のシェアは、当該都道府県からの移出量に対するシェアである。
　：配合・混合飼料生産量や工場数が、「配合飼料産業調査結果」と「飼料月報」で異なる点に留意が必要。「飼料月報」の集計には「配合飼料産業調査結果」では含まれない、自家配合原料用飼料製造事業者の工場数や生産量が含まれる。

の対象とされ、設備投資にかかる原価償却の特例や金融機関からの借入れに対する債務保証の適用など税制・金融面から工場統廃合が加速されることから、広域流通拡大にともなう酪農・畜産経営における物流費負担増がこれまで以上に問題となってこよう。

## 3．結論に代えて─食品循環資源と既存流通飼料の共存関係の構築

　食品循環資源の再生利用等の促進に関する法律(以下、「食品リサイクル法」とする)が制定・施行された2001年以降、食品循環資源の再生利用率は向上し、2018年推計では食品産業全体での発生量1.765万トンのうち1,217万トン(69％)が法で定める再生利用に仕向けられ、うち903万トン(再生利用量の74％)が飼料として再生利用されている。ただし、これには食品リサイクル

法施行前から主に配合飼料原料とされてきた製粉製造副産物（141万トン）と油脂製造副産物（358万トン）が含まれており、飼料として再生利用される食品循環資源の55.3％を占めることから、地域に賦存する食品循環資源が推計で示される再生利用率ほどには再生利用されていないと推察される[10]。

阿部（2009）は、「輸入飼料の価格変動に対して強い緩衝能を持つ飼料基盤を構築」するための「地域産業コンプレックス」の構築、その方途の一つとして「畜産業と食品製造業および食品流通業との連携によるエコフィード」として食品循環資源の活用が不可欠であると提唱している。輸入飼料依存からの脱却を図る点において非常に重要な提唱であるが、物理的距離の接近が物流費節減や情報交換機会の拡大に寄与することはあっても、予定調和的に食品循環資源の飼料利用を促進することにはならない点に留意が必要である。またエコフィード供給側の課題として、「製品の組成の変動を極力小さくする、飼料安全法の種々の要件を満たす、年間を通じて一定量の製品を供給する」ことの必要性が指摘されるも、残念ながら具体的な仕組みは示されていない。

食品循環資源の飼料利用における隘路の一つに需給接合・調整がある。量と内容が季節変動する食品循環資源を、通年での量と内容の安定供給が不可欠な飼料資源として利用するためには、乾燥または発酵処理による保管に加えて、変動に応じた食品循環資源の組み合わせによる量と内容の安定と、食品循環資源の過不足時における調整が不可欠となる。また、地域に賦存する新たな食品循環資源の飼料利用促進のためには、内容・賦存量や利用技術についての情報交換機会も必要となるが、個々の酪農・畜産経営と食品製造事業者などがこれらに対応することは、経営諸資源の制約から限定的とならざるを得ない。この克服の方途を見出すことこそが、これからの流通飼料市場を展望するための鍵となる。そこで以下では本章での結論に代えて、これら制約の克服に取り組む、**図6-2**に示される一般社団法人循環資源再生利用ネットワーク（以下、「再生ネット」とする）への接近からその端緒を掴みたい。

再生ネットは、食品循環資源の再生利用を目的に2003年に設立され、飼料利用以外にも、コンポスト利用やエネルギー利用にも取り組んでいる。事務

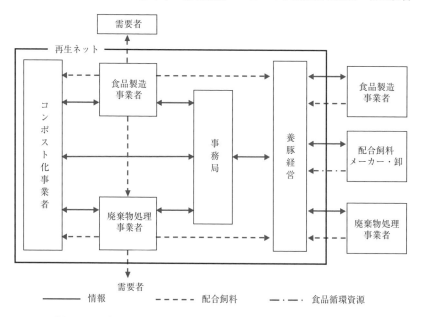

**図6-2　再生ネットにおける食品循環資源の需給接合・調整機能**

資料：再生ネットへのヒアリング調査（2015年9月及び2021年2月）

局は名古屋市におかれ、愛知、岐阜、三重に立地する食品製造事業者、廃棄物中間処理事業者、堆肥化・バイオマス発電事業者、消費者団体および養豚経営から構成されている。70会員のうち養豚経営は4会員で、すべてでリキッドフィーディングによる給餌となっている。そこでの取り組みの特徴を要約すれば以下の四点となろう。

　一つは、需給接合・調整のための情報交換である。再生ネット会員の食品製造事業者らは食品循環資源の出荷計画（内容・量）を、養豚経営は需要計画を少なくとも3日前までに事務局に提出することが求められるが、需要量に大きな変化がない場合には、需要計画の提出は割愛されている。事務局はそれに基づき出荷先を決定し、それぞれに対して調整結果を連絡している。

　二つは、供給過不足と新たな食品循環資源利用における対応である。供給計画が過剰となる場合、事務局は養豚経営に対して貯蔵可否の確認を行い、

過剰分については事務局から堆肥化事業者またはバイオマス発電事業者に対して受入可否の確認が行われるほか、食品製造事業者らが構築した独自の販路で会員外需要者へ供給される。供給計画が不足となる場合は、養豚経営が配合飼料の混合割合を引き上げることで対応している。新たな食品循環資源の供給がある場合には、食品製造事業者らは食品循環資源の内容、量、似姿、保存状況などを規定書式に記載して事務局に提出し、事務局はこれに基づき養豚経営における試験的利用または継続利用の可否について確認している。

　三つは、事務局による買入価格の交渉と統一である。価格は栄養価と保存状況などに基づき決定され、養豚経営の規模に関係なく統一されている。物流費は養豚経営の立地によって異なるが、物流費込み平均価格は栄養価ベースで配合飼料価格の半分以下となっている。食品製造事業者や廃棄物中間処理事業者においては取引価格が市場価格を下回る場合もあるが、改正食品リサイクル法では年間100トン以上の食品廃棄物を排出する事業者に対して排出抑制と再生利用が義務付けられるほか、環境規制対応と廃棄物処理場の枯渇から廃棄物処理料が上昇しているだけでなく、会員以外の取引（スポット取引）で優位な価格が提示されたとしても、長期的・安定的な供給が担保されることから再生ネット会員の養豚経営への供給が優先されている。

　四つは安全性確保の担保である。事務局は食品製造事業者らに対して、食品製造事業者名、内容および菌類等の検査結果、保存状況を記載した連絡票の提出（初回出荷と定期検査時のみ）、必要に応じた冷蔵保管・輸送、出荷ロット毎のサンプルの採取・保管を求めるほか、養豚経営にも入荷ロット毎のサンプル採取・保管を求めている。異常が確認される場合には、それぞれのサンプル分析から原因追求が行われる[11]。

　これら需給接合・調整に係る煩雑な業務を事務局が担うことで、各会員の事務負担が軽減され、養豚経営の飼養規模や食品製造事業者の規模に関係なく、地域に腑存する多様な食品循環資源を飼料資源として利用され、養豚経営では給餌する飼料の40-45％（栄養価ベース）を食品循環資源が占めている。食品循環資源の季節変動（内容・量）に対応するため、養豚経営における配

合設計の調整も不可欠であるが、再生ネットが主催する研究会などでの交流を通じて技術的・経済的情報の共有が図られている。再生ネットにおいては、改正食品リサイクル法の施行以降の慢性的な供給過剰という問題が残されているが、換言すれば地域に賦存する多様な食品循環資源の飼料利用にはまだ十分な余地が残されていることを意味する。

　本章で確認したように、配合飼料メーカーは配合飼料市場の縮小に加え、原料価格高騰下での価格競争と安定基金負担の大きさに収益を圧迫され、それらの克服を目的とする規模の経済性を追求した大量の配合飼料販売と酪農・畜産物の高付加価値化をセットにした畜産インテグレーションを構築するも、そこに内在する矛盾から畜産物事業売上高利益率の低迷という限界に逢着している。協同飼料では2013年にベトナムに双日との配合飼料製造・販売の合弁会社を、また合併相手である日本配合飼料は2014年にインドに水産飼料製造・販売会社を設立するなど、海外での展開を模索しているが、現在のところわが国での克服の方途を見出せていない。また酪農・畜産経営も、高騰する配合飼料価格による生産費上昇と輸入酪農・畜産物との価格競争のなかで経営存続が厳しくなっている。加えて、配合飼料メーカーにおける工場統廃合による輸送距離の増大と近年の物流費上昇から、従来以上の費用負担が求められると推察される。飼料用米の利用拡大などに代表される自給飼料生産拡大はその克服の方途の一つではあるが、酪農・畜産経営のみならず耕種経営での対応も不可欠かつ中長期的な課題であることから、それと並行した選択肢として、配合飼料や単体飼料などの輸入飼料を国内飼料資源の供給不足時における調整手段として位置づけながら、多様な国内の飼料資源を活用していくことが求められよう。わが国の配合飼料市場と酪農・畜産をめぐる情勢と昨今の資源・環境問題を勘案すれば、規模に制約されない組織的な対応による食品循環資源の需給接合・調整の仕組みを構築した再生ネットに、これからの流通飼料市場のあり方を展望することができるのである。

注

1）系統による飼料製造・販売を対象とした研究には、後藤拓哉「日本における飼料企業の立地戦略とその変化」『地理学評論』第80巻第1号、pp.20-46、2007年と、野口敬夫「アメリカからの飼料穀物輸入と日本の配合飼料供給における系統農協の現状と課題」『農村研究』第113号、pp.39-52、2011年がある。重要な論点ではあるが、紙幅の都合から触れることができなかった。

2）農林水産省畜産局『飼料問題懇談会報告書　今後の飼料政策の展開方向』2002年7月19日。

3）新聞報道では、採算ラインに到達する操業率は200％（1日16時間稼働）とされているが、生産規模や設備合理化の程度によって異なるため、この数値が採算ラインを代表するものではないことに留意されたい。日経産業新聞「コスト削減へ新会社　委託生産に切り替え」1989年2月22日15面。

4）日本経済新聞朝刊「補てん問題で不満噴出・配合飼料の商系単独値上げ」1988年9月30日、日本経済新聞地方経済面「オーダーメード飼料　高付加価値を推進」2003年6月17日7面。

5）森（前掲書、2002）。

6）日経産業新聞朝刊「肉質安定飼料を増産」2015年8月10日14面。

7）出資比率変更等により出資額が会社法の定める範囲を下回った場合には、有価証券報告書に記載される「関係会社の状況」「連結財務諸表作成のための基本となる重要な事項」から会社名が除外され、出資額の総額のみが出資金または投資有価証券として一括して記載される点に留意が必要である。1992年から94年にかけて、関係会社であった6つの畜産経営（すべて有限会社）が上記理由から出資金に振替られている。

8）子会社等の経営不振などによる特別損失または貸倒引当金の計上は以下のとおりである。1995年3月決算：特別損失922百万円、1996年3月決算：特別損失1,650百万円、1996年9月中間決算：特別損失1,000百万円、2012年9月中間決算：貸倒引当金2,900百万円。

9）農林水産省生産局畜産部飼料課「流通飼料における課題について（令和2年6月12日）」（農林水産省ホームページ「飼料流通の合理化に関する検討会」2021年8月22日アクセス）。

10）数値は、農林水産省「食品廃棄物等の年間発生量及び食品循環資源の再生利用等実施率について　令和元年度（平成30年度推計）」に基づく。

11）CSF（豚熱）およびASF（アフリカ豚熱）対策として2021年4月より厳格化された関連法規に対応するため、従前からの畜肉および畜肉加工品由来の食品循環資源の受入拒否に加えて、同一ラインで畜肉を原料とする食品を製造する事業者からの食品循環資源の受け入れも拒否している。

## 引用・参考文献

阿部亮（2009）「飼料構造論（3）」『畜産の研究』第63巻10号，pp.969-972.

早川治（1988）「いわゆる『八戸戦争』と飼料資本」『農産物市場研究』第26号，pp.19-26.

宮崎宏（1972）『畜産インテグレーション』家の光協会.

宮田育郎（1988）「畜産インテグレーションと飼料資本―鹿児島県を中心として」『農業市場研究』第26号，pp.31-39.

村上良一（1994）「食肉自由化と配合飼料メーカー」『経済論叢（京都大学経済学会）』第153巻第3・4号，pp.88-106.

森久綱（2002）「配合飼料メーカーの事業展開―協同飼料株式会社を事例として」『土地制度史学』第176号，pp.20-36.　永木正和（1991）「EC諸国における配合飼料の流通システムと日本の配合飼料流通制度問題」天間征編『価格の国際比較―農業資材編』農山漁村文化協会，pp.219-218.

斎藤修（1999）『フードシステムの革新と企業行動』農林統計協会.

佐々木市夫（1991a）「イギリスにおける配合飼料産業と配合飼料価格」天間征編『価格の国際比較―農業資材編』農山漁村文化協会，pp.193-208.

佐々木市夫（1991b）「わが国における配合飼料産業の展開構造」天間征編『価格の国際比較―農業資材編』農山漁村文化協会，pp.177-192.

生源寺真一（1995）「配合飼料産業の市場構造と市場行動」荏開津典生・樋口貞三編『アグリビジネスの産業組織』東京大学出版会，pp.113-132.

杉山道雄（1990）「経済構造調整下の配合飼料市場」『農産物市場研究』第30号，p16-24.

天間征（1990）「最近のイギリス・オランダ酪農経済事情と先進国酪農の教訓」『畜産の情報―国内編12月号』.

吉田忠（1974）『畜産経済の流通構造』ミネルヴァ書房.

（森　久綱）

第7章

# 畜産経営におけるスマート技術の導入

## 1. 背景

　そもそも農業機械市場は、非常に広義なものであり、一口に説明すること
が不可能なものである。一般的に農業機械は、大手メーカーが製造販売する、
主に米作で用いられるトラクター・田植え機・コンバイン、果樹生産で用い
られる草刈り機・電動剪定バサミ・高所作業車など、枚挙にいとまがない。
多くは、新農林社で毎年発行される農機年鑑に詳細を記してあるため、そち
らに譲る。後述するが、近年、スマート農業が議論され、多くの分野で実証
されている。本章では、既存研究が少ない畜産機械とスマート農業の関係性
に焦点をあてたい。

　農水省（2021）はスマート農業を、「ロボット、AI、IoTなど先端技術を
活用する農業」と定義している。スマート農業の効果として、①作業の作動
化、②情報共有の簡易化、③データの活用を掲げている。**図7-1**には、農水
省のスマート農業実証プロジェクト採択案件について、地域毎の分布を示し
た。採択数が多いのは、九州・沖縄、関東甲信・静岡、中国・四国の順に多
いことがみて取れる。うち、本研究の対象とする畜産技術においては、九州・
沖縄、北海道がそれぞれ4件採択されている。

　畜産経営[1] において、スマート技術を採用するのは、生産者である。導

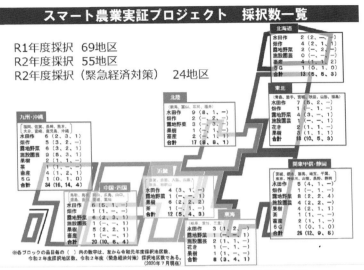

**図 7-1　スマート農業実証プロジェクト採択数一覧**

出典：農林水産省ホームページ　https://www.maff.go.jp/j/kanbo/smart/pdf/R1R2_smart_pro_saitaku.pdf（2021 年 8 月 25 日アクセス）

入効果を導き出すためには、データを飼養管理へ反映し、活用することが経営サイクルに存在することが必要となる。現状の酪農畜産経営におけるスマート技術導入に関わる課題を 3 つ掲げる。はじめに、機械の技術についての課題である。現在の省力化技術は、機械とセンサーが融合された技術であり、採用するには、経営内の労働が肉体労働から頭脳労働への転換が必要になる点である。次に、飼養技術の課題である。酪農を例にすると、給与飼料と乳量設定、改良方針、さらに、家畜の飼養環境の快適性は個々の生産者ごとに大きく異なるため、飼養技術について普遍性が出ないことである。三つめに、技術のサポート体制に関する課題である。具体的に、スマート技術を導入、普及、支えるサポート体制の有無が生産と経営に大きく影響するという点である。

　一部の農業機械は、汎用化や標準化などにより、作業を単純化し、作業効率をあげることが継続的に可能な商品である。しかしながら、酪農畜産業は、①飼養頭数や生産者の高齢化等に伴う減少、②省力化機械から装置産業とも

なりつつある。また、畜産で使用する機械のほとんどは、効率的な利用効果を出すまでに、技術指導が長きにわたり必要である。③経営継承をするにも高額なコストを要すること、④大規模化、データ活用が必須となり、搾乳ロボットや哺乳ロボット等多くは、電子制御であることから、今後の酪農畜産業におけるスマート農業の普及を円滑に進めるためには、生産者と行政、機械メーカーでどのような体制が必要であるのかを明確にする必要がある。

## 2．先行研究の確認と研究の目的

### （1）先行研究の確認

　本研究で扱うスマート技術は、酪農機械である。先行研究は、①酪農技術、②農村社会学、③マーケティング、④イノベーション・マーケティング、以上4つの見地に分けて整理する。

　はじめに、酪農技術の分野である。Ruttenら（2013）は、酪農場におけるセンサー技術の開発を4つのレベルに分け、検討した。それらは、①牛体の活動量等を計測する技術、②データの変化をまとめる技術、③データを経済情報とつなげ、アドバイスを生成する技術、④データを農場が自律的に経営判断に組込む技術である。しかし、いまだ解明されていない課題もあり、統合された意思決定支援モデルを持つシステムも見つかっていないと述べている。

　De　Guchtら（2018）は、牛群の規模拡大と飼養管理の効率化から、「跛行」の自動判別技術について、4つのセンサー技術から検討した。さらに、早期発見・早期治療によるコスト削減等、経済的価値を決定する重要な要素についても検討したが、これらシステムの費用対効果の精査は今後の検討課題としている。

　Genglert（2019）は、酪農経営における飼養管理の自動化とセンサーデータの利用について、課題を二つ述べている。はじめに、データの質であり、データの特性、品質の検証が未だ必要であるとしている。次に、データへの

アクセス性である。生成されたデータを、遺伝子改良などに役立てるためには更なるデータの整理・統合が必要となると述べている。

　近年、疾病情報や繁殖情報を確認する高精度酪農モニタリング技術の開発が進んでいる。しかし、「酪農家が生成された疾病警報をどのように活用するか」、が課題である。Eckelkampら（2020）は、ケンタッキー州の4つの酪農場から、レックタグとネックカラーより1,171頭の牛の疾病データを収集した。2〜45％と農場により大きな違いがあったが、生産者が実際に処置が必要な牛に対して、観察を行ったのはわずか21％であり、生産者はデータを無視していると警鐘している。

　次に、芦田（2016）は、農村社会学の視点から、"物"と"人"との関係性の焦点を当てた機械の普及について言及しており、普及と使用の関係性について、①ユーザー自身が使用・改造・修理・整備する「自立型」、②使用・修理・整備するという「半自立型」、③基本的に機械を使用するのみの「依存型」の3つのレベルに分けられ、機械技術の高度化に従い、①→②→③へ段階が進み、メーカー依存と過剰投資が課題と述べている。

　マーケティングからの見地では、消費の特性と差別化戦略の視点を掘り下げる必要がある。農業機械は、導入・利用にあたって高額な利用料金を支払わなければならない。一方、酪農機械は、汎用化や標準化による生産コストの設定が困難である。理由として、①酪農機械の利用者・生産量はトラクター等と比較して、極めて少数である。②酪農の性質から、毎日搾乳と出荷の作業が繰り返されている。③酪農の持つ特殊性から、他の農業分野や工業分野への転用が効かず、さらに、酪農に関する機械メーカーを見た場合、そのほとんどは、特定のメーカーと商社で構成されている点である。恩蔵（2007）は、これらの点から、生産者と機械メーカーの戦略を掘り下げ、顧客とメーカーは関係強化による差別化戦略にあり、詳細に確認すると、機能やデザイン的な差異がなくとも、顧客との関係性において特徴を打ち出せれば、差別化の要因になる、と述べている。

　スマート技術の普及の課題として、イノベーション・マーケティングの見

地から、ムーアー（2014）は、新たな技術に基づく製品が市場に受け入れられる過程を製品ライフサイクルの進行に伴って、顧客層にどのように変遷するかの観点について述べている。第一段階：イノベーターは、新しいテクノロジーに基づいた製品を追い求める段階。第二段階：アーリー・アダプターは、イノベーター同様に、ライフサイクルのかなり早い時期に新製品を購入する段階。第三段階：アーリー・マジョリティは、新製品を購入する前に、まず他社の動向を伺おうとする段階。第四段階：レイト・マジョリティは、アーリー・マジョリティと共通するものが多いものの、製品の購入が決まった後でも自分で使うことに多少の抵抗がある段階。第五段階：ラガートは、社会システムのなかでイノベーションを最後に導入する段階である。新しい技術の普及や採用にあたって、数カ所のクラックを有している点を指摘している。

　以上、既存研究の到達点として、スマート技術については、センサーから出力されるデータの価値とそれらの有効性を活用しながら検証する発展途上の段階にある。そして酪農家におけるデータの取扱いについては、経営に必要な意思決定への判断含め、実際のデータ活用に課題が残っている。わが国では、補助金による省力化機械には、データ出力機構があり、生産者はデータの活用を求められるが、スマート技術の導入を円滑に進めるための行政の取組みと生産者の飼養管理への対応に関する知見は見られない。

　今後の酪農畜産業の継続にあたり、スマート農業に対する生産者と行政、機械メーカーでどのような導入体制が必要であるのかを明確にする必要がある。

## （2）本稿の目的

　よって、本項の目的は、酪農畜産経営におけるスマート技術導入について、はじめに、行政による政策の策定から、普及事業の企画、実施までの取組を捉える。次に、農場におけるスマート技術導入の事例から、導入前後の飼養管理の対応について捉え、導入を円滑に進めるための要因を考察することを目的とする。

## （3）主な調査先と調査内容

### 1）普及とサポートの役割

　既存研究では、十分な業績が少ないことから、酪農地帯である岩手県に焦点をあてた。とくに、岩手県とした理由は、県と大学、メーカー、酪農生産者が一体となって取組を進めている。そのため、導入率は、非常に高い数値にある。また、部局へスマート技術に対する政策、普及、研究の取組を把握するため資料収集を同県の①農林水産部畜産課、②農林水産部農業技術普及課、③農業研究センター畜産研究所に対して実施した。

### 2）利用者とサポートとの関係性

　なお、現時点において有効な利用をしている事例が少ない。そのため、スマート技術を導入した農場を対象に、導入機械の運用について調査を実施した。主な調査先は、岩手大学農学部附属寒冷フィールドサイエンス教育研究センター御明神牧場である。

## 3．岩手県におけるスマート技術に対する政策、普及、研究の取組

### （1）農林水産部畜産課の取組

　はじめに、最新の畜産統計より、岩手県の畜産の俯瞰を試みる。岩手県内の酪農家戸数は、835戸で1戸当たりの飼養頭数は、49.8頭である（全国平均93.9頭）。肉用牛の飼養戸数は4,060戸で1戸当たりの飼養頭数は、22.4頭（全国平均58.2頭）であり、酪農、肉用牛ともに、全国平均と比較すると、小規模な経営が多いことが特徴である。

　畜産課は、三つの側面より政策を策定し、畜産業の強化を図っている。はじめに、コントラクターを主体とした外部支援組織の強化である。次に、公共牧場の体制強化、三つめに、省力化機器の推進である。

　コントラクターを主体とした外部支援組織の強化については、栽培品種の

**表7-1　いわてスマート共同放牧場実践支援事業取組内容**

| |
|---|
| ①GIS活用の電子地図作成、管理の省力化や草地更新、牧区再編作業の効率化 |
| ②携帯端末で電子地図情報をもとに放牧監視人の監視作業を効率化 |
| ③ドローンを活用した監視や集畜で、放牧監視人の監視労力を軽減 |
| ④牛群管理（繁殖成績、疾病情報）の一元化による効率化 |
| ⑤自動操舵システムの活用により、肥料散布および草地更新作業の効率化 |

資料：岩手県農林水産部畜産課（2021）

選定による作業の最適化、自動操舵システムによる作業効率化、オペレーターの確保・育成に向けた取組を行っている。とくに、コントラクター間の連携体制の強化支援に力を入れており、結果として、コントラクターの延べ作業受託面積は2014年度の総計1,936haから2019年度には3,766haと約2倍に増加した。

　次に、公共牧場の機能強化についてである。県内では、102か所の公共牧場が稼働している。岩手県では、スマート農業技術等により、公共牧場が持つ預託機能や粗飼料供給機能を最大限に発揮させるため、独自の支援事業（いわてスマート共同放牧場実践支援事業）により、ICTを活用した放牧管理や家畜監視技術の導入・実証を支援している。**表7-1**には、それらの取組内容を示した。

　省力化の推進に係る政策についてであるが、岩手県では、畜産経営における繁殖効率の向上に着目し、分娩監視カメラ、分娩・発情看視通報システム、発情発見システムの普及に取組んでいる。これら3つのシステムの普及は、和牛繁殖農家における取組が進んでいるのが特徴であり、2020年8月現在、分娩監視カメラ185台、分娩・発情監視通報システム34台、発情発見システムは40台それぞれ和牛繁殖農家で導入がなされている。酪農経営における3システムの導入状況は、それぞれ72台、13台、16台である。

　**表7-2**には、国庫事業を利用したICT・省力機器等の導入状況を示した。規模拡大による飼養頭数の増加や農家の高齢化に伴い、分娩監視や発情発見、搾乳、給餌などの飼養管理の負担が大きくなっていることから、省力化に向けた取組が進んでいる。2017年から2020年にかけて県内17牧場が国庫事業を利用している。搾乳作業の省力化を目的とした、搾乳ユニット搬送レール、

表7-2　国庫事業を利用したICT・省力機器等の導入状況
（2017年～2020年）

| 年度 | 農家 | 導入機器 | 年度 | 農家 | 導入機械 |
|---|---|---|---|---|---|
| 2017 | A | 搾乳ユニット搬送レール | 2019 | I | 哺乳ロボット |
| | | 分娩看視装置 | | J | 自動給餌機 |
| | B | 自走式給餌車 | | K | 自動給餌機 |
| | | 分娩看視装置 | | L | ミルカー自動離脱装置（10台） |
| | C | 餌寄せロボット | | | 自動離脱装置 |
| | D | 分娩看視装置 | | M | バーンスクレーパー |
| 2018 | E | 自走式給餌車 | | | 搾乳ロボット（4台） |
| | F | 自走式給餌車 | | N | 自動乳頭洗浄機 |
| | G | 搾乳ユニット搬送レール | | O | 搾乳ユニット搬送レール |
| | | 哺乳ロボット | | P | 分娩看視装置（2台） |
| | H | 自動給餌機 | 2020 | Q | 自動給餌機 |

資料：岩手県農林水産部畜産課（2021）

ミルカー自動離脱装置、搾乳ロボットなどの他、給餌作業の省力化を目的と
した自走式給餌車、餌寄せロボット、自動給餌機、哺乳ロボットの普及が進
んでいることもみて取れる。また、これまで県内41牧場が牛群監視システム
を導入している。

## （2）農林水産部農業普及技術課の取組

　農業技術普及課は、新たに採用する技術の検討を農業改良普及センターの
普及計画と照らし合わせて企画、実施する。岩手県の実施する技術普及の取
組として、特筆される活動がある。いわて肉用牛サポートチーム（2014年度
設置）、いわて酪農の郷サポートチーム（2007年度設置）である。構成員と
して、岩手県機関（家畜保健衛生所、農業改良普及センター）、市町村、農協、
農業共済組合等が活動を実施している。サポートチームは、このアクション
プランに基づき、「担い手（ひと）づくり」、「牛づくり」、「飼料（えさ）づ
くり」に基づいた取組支援を県内13か所で実施している。表7-3には、活動
内容、表7-4、表7-5には取組結果を示した。表7-3に掲げた取組のうち、牛
づくりにおいては、省力化機器導入前の飼養管理の確認・改善の指導、なら
びに飼養管理ソフト導入によるデータ活用の提言を併せて実施していた。さ
らに、飼料づくりにおいては、規模拡大経営体への対応として、発情発見シ

表7-3 岩手酪農の郷サポートチーム活動概要

| | 課題 | 取組内容 |
|---|---|---|
| 担い手（ひと）づくり | ①若手後継者の技術向上 | ①飼養管理、草地管理の技術指導の実施 |
| | ②規模拡大に関する支援 | ②自給飼料の増産、家畜防疫に関する技術指導の実施 |
| | ③新規TMRセンター育成支援 | ③組織運営、良質粗飼料の安定生産に関する技術支援の実施 |
| 牛づくり | ①飼養管理作業の省力化 | ①省力化機器導入前の飼養管理の確認、改善指導 |
| | ②繁殖成績の向上 | ②飼養管理ソフト導入の支援、データ活用等提言の実施 |
| | ③泌乳能力の向上 | ③乳用牛検定データの活用研修会の実施 |
| 飼料（えさ）づくり | ①公共牧場の機能強化 | ①公共牧場の課題共有、課題への取組内容の共有 |
| | ②規模拡大経営体への対応 | ②GISによる電子地図の作成、発情発見システム導入、結果検証 |
| | ③飼料用とうもろこし生産向上 | ③肥培管理の指導、生産性向上を図る要素の検討を実施 |

資料：岩手県農林水産部畜産課（2021）

表7-4 肉用牛の1戸あたり飼養頭数、分娩間隔の推移

| 項目 | 2017 | 2018 | 2019 | 2020 | 前年比 |
|---|---|---|---|---|---|
| 1戸あたりの飼養頭数（頭） | 19.2 | 19.9 | 20.3 | 22.4 | 110.3% |
| 分娩間隔（日） | — | 416 | 414 | 414 | 100.7% |

資料：岩手県農林水産部畜産課（2021）

表7-5 乳用牛の1戸あたり飼養頭数、経産牛1頭当たり乳量の推移

| 項目 | 2016 | 2017 | 2018 | 2019 | 前年比 |
|---|---|---|---|---|---|
| 1戸あたりの飼養頭数（頭） | 44.0 | 44.1 | 44.8 | 47.8 | 106.7% |
| 経産牛1頭当たり乳量（kg） | 9,463 | 9,540 | 9,552 | 9,622 | 100.7% |

資料：岩手県農林水産部畜産課（2021）

ステム導入と結果の検証を実施している。

　これら活動は、各地の営農課題に対し、取組内容を明確に設定し、その成果を引き出すため、関係機関一体となり展開している。品種改良やこれらの取組により、肉用牛の分娩間隔日数は2018年の416日から2020年には414日に2日間短縮、乳用経産牛1頭当たりの乳量は、2016年の9,463kgから2019年には9,622kgへ向上した。乳用経産牛1頭当たりの乳量増加の要因として、メガファームの存在も考えられるが、詳細は今後の検討課題としたい。スマ

ート農業の様な新たな技術を受け入れるには、既存の技術レベルの向上が不可欠であり、これら活動は重要である。

また、酪農専門の人材育成組織として、「いわてフリーストール・フリーバーン酪農研究会」が存在する。構成団体は、30戸の生産者、全農県本部、農業改良普及センター、機械メーカーである。活動内容は、大規模経営に不可欠な飼養管理技術の普及、研修会実施による課題解決、飼養管理に優れた技術の確立である。この組織へは、農業技術普及課が活動企画、運営の支援を実施しており、官民連携による人材育成の取組としても特筆される。

### (3) 農業研究センター畜産研究所の取組

農業研究センター畜産研究所の研究は、下記の2つに要約される（**表7-6**）。はじめに、効率的な飼料生産と給与体系の確立、ならびに、飼養管理の改善に関する研究項目、次に、スマート農業に関する研究である。イスラエル製のセンサーを活用した研究からは、乳牛の行動と疾病のモニタリング、授精適期に関する研究が実施されている。

**表7-6 岩手県農業研究センター畜産研究所の研究項目**

| 項目 | 研究課題 |
|---|---|
| 効率的な飼料生産と給与体系、飼養管理の確立に関する研究 | ・飼料用とうもろこしの不耕起栽培で堆肥を利用する方法<br>・自給飼料主体発酵TMRを活用した黒毛和種育成牛の飼料給与技術<br>・乳牛用TMRを活用した黒毛和種育成牛の飼料給与技術<br>・初妊牛における環境性乳房炎予防技術<br>・ホルスタイン種経産牛における性選別精液の受胎率向上のための人工授精牛の選定指標 |
| スマート農業に関する研究 | ・反芻センサーを活用した乳牛の行動と疾病のモニタリング・ホルスタイン種経産牛への性選別精液深部注入における活動量増加持続時間による人工授精牛の選定と授精適期<br>・Bluetooth通信技術を用いた放牧牛群の簡易な個体確認手法<br>・ドローン空撮画像を用いた経年草地の裸地率推定手法について |

資料：筆者ら作成（2021）

### (4) スマート技術を導入した農場における導入機械運用について

本研究で取扱うスマート技術は、個体別哺乳ロボットである。これまでの自動哺乳に関する技術は、群単位で飼養する子牛に対して、哺乳するもので

表 7-7　導入技術（個体別哺乳ロボット）特徴

|  | 個体別哺乳ロボット(機械としての機能) | アプリケーション/クラウド（外部表示機能） |
|---|---|---|
| 特徴 | ・群飼養が原因で起こる感染症のリスク低減<br>・ミルクの多回数給与による哺乳量の増加<br>・従事する要員数を最小限に抑えられる<br>・既存牛舎に設置できる柔軟性を持つ<br>・洗浄機構（哺乳経路とティート） | ・ローカル環境下でのアプリによる哺乳行動確認<br>・クラウドによる遠隔地における哺乳行動確認<br>・異常値表示の際の処置の確認<br>・哺乳量と哺乳速度の確認(健康指標として) |
| 写真 |  | 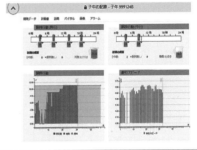 |

出典：筆者ら作成（2021）

あった。これは、省力化によるメリットがあったが同時に、デメリットとして、感染症の水平感染がリスクとして存在していた。この課題を克服するため、子牛をカーフハッチ等で個別飼養し、自動で哺乳する個体別哺乳ロボットが2014年にドイツの製造者により開発され、普及が進んでいる。**表7-7**に導入技術の概要を示した。個体別哺乳ロボットの特徴は、機械の機能と、外部表示機能に分けられる。機械の機能としては、頻回哺乳による生産性の向上と省力化である。外部表示機能の特徴として哺乳量や哺乳スピードが継時的に健康指標として表示される。それらの数値が前日と比較して低下した場合、クラウドやアプリを通じて、アラームが表示される。クラウド技術により、遠隔環境下でも、子牛の哺乳状況の把握と適切な飼養管理を行うことが可能になった。

　個体別哺乳ロボットの導入事例を確認したい。調査先は、岩手大学農学部附属寒冷フィールドサイエンス教育研究センター御明神牧場であり、同牧場の概要は**表7-8**に示した。同牧場は130頭規模の和牛繁殖経営である。飼料基盤として、35haの草地より飼料を生成、給与している。職員数は教員1

## 表7-8　個体別哺乳ロボット運用状況

| 名称 | 岩手大学農学部附属寒冷フィールドサイエンス教育研究センター御明神牧場（岩手県雫石町） |
|---|---|
| 経営体系 | 和牛繁殖 |
| 飼養頭数 | 130頭 |
| 飼料基盤 | 草地35ha |
| 職員数6名 | 教員1、専門技術員2、技術員3 |
| クラウド等の活用 | カーフクラウドの活用 |
| 個体別哺乳ロボット導入効果 | ・作業時間の短縮<br>・クラウドを導入し、外部から哺乳、稼働看視が出来るようになった<br>・体重測定も行っており、増体量について導入後1年は、大きな変化はなく、哺乳回数をさらに増やして、生産性の検証を継続する |

資料：現地調査による（2021）

## 表7-9　導入前後の飼養管理の変化

| 導入前 | | 導入後 | |
|---|---|---|---|
| 管理内容 | 管理時間/頻度 | 管理内容 | 管理時間/頻度 |
| ミルク作成・給与 | 1.5時間/回×2回/日 | ロボットへの代用乳の充填 | 2～3日に1回 |
| 哺乳バケツ等の器具洗浄 | 0.5時間/回×2回/日 | ロボット付属の哺乳乳首の洗浄/交換 | 5分 |
| | | 管理ソフト/クラウドによる哺乳確認 | 1～5分 |
| | | ロボットの循環洗浄 | 週に2回 |
| | | ロボットへの子牛の馴致 | 10～15分/1頭 |
| 哺乳管理作業4時間/日 | | 哺乳管理作業約30分/日 | |

出典：現地調査による（2021）

　名を含む6名であり、哺乳作業には、他の飼養管理作業を担う専門技術員1名が兼務として従事している。同牧場における個体別哺乳ロボット導入理由は、省力化と個体別の確実な哺乳、発育の均一化である。さらに、個体別哺乳ロボットと連携するクラウド技術も活用していた。

　同牧場の個体別哺乳ロボットを導入前後に分けて、飼養管理の内容と管理時間について、確認をした（**表7-9**）。導入前の管理内容は、ミルク生成と給与に1日3時間を要し、さらに、哺乳バケツ等の器具洗浄に1時間、合計で哺乳管理作業は4時間であった。導入後の管理内容は、管理ソフト、クラウドによるによる哺乳状況の確認、ロボット本体の哺乳専用乳首の洗浄や交換作業である。ロボットへの代用乳の充填など、毎日実施しない作業を含めると、一日当たりの哺乳管理作業は30分と大幅に短縮された。短縮となった分、哺乳対象牛の馴致や、哺乳衛生を保つための洗浄、哺乳量や哺乳速度が

表 7-10　修理対応以外のディーラーによるサポート

| 項目 | 日々の動作確認点の明示 | 動画による、個体情報の入力方法の提示 | 新たな消耗品キットを製造者に提案 |
|---|---|---|---|
| 意味 | 生産者自ら、機械の稼働確認 | 生産者自らが、情報の取扱いに慣れる | 必要な交換部品の明確化、安定した哺乳 |
| 写真 | | | |

資料：筆者ら作成（2021）

低下した子牛の体温測定や観察を行うようになった。また、哺乳対象子牛の日増体量等の数値の把握も行っていた。導入後1年は、ロボット運用と機械哺乳が安定することを重視していたが、導入1年後からは哺乳回数を増やしている。

表7-10には、修理対応以外のディーラーによるサポート内容について示した。初めに、簡単なチェックシートを作成し、日々の動作確認箇所を明示し、生産者自ら、機械の稼働確認を行えるようにしていた。次に管理ソフトやクラウドへの個体情報の入力方法を動画で提示し、生産者自らが、データの取扱いに慣れる土壌を作っていた。最後に、日本国内での事例から、ドイツの製造者に対して、ゴムチューブ類の消耗品キットについて、提案し、生産者へ届けられる体制を作った。このようなディーラーのサポートにより、導入後12カ月のディーラーの出動回数は4回に留まっている。他牧場の事例では、年間の出動回数が10回程度の所もある。

## 4．考察

本研究は、岩手県を事例に、畜産経営におけるスマート技術の導入に対する政策、普及、研究の取組について、把握を試みた。さらに、スマート技術

を導入した農場を調査し、技術導入を円滑に進める要因の把握を試みた。

　はじめに、岩手県の取組については、地域毎に異なる営農課題を、担い手育成、牛づくり、飼料づくりという視点に立ち、農協、農業共済組合、農業改良普及センター等が一体となり克服する事業を県内13か所で展開していた。この活動を通じて、地域密着型の飼養管理のボトムアップを行い、新技術導入に必要な普及活動を展開していた。さらに、人材育成の取組も行われており、行政、生産者、関係機関との情報共有が行われていた。

　利活用の面においてスマート技術の達成にあたっては、従来の農業機械と比較しても、導入が難しくかつ高度な仕組みである。一見、オーバースペックのようにもみえるが、酪農を省人化させるためには、欠かせない仕組みの一つであることは、否めない。仮に、イノベーション・マーケティングのキャズムの穴（クラック）に落ちた場合は、地域において酪農の存続にも関わる問題ともなりかねない。以上の点から、スマート技術を導入した農場を調査、導入機械の運用について検討をした。その結果、導入農場では生産性の検証を行っていた。省力化により、得た時間を、哺乳対象牛のロボットへの馴致や、哺乳衛生を保つための洗浄を行うとともに、クラウドで哺乳量や哺乳速度が低下した子牛の体温測定や観察を実施していた。さらに、ディーラーにより、システムへの牛体情報入力等の情報が、動画により共有され、クラウドによる情報とともに飼養管理に活用されていた。

　以上、岩手県におけるスマート技術を含む、新技術導入取組のフローを**図7-2**にまとめた。岩手県の事例より、スマート技術を円滑に進めるための要因は三つあった。はじめに、得られるデータを飼養管理へ反映させる経営サイクルが存在していた。次に、行政により政策立案、研究、普及活動が一貫して、地域に存在していた。最後に、技術の稼働を担保させるディーラーのサポート体制が存在していた。

　先に述べた芦田（2016）は、機械技術の高度化に従い、メーカー依存と過剰投資が課題と述べている。スマート技術は、補助事業により、普及が加速している。現状の生産現場におけるスマート技術導入は、地域における「公

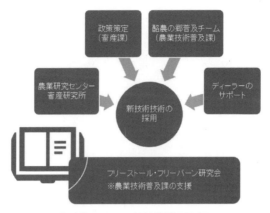

**図7-2　岩手県における新技術導入取組のフロー**

資料：筆者ら作成（2021）

的投資」の側面がより強くなっており、スマート技術導入とそれらの利用価値、すなわち、技術を導入したことによる生産性の向上を生み出すには、生産者、政策、ディーラー含めた地域との関係性が重要である。

　なお、本研究は、岩手県での優良事例を技術面の視野から、まとめた一研究にすぎない。現状を鑑みると、酪農分野は、①生産者の高齢化や後継者不足、②日々販売者や消費者より期待される供給量への達成、③以下の条件を達成するための規模拡大などの問題がある。とくに、①は、現状に達成が困難でもある。スマート化や機械化は、どのような事情であっても避けられない課題である。そのため、北海道などの大規模生産地域では、同様の動きも出ており（2021/7/14日経MJ記事）、機械を導入する理由と地域の事情、目標を達成するためどのような点を解決すべきかの理由を明確にする必要がある。これらのことは、スマート農業の在り方をみるうえで重要な視点である。しかしながら、字数に制限を有していることから、今後の残された課題としたい。

　本稿作成のために、調査でお世話になった岩手県各部局、岩手大学農学部各部局に深謝申し上げます。

注
1）本稿で扱う畜産経営は、酪農・肉用牛経営を示す。

**参考・引用文献**

農林水産省（2020），スマート農業実証プロジェクト採択数一覧　https://www.maff.go.jp/j/kanbo/smart/pdf/R1R2_smart_pro_saitaku.pdf（2021年8月25日アクセス）

農林水産省（各年），畜産統計，https://www.maff.go.jp/j/tokei/kouhyou/tikusan/

Rutten, C.J. *et al*,（2013）Sensors to support health management on dairy farms, Journal of Dairy Science, American Dairy Science Association, 96: 1928-1952

De Gucht, T.D. *et al*,（2018）Farm-specific economic value of automatic lameness detection systems in dairy cattle: From concepts to operational simulations, Journal of Dairy Science, American Dairy Science Association, 101: 637-648

Gengle, N.（2019）Challenges and opportunities for evaluating and using the genetic potential of dairy cattle in the new era of sensor data from automation, Journal of Dairy Science, American Dairy Science Association, 102: 5756-5763

Eckelkamp, E.A.（2020）On-farm use of disease alerts generated by precision dairy technology, Journal of Dairy Science, American Dairy Science Association, 103: 1566-1582

芦田裕介（2016），農業機械の社会学モノから考える農村社会の再生，昭和堂.

恩蔵直人（2007），コモディティ化市場のマーケティング論理，有斐閣.

ムーアー・ジェフリー（2014），キャズム　Ver.2　増補改訂版　新商品をブレイクさせる「超」マーケティング理論，翔泳社.

新農林社（2020），2020農林機械化年鑑，新農林社.

日経MJ，2021年7月14日記事.

齋藤浩和（2015），機械導入後に考えるべきこと，酪農ジャーナル2015年8月号，pp.18-20.

（安田　元・種市　豊）

第8章

# 農業静脈市場の展開と展望

## 1. はじめに

### (1) 本章の課題

　食料や農業に関わる廃棄物や未利用資源の利用が進む中で、農業市場の分析においても「静脈市場」の分析が重要となっている。

　「静脈市場」とは、製品市場である「動脈市場」に対して用いられる用語であり、廃棄物・未利用資源の市場を意味する。農業静脈市場の領域には、農業生産・流通・加工・食料消費の各過程から発生する①有機性廃棄物と、廃ビニールや廃プラスチックなどの②工業製品素材廃棄物のリユース・リサイクルの過程が含まれる。静脈市場は、排出事業者（供給）と利用者（需要）、そして廃棄物の処理を行う静脈産業、すなわち廃棄物の収集運搬や分解分別、リサイクル処理やリユースを担う産業（中間業者）で構成される。

　本章では、2000年以降、特に2010年代における農業静脈市場の変貌を捉えることが課題である。

　農業静脈市場の拡大は、以下のような変化をもたらすことになる。

　第1に、食料・農業部門から排出された廃棄物が商品となり、原料としての廃棄物の取引市場が形成される。同時に静脈産業によって生産されたリサイクル製品の市場が形成される。それは、販売を目的とした通常の市場に加

え、自社内での利用を行う「内部市場」の形成も含まれる。農業静脈市場におけるリサイクル製品は、肥料や飼料、エネルギーなどの農業生産財が主体となるため、農業静脈市場は農業生産財市場と密接な関連をもつことになる。第2に、静脈市場の拡大は、リサイクル等に必要な機械や施設を開発・製造・販売するさまざまな関連産業の成長をもたらし、それら機械や施設の市場を形成する。例えば、生ごみ処理機や自治体の生ごみリサイクル施設などの市場が形成されることがあげられる。

　静脈市場の拡大の条件として、第1に技術革新による再生品製造のコスト低下や市場環境の変化、税制による通常品の価格上昇によって、再生品の価格が通常製品の価格よりも相対的に安くなる場合。第2に、政策的な規制によって排出事業者に対して一定の割合のリサイクルが求められる、あるいは利用者に一定割合の再生品の利用が義務付けられる場合、等があげられる。

　動脈市場で解決できない問題は静脈市場に移行し、その解決を静脈市場が求められる。例えば、製品の需給調整では動脈市場における最終手段が廃棄である。これは動脈市場の問題解決を静脈市場に依存することである。諸問題の解決は、まず静脈市場でのリサイクル・リユース市場の拡大として試みられる。動脈市場と静脈市場の間には市場連関が存在し、静脈市場での対応に限界がみられたときに動脈市場での廃棄物の排出削減、よりリサイクルしやすい製品の製造などの対応が行われる。

## （2）食料・農業における静脈市場形成の意義

　このような食料・農業部門における静脈市場の拡大は、つぎに示した4つの意義を有している。

　第1に静脈市場の拡大は廃棄物の減量化に寄与する。そして、廃棄物の焼却や埋立量を減少させることによって、設置が困難となっているそれら処理施設の削減を可能にする。また、廃棄物処理に必要な費用を削減することにも貢献する。第2に、有機性廃棄物については再生可能な地産資源であり、エネルギーとして利用しても大気中の二酸化炭素を増加させないという特性

を持つ。静脈市場の拡大は有機性廃棄物のリサイクルの過程で、それらが持つ特性を発現させ、我が国のエネルギー問題や地球温暖化問題の解決に貢献する。第3に、国内で発生する有機性廃棄物から肥料や飼料、エネルギーなどを生産することで、国内での資源確保に貢献する。飼料やエネルギーでの利用は飼料自給率やエネルギー自給率の向上に、肥料での利用は有機農業の国内での拡大の条件となる。第4に、これらのような廃棄物の処理費用や代替資源の購入費用の削減は、地域外への資金の流出を防止する役割を果たすことになる。さらには新しい産業を創出することも期待されている。

このような実際的な意義のほか、農業静脈市場の構築の意義としては、第1に戦後日本の高度経済成長の結果としての地力低下や畜産公害の発生と、それへの対応としての「地域複合農業」の形成（沢辺・木下、1979）、第2に「人間と自然の物質代謝の制御」（岩佐・佐々木、2016）があげられる。

## 2．農業静脈市場に関わる施策の展開とその背景

農業静脈市場の拡大は、政策的な規制の下で行われてきた。ここでは、食品容器包装プラスチックと有機性廃棄物の2つについて施策の展開とその背景についてみていきたい。

### （1）食品容器包装プラスチック

食品や農業に関わるプラスチックは多岐にわたる。一つは食品の容器包装廃棄物であり、もう一つは農業生産段階でビニールハウスやマルチ資材等での利用で発生した廃棄物である。いずれも使い捨て利用が主体であるが、使い捨てプラスチック利用は化石資源の利用を増やし、廃棄物処理において困難が伴うことが問題となっている。

容器包装プラスチックに関しては、1980年代後半に廃棄物問題が深刻化したことから（環境省、2014）、1995年に「容器包装リサイクル法」が制定され、主にリサイクルでの対応がなされていた。1997年に一部施行、2000年には完

全施行され、2006年の改正ではレデュースが求められるようになった。この過程で2000年代には容器包装、特にペットボトルのリサイクル率が上昇したが、同じ時期に海外への廃プラスチックの輸出が増加したのである。

　2010年以降の変化としては、海洋プラスチック問題が深刻化する中で、2015年頃から世界的に使い捨てプラスチックの規制が始まることがあげられる。また、2017年に中国が廃プラスチックの輸入を全面禁止したことにより、輸出に依存していた日本の廃プラ処理が困難になった。その影響もあって、日本では2019年に「プラスチック資源循環戦略」を策定し、ペットボトル、レジ袋、食品容器などの使い捨てプラスチックの排出量を2030年までに25％削減することとした。そして2020年からは使い捨てレジ袋の有料化が始まり、2021年には「プラスチック資源循環促進法」が制定され、プラスチック資源の使用削減とリサイクルの推進が進められている。2020年の使い捨てレジ袋の有料化に際しては、植物由来のバイオマス素材が25％以上含まれるものは有料化の例外とされており、バイオマスプラスチックの市場拡大のきっかけとなっている。

　以上のように、容器包装プラスチックについては、廃棄物の処理問題が発生する中で、2000年代に入ってから国の規制がはじまり、そのもとで食品容器包装廃棄物のリサイクルが進められ、リサイクル率は大きく上昇したのである。同時に、この時期には輸出に依存したグローバルなリサイクルシステムが形成されたのである。しかし、資源輸入国での環境汚染問題の発生や海洋プラスチック汚染が広がることとなったため、2010年代の後半には世界的なプラスチックの使用規制と輸入国での受け入れ規制が行われた。このような状況の中で、日本ではプラスチック使用量の削減とそのリサイクルが進められたことに加え、植物資源を利用したバイオマスプラスチックの市場拡大がみられるのである。

## （2）有機性廃棄物

　つぎに有機性廃棄物についてみていきたい。当初は廃棄物対策としての側

面から1999年には家畜排泄物の適切な管理と利用をすすめるための「家畜排泄物法」が、2000年には食品廃棄物の減量化やリサイクル利用をすすめることを目的とした「食品リサイクル法」が制定されている。

　2003年には、これら農林業や食品関連の有機性資源を「バイオマス」として位置づけ、日本の戦略的産業化を目指す「バイオマス・ニッポン総合戦略」が策定されている。そして先進国の温室効果ガスの排出削減目標値が定められた京都議定書が2005年に発効する中で、2006年には「バイオマス・ニッポン総合戦略」が改訂される。そこでは、使用しても大気中の二酸化炭素を増加させないというバイオマスの特性を活用したエネルギー利用が重要視される中で、「バイオマスタウン構想」の策定が市町村レベルで推進され、2008年にはバイオ燃料の製造を推進するために「農林漁業バイオ燃料法」が制定された。同年には「バイオマス活用推進基本法」も制定されている。2010年には「バイオマス活用推進基本計画」が閣議決定され、①約2,600万炭素トンのバイオマス活用、②約5,000億円規模の新産業創出、③600市町村のバイオマス活用推進計画策定が2020年までの目標とされた。

　その後、東日本大震災をきっかけにして再生可能エネルギーへの期待が高まる中、2012年にはバイオマス活用推進会議において「バイオマス事業化戦略」が決定され、「バイオマス産業都市」の構築を推進することになった。さらに、同年に施行された「再生可能エネルギーの固定価格買取制度（FIT）」においても発電燃料の一つとして有機性廃棄物が位置づけられている。FITの元でバイオマス発電施設の増設が行われたが、国内原料では不足する事態となり、輸入バイオマスの増加が問題とされるようになる。これと関連して2013年には「農山漁村再生可能エネルギー法」が制定される。2016年には「新たなバイオマス活用推進計画」が閣議決定され、2025年を目標として、旧基本計画と同じ数値が示されている。

　2015年には食品リサイクル法の新たな基本方針の策定が行われ、その中で従来取り組みが遅れていた食品廃棄物の発生抑制が推進され、そこでは食品ロスの削減が重視されている。特にこの時期には世界的な食糧不足と国際的

な食品ロスの発生が問題とされたことから、2015年の国連の「持続可能な開発目標」（SDG's）では2016年から2030年までに小売・消費レベルの食品廃棄を半減させ、生産とサプライチェーンの食品損失を減少させることを目標に設定している。日本でも2018年に閣議決定された「第4次循環型社会形成推進基本計画」で家庭系の食品ロスを2030年度までに2000年の半分に削減する目標が立てられている。これを受けて2019年には「食品ロスの削減推進に関する法律」が制定され、食品ロスの削減とフードバンク等の利用が推進されることとなった。この中でフードバンク等による利用でのリユース市場の拡大がみられる。

　以上のように、有機性廃棄物では容器包装プラスチックと同様に、廃棄物問題が深刻化する中で2000年代に入ると国の規制が行われるようになった。2010年代に入ると飼料価格の上昇の下で飼料利用が重視され、さらに同時期のエネルギー価格の上昇と東日本大震災の影響で有機性廃棄物のエネルギー利用が重視されるようになる。2010年代の後半には国際的な食糧不足と食品ロスの発生が問題とされたことから、食品ロスの削減とリユースが求められ、リユース市場の拡大の兆候が見られる。

## （3）静脈市場形成の制約条件

　このような静脈市場の動きの中で、その市場拡大には2つの制約条件が存在する。1つには静脈産業における経済性・事業採算性の問題であり、2つには原料廃棄物の調達やリサイクル製品の販売という静脈流通過程に起因する諸問題である。

　ここでは後者の問題についてみていきたい。農業の静脈産業が事業を行う上で、必要な原料である有機性廃棄物や未利用資源の品質と量の調達が困難となる、あるいは生産したリサイクル製品に対する需要が少ないという問題がみられる。このうち、農業や食品部門に特有なのが原料調達面での課題であり、特にその供給の不安定性の問題が深刻である。有機性廃棄物や農業未利用資源の供給量は一般的に年次によって、さらには季節によっても変動す

るのが一般的である。そのため、稲
わらを例にみても計画通りに供給が
行えないのが常態化している（**図
8-1**）。この要因としては、そもそ
も有機性廃棄物や農業未利用資源は
農業生産や食料消費の結果として発
生し、それ自体を生産の目的として
いないために供給量をコントロール
できないという点があげられる。さ

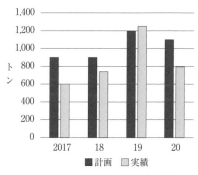

図8-1　稲わら収集量と計画量（青森県２社）

らに、農業生産や食品加工製造に年次的・季節的な不安定性が存在するため
に、その廃棄物や副産物の発生にも不安定性が付随するのである。

　このような供給の不安定性は、リサイクル製品の供給の不安定性につなが
り、リサイクル製品のユーザーとの取引に特有の困難性を加える。また、無
理に一定量を確保しようとした場合には、より品質の低い状態の廃棄物（乾
燥度合いが低い等）を利用することでリサイクル製品の品質を低下させ、リ
サイクル製品の販売にマイナスの影響を与えることになる。

　このような制約がある中で、農業の静脈産業において成功している事例を
見た場合、利活用システムの中にこれら原料供給の不安定性を解消する需給
調整の仕組みを組み込んでいる場合が多い。このような需給調整の仕組みを
いかに個々の事業が内部化するかが課題となる。

　では以下では、廃棄物系の代表として食品廃棄物を、未利用系の代表とし
て稲わらをとりあげ、それぞれのリサイクル利用の展開過程をみていきたい。

## 3．食品廃棄物における静脈市場の展開過程

　戦後日本の食品廃棄物のリサイクル利用は、都市近郊での飼料利用におい
てみられた（梅本、1983）。そこでは主に都市近郊での肉豚肥育用の飼料と
して用いられたが、汚水や害虫、悪臭等の影響で衰退することになる。その

後、都市から発生する食品廃棄物は焼却処理が主体となる。

## （1）事業系食品廃棄物のリサイクル

　戦後のリサイクルが一時的に衰退する中で、日本における食品廃棄物のリサイクル対策は、1990年代後半から本格的に検討が開始される。当初は食品関連事業者にとっての廃棄物処理の困難化と処理費用の上昇という食品関連事業者のコスト問題として認識されるが、並行して資源の有効利用という視点が加えられていったのである（泉谷、2001）。

　この背景には、前述した1990年代の廃棄物問題の深刻化があげられる。このような中で循環型社会形成の必要性が認識され、2000年に「循環型社会形成推進基本法」が制定される。本来であれば3Rの適切な順位付けとその実施が必要であったが、日本ではリサイクルの推進が優先され、本格的なリサイクル政策が開始されることとなる。

　表8-1から食品廃棄物をめぐる動向をみると、2000年以降の食品リサイクル法では、食品製造業、食品流通業、外食産業から発生するリサイクル可能な食品廃棄物（「食品循環資源」）の「再生利用等」（発生抑制、減量化、再生利用の3つの手法）の実施率について目標年を定めて達成を求めた。

　この中で、「再生利用事業者」の登録と、「再生利用事業計画」の認定制度が作られ、これら登録・認定事業者には「肥料取締法」「飼料安全法」の特例として製造・販売の許可を不要とする他、「廃掃法」では一般廃棄物収集運搬業の特例が認められている。このように、リサイクル事業者の収集や販

### 表8-1　食品廃棄物をめぐる動向

| 年次 | 事項 |
| --- | --- |
| 2000年 | 食品リサイクル法制定（目標2006年度）（2000年度29%→2006年度53%） |
| 2007年 | 改正食品リサイクル法（目標2012年度） |
| 2015年 | 食品リサイクル法の基本方針改正（目標：2019年度）（2008年度79%→2018年度83%）<br>持続可能な開発のための2030アジェンダ |
| 2018年 | 第4次循環型社会形成推進基本計画 |
| 2019年 | 食品リサイクル法の新たな基本方針の策定（目標：2024年度）<br>食品ロスの削減の推進に関する法律制定 |

売面での規制を緩和し、リサイクルの推進を図ったのである。

　再生利用等に数値目標が設定されるなかで、相対的に対応が容易なリサイクルでの対応が進められた結果、食品産業全体のリサイクル率は、**表8-1**に示したように2000年の29％から2018年には83％へと大幅に上昇した。食品廃棄物リサイクルの政策的な推進は、これら廃棄物の収集運搬、再生、利用に関わる静脈市場の拡大をもたらすことになる。

　その後の改正では、これらのリサイクルを進めるために再生利用事業計画の認定を受けた場合には、廃掃法のさらなる特例が設置され、小売店などの排出事業者がイニシアティブをとる形での静脈市場の拡大が進められる。

　小売業や外食産業では、組成が複雑なため、飼料化や堆肥化が困難である。そのため、リサイクル率の低さが問題とされたが、メタン発酵によるエネルギー利用での取り組みも進んでいる。この取り組みでは、廃棄物の処理を行うと同時に、再生可能エネルギーを確保するという二つの面での効果がみられた。

　2008年の国際的な飼料価格の高騰を受けて、2010年代に入ると、食品廃棄物の飼料利用（エコフィード利用）の推進が図られる。有機性廃棄物の飼料利用を進めるために、2009年には「エコフィー度認証制度」が始まり、2011年からは認証されたエコフィードを利用した畜産物を認証する「エコフィード利用畜産物認証制度」も始まる。

　エコフィードには飼料自給率向上の面でも期待がかけられており、食品廃棄物の飼料利用量は増加傾向にある。濃厚飼料全体に占めるエコフィードの割合も上昇傾向にあり、2003年度の2.4％から2016年度には6.4％と着実に上昇している。日本では食料を輸入に依存しているため、食品廃棄物の再生利用はただちに循環利用の拡大を意味しないが、国産原料由来の割合も上昇しており、2003年度の17％から2016年度には28％となっている（農林水産省、エコフィードをめぐる情勢、2021年）。

　さらに、2021年に策定された「みどりの食料システム戦略」においては、有機農業の面積を耕地面積の25％、100万haに拡大する目標も打ち出されて

おり、そのために有機肥料の確保も必要となっている。

　事業系食品廃棄物では、2018年度の発生量1,765万 t のうち、有価物として取引されている量が830万 t と半分近くにおよんでおり、食品廃棄物の商品化が着実に進んでいるのである（環境省『令和 3 年版　環境白書・循環型社会白書・生物多様性白書』による）。

## （2）家庭系生ごみの変化

　家庭系の生ごみはリサイクルが難しいため、焼却処理が主体であった。しかし、生ごみリサイクル全国ネットワークが実施したアンケート調査によると、生ごみの資源化を行っている自治体は1996年には1.1％に過ぎなかったが、2008年には15％に増加している。このことは自治体が利用する公的な生ごみ処理の施設市場が拡大していることと、生産された堆肥や飼料の市場が拡大していることを意味している。

　また、家庭系生ごみのリサイクルで重要なのが、民間への委託が進んでいることである。1990年代後半には家庭ごみの処理は自治体が直営で行う場合が多かったが、新自由主義的経済政策が進む中で直営の割合は低下しており、これによって家庭ごみの処理・リサイクルにおいても多様な民間事業者が参入している。具体的に一般廃棄物（ごみ）の収集段階をみても、「ごみの収集量形態別内訳」では（環境省『日本の廃棄物処理（平成10年度、30年度版）』）、1990年には地方公共団体による直営は49％であったが（地方公共団体による委託は30％、許可業者による収集は19％）、2018年には26％まで低下している（委託は51％、許可業者は29％）。

　さらに1999年にPFI法が成立し、2000年代にはごみ処理施設への民間資金の流入や民間企業による運営が進んでいる。このように、従来は公的セクターによって行われてきた家庭系生ごみ処理もリサイクルが進むと同時に、民間企業の参入が行われてきているのである。

## （3）食品廃棄物リサイクル事業の事例

　ここでは、事業所から発生する食品廃棄物の飼料化事業（エコフィード事業）を行う東北地方のA社とそこに食品循環資源を出荷する食品事業者の事例についてみていきたい（2017年調査）。

　A社は養豚業を1965年に先代社長が開始し、2011年からは現在の社長が事業を継承している。従業員は30数名で、母豚を1,200 ～ 1,300頭で経営を行っている。飼料は配合飼料のほかにエサ米と食品循環資源を利用している。産業廃棄物の収運処理の免許を有しているほか、食品リサイクル法の登録再生利用事業者でもある。

　食品循環資源の利用は2008年ころからであり、導入のきっかけはこの時期の世界的な穀物価格の高騰である。経営を安定化させるために国際市場に左右されない国産飼料を確保しようとしたのである。食品循環資源はリキッド利用であり、ドイツからシステムを購入している。年間に利用する1万1,000 tの飼料のうち、2,000 ～ 3,000 tを食品循環資源で賄っている。

　食品循環資源は15社程度から調達しており、おからやりんご粕、パンの耳等を利用している。基本的には有価物での購入であるが、廃棄麺とりんご粕は逆有償である。食品循環資源の調達は自県内だけにとどまらず、東北全域や北海道にまでおよんでいる。県内での食品循環資源の調達は下記に示すが、県外からの調達に関しては有価物での購入であり、輸送は県外の収運業者に

### 表 8-2　自県内の食品事業者との取引実態

| 事業者 | 業種 | 食品循環資源の種類 | 取引開始年 | 支払い | 輸送 | 取引量（2017年1月分） |
|---|---|---|---|---|---|---|
| ① | パン製造業 | パン等 | 2015 年 | 有価物 | 収運業者 | 7,690kg |
| ② | 牛乳製造業 | 牛乳等 | 2010 年 | 運賃程度 | 収運業者 | 580kg |
| ③ | 麺類製造業 | 規格外麺等 | 2010 年 | 逆有償 | 収運業者 | 660kg |
| ④ | 果汁製造業 | りんご粕等 | 2012 年 | 逆有償 | 収運業者 | 6,890kg |
| ⑤ | 豆腐等製造業 | おから等 | 1997 年 | 有価物 | 排出事業者 | 9,000kg |

依存している。

　A社と各食品事業者との取引実態をみると、①社の場合は、パンの耳等が食品循環資源として発生しているが、養豚業者２社と取引している。A社との取引では有価物としての販売で、他の収運業者が取りに来ており、１回ごとに運賃を支払っている。別の養豚業者との取引では牧場が自社で取りにきており、無償での提供ではあるが、輸送に必要な燃料費を①社は支払っている。

　②社は余剰の廃棄乳を廃棄物としてA社に供給しているが、収運業者が取りに来ているが支払い料金は単価が決まっているのではなく、さまざまな費用等を相殺しながら決まっており、最終的に運賃部分を支払う水準となっている。

　③社は、麺類の廃棄分を供給しているが、冷凍ストッカーでの保管であり、輸送は収運業者が行い、処理料と輸送料を支払っている。

　④社ではりんごの搾り粕を２社に供給している。産廃扱いで処分しており、収運業者が輸送しており、運賃と処理料を支払っている。

　⑤社は、おからを有価で販売しており、品質の低下した廃棄分のみは処理料を支払っている。A社には⑤社が自ら輸送している。

　以上のように、エコフィードでの食品廃棄物の利用拡大は有価物としての取引が基本であるが（市場化）、一部の品目や飼料化できないものについては食品事業者の費用負担でリサイクルが行われている。その中でもA社は輸送の許可を受けているものの、輸送に関しては収運業者が仲介しており、料金支払いや物流面では重要な役割を果たしている。


## 4．農産未利用バイオマスにおける静脈市場の展開過程

　ここでは農産未利用バイオマスの例として、稲わらの利活用についてみていきたい。

## （1）稲わらの需給動向

　稲わらは、1970年代初頭まではわら縄等の梱包資材原料での利用が行われてきたが、その後の素材転換が進む中で、利用は衰退してきている。しかし、肉牛生産においては粗飼料としての稲わらが必要であることから、その後は家畜飼料としての利用が行われてきた。

　稲わらの国内供給量と飼料仕向け量をみると、2000年以降は稲わらの供給量と飼料仕向け量の双方が減少している。このような中で、**図8-2**に示したように1980年代以降には飼料用稲わら調達のグローバルが進み、稲わらの輸入が増加してきている。輸入に際しては口蹄疫の発生が問題となるが、2000年までは輸出国での発生に対応して調達国をつぎつぎと変えることで稲わらの確保を行ってきた（**図8-3**）。しかし、2000年以降には中国に輸入先が限定されるようになり、それも指定された施設を通過したもののみが輸入可能となっている。

　2000年以降、中国からの輸入に関しても2000年の国内での口蹄疫の発生と中国産稲わらが感染源として疑われたこと、2002年の「生きたニカメイガ幼虫」の発見、2003年の飼料安全法の基準を超えるヒ素の検出、2005年の口蹄疫の感染防止のためにそれぞれ輸入が中止され、稲わら輸入は非常に不安定化していた。このように1980年代以降には飼料用稲わらのグローバルな取引が拡大したが、2000年代に入ると供給国が限定される中で供給が不安定化する。2010年以降は、再びその供給が増加する傾向になっている。このように輸入稲わらの供給が不安定化する中で、国産稲わらの確保事業が2000年代に入ってから開始され、各地で稲わら収集販売の取り組みが進められている。

## （2）稲わら収集販売事業の事例

　ここでは稲わらの国内での収集販売事業について、東北地方の事例からみていきたい。

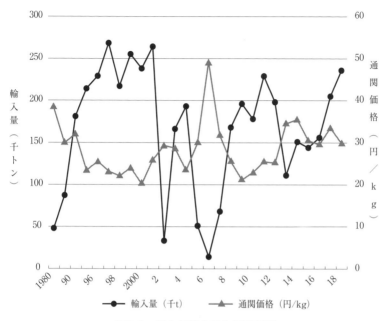

**図8-2　稲わら輸入量と通関価格**

資料：農水省、飼料をめぐる情勢

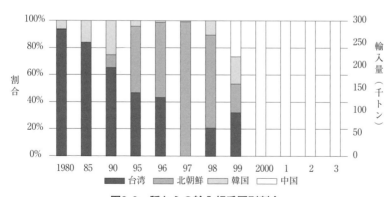

**図8-3　稲わらの輸入相手国別割合**

資料：農水省、飼料をめぐる情勢

### 1）青森県での取り組み

　青森県ではワラ焼きの防止対策を進める中で、稲わらの家畜飼料での利用に注目した取り組みを行っている。青森県日本海側の稲作地域では、古くは地域の畜産農家が稲わらの収集と自家利用を行ってきた。1980年代にこれら畜産農家に大型収集機械の導入が行われるが、これによって自家利用を越える稲わらの収集が可能になり、県太平洋側の畜産地帯への稲わらの販売が開始される。その後、2000年代にはいると国産稲わらの確保対策が政策的に進められることとなるが、その事業を用いて稲作農家が稲わらの収集機械を導入し、収集した稲わらを今度は稲作農家が県の太平洋側の畜産地帯に販売するようになる。

　青森県では、2010年に「稲わらの有効利用促進・焼却防止条例」を制定し、本格的な稲わら利用に県を挙げて取り組みを始めるが、それに先駆けて2008年には「稲わら商談会」を開始する。主催は青森県で、目的は稲わらの広域流通を促進することであり、そのために稲わらの対面による商談の場を設定した。この事業では日本海側の稲作地域の稲わらを太平洋側の畜産農家に販売することに主眼がおかれた。商談終了後は、販売希望者と買取希望者の情報を広く公開し、マッチングの強化をはかる。価格等の具体的な取引や契約は参加者個々が行うため、情報流での制度的対応と位置付けられる。

　また、2011年からは稲わらストックヤードを活用した広域流通の取り組みも行っている。畜産農家の多い県太平洋側地域に稲わらのストックヤードを設置し、日本海側と太平洋側の間の稲わらのスムーズな流通システムの運営

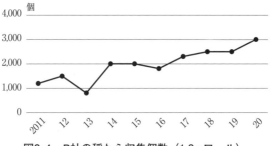

図8-4　B社の稲わら収集個数（1.2mロール）

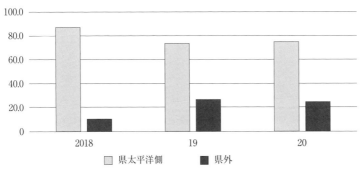

**図8-5　稲わらの地域別出荷割合（青森県３社計）**

を図ろうとした。ストックヤードの設置場所は青森県家畜市場内であり、11月～１月の市場開催日に６回開かれた（市場は月に２回開催）。

　このような取り組みを県が行う中で、青森県日本海側の稲作地域で稲わら収集事業を行っているB社（稲作経営）の収集量を**図8-4**から見ると、着実に収集量を増加させていることがわかる。その販売先についてB社を含む大規模収集事業者３社の販売先を**図8-5**からみると、県日本海側の稲わらを太平洋側の畜産経営に販売するのが７割程度を占めており、さらに県外への販売割合が高くなっていることがわかる。このように国内での稲わらの収集販売と広域流通が進展しているのである。


**２）東北地方の大規模稲わら収集販売事業者の事例**

　つぎに東北地方で飼料用稲わらの収集・販売事業を行っているC社の事例から、稲わらの大規模収集販売事業についてみていきたい（以下は、泉谷（2017）による）。

　C社は16haの水稲を作付けする稲作経営であり、かつ稲わらの収集と仕入れ、販売を行っている。自社で収集する稲わらは約400ha分であり、他の稲作農家が収集した600ha分の稲わらも仕入れ、合計で1,000ha分、年間4,000 tの稲わらの取り扱いを行っている。収集事業は1986年から開始し、当初はキノコ菌床原料として稲わらを販売していたが、1992年頃から家畜飼料向けに

販売を行うようになり、その時期から他の収集業者からも販売を依頼されるようになったという。

　自社で収集する稲わらは、県内の稲刈りの時期の差にあわせて、北上しながら主に近隣市町村から稲わらを収集している。収集を約束した稲作農家の水田からはどのような事情があっても必ず収集しており、収集が遅れて春に収集作業がずれ込んで稲作農家の春作業に支障をきたした場合には、無償で収集先農家の春作業を受託するなどの対応も行っている。収集は稲刈りが終わったあとの秋に行っているが、12月～２月は天候の関係で収集が出来ない。稲作農家には10ａ当たり2,000円を支払うか、堆肥の散布を行っている。

　他の稲作農家から仕入れる稲わらは約600ha分で、約200戸から仕入れている。各農家が収集したわらは使用する前の水稲育苗ハウスで３月までは売り手が保管している。

　稲わらの販売先は、肉牛農家が９割、競馬関係が１割である。肉牛農家は東北地方のほかに関東方面では静岡県まで広く分布している。東北地方での取引は直接取引であるが、関東方面との取引は販売代金の回収リスクがあるため、飼料商社を通じて販売を行っている。

　稲わらの保管のために鉄骨の大規模な保管施設を保有しており、およそ1,500ｔ（年間取扱量の４割）の稲わらを保管可能である。大規模な畜産農家は、その年の12月までは前年に収集した稲わらを希望するために、少なくともその分は１年程度の保管が必要なことも要因にあげられる。輸送も自社でトラックを５台保有しており、稲わらの集荷に関して日帰り圏内は自社トラックで行っている。販売に際しては、８割は運送会社に依頼しているが、２割は自社トラックを利用している。

　このようにC社は第１に稲わらの収集機能に加えて集荷機能、卸・販売機能をも有している。第２に大量の稲わらを扱うため、保管機能の拡充が必要となっている。第３に収集量が不安定な稲わらの需給バランスをとるためにさまざまな対応を行っている。例えば、稲わらが過剰な時のために保管機能を拡充しており、過不足が起きた場合には他の稲わら収集事業者との連携に

よる調達・提供が可能になる。このような関連事業者間のネットワーク形成とそれによる事業者間での数量調整は先進的な取り組みといえる。第4に、品質が低いあるいは低下した稲わらの利用先の確保も重要である。

　C社は、稲わらの〈収集－保管－販売－消費〉の各過程の垂直的な連携と、収集事業者間での水平的な連携をとることによって、数量的な需給調整と品質と用途のマッチングをはかり、全体的な稲わら需給の最適化に貢献している。そこでは、稲わら販売という商流にとどまらず、輸送や保管機能も内包した「バイオマス総合物流センター」として事業展開を行っているといえる。

## 5．おわりに

　以上、食料・農業部門における有機性廃棄物と工業系の廃棄物について、静脈市場の展開と現状についてみてきた。

　農業静脈市場はリサイクルやリユースの進展による市場拡大の中で、民間企業の領域の拡大と公的領域の縮小としてあらわれている。

　農業静脈市場の2000年以降の変化をみると、品目によって段階に違いがみられるが、いずれの品目でも国や自治体の規制と国際的な市場環境が大きな影響を与えている。食品容器包装プラスチックも食品廃棄物も、1980年代に廃棄物問題が深刻化する中で、国の規制によって2000年代に入ってからリサイクルが進み、静脈市場が拡大した。同時にグローバル化も進み、稲わらの場合には1980年代の早い段階から輸入という形で、容器包装プラスチックでは2000年代に入ってから廃棄物輸出というかたちでのグローバル化がすすんだ。しかし、静脈市場におけるグローバル化の進展には限界がみられ、稲わらでは2000年代に入ってから、容器包装プラスチックでは2010年代後半にさまざまな問題が発生し、国内資源の調達や国内でのリサイクル市場の拡大に方向が転換している。

　また、国際的な使い捨てプラスチックの使用規制や食品ロスの削減、再生可能エネルギーへの転換や飼料価格の高騰、有機農業の推進が求められる中

で、従来までのリサイクルに加え、レデュースやリユースが求められるようになり、さらにバイオマスへの素材転換が求められる中で、リユース市場の拡大やバイオマス素材市場の拡大もみられる。

その中で、国内での農業静脈市場は様々な課題を抱えながらも拡大していると考えられる。多様な品目と用途を含む農業静脈市場の整合的な支援策が必要とされていると考えられる。

**引用文献**

岩佐茂・佐々木隆治（2016）『マルクスとエコロジー』堀之内出版，p.38.

泉谷眞実（2001）「浪費型市場構造の転換」（中嶋信・神田健策編著『21世紀食料・農業市場の展望』（講座　今日の食料・農業市場　第Ⅴ巻）筑波書房，P91-107）.

泉谷眞実（2015）『バイオマス静脈流通論』筑波書房.

泉谷眞実（2017）「農林業の静脈産業と市場形成の課題」『農業と経済』83（8），2017年9月号，pp.43-51.

環境省（2014）『日本の廃棄物処理の歴史と現状』.

沢辺恵外雄・木下幸孝編（1979）『地域複合農業の構造と展開』農林統計協会，第1章，pp.3-8.

梅本栄一（1983）「産業廃棄物の畜産利用」畜産経営問題研究会編『日本型畜産の課題と実践』、明文書房.

付記：本研究はJSPS科研費　19K06270の助成を受けたものです。

（泉谷眞実）

# 第9章

# 学校給食市場と食育の展望

## 1．本章の目的

　日本における学校給食は、戦後児童・生徒の栄養補完の役割に加えて、教育としての意味合いを持たせたものとして発展してきた。実施体制が整備され、全国規模で高い給食実施率に至るなかで「学校給食市場」とも称せる農産物市場を形成することになった。

　本稿では、学校給食における農産物流通のあり方の今昔を見ながら、「教育としての学校給食」を展開してきた日本の学校給食、そして食育の現状と展望を明らかにする。以下、第2章では学校給食とその農産物流通のあり方を概観する。第3章では、教育としての学校給食を語るうえで重要な政策方針のひとつである「食育」に焦点をあて、食育基本法の推進とそれらをもとにした学校給食への影響を検討する。第4章では、2020年以降の新型コロナウイルス禍において大きく影響を受けた学校給食と食育の状況を提示する。

## 2．学校給食と農産物流通

### （1）学校給食の普及と市場の形成

　日本の学校給食のはじまりは、1889年に現在の山形県鶴岡市の私立忠愛小

学校で貧しい児童が就学できる環境づくりと栄養補完として開始されたことは広く知られている[1]。各地の有志で互助的に行われていたが、現在の原型となるような学校給食が政策的に導入されたのは第二次世界大戦後であった。1946年に文部省、厚生省、農林省の三省次官通達である「学校給食実施の普及奨励について」が発せられ、学校給食に関する政策的方針が示された。

その後、アメリカからの占領地域救済政府資金であるガリオア資金や、全米の宗教団体等を中心としたアジア救援公認団体（LARA）によるララ物資の支援を得て、団塊世代の学校給食の思い出である「脱脂粉乳」や「はじめて食べたシチュー」など洋食を中心とした給食が実施された。1947年の1月から大都市の希望する学校から開始されたが、当時支援を受けた物資はミルク、粉卵、ソーセージ、肉や豆類の缶詰、大豆、玉ねぎ、にんじん等を粉状にしたスープの素、ジャム、スパゲティなど加工品中心あった[2]。

1951年ごろからはアメリカからの資金や物資の打ち切りに伴い、学校給食打ち切り論もあがるなかで当時の文部省や保護者らから給食存続を求める運動[3]があった。同年末には文部省から農林省に所管を移し、半額を国庫負担する形で存続されることになった。

その後、1954年に学校給食法が成立し、学校給食は法制化されたことで継続された。法制化後も都市部と農村部での学校給食の実施状況等の不均衡の問題があったが、紆余曲折を経て47都道府県で「学校給食会」が設置されたことで、給食用食材の大規模な公共調達の道筋が形成された。同法では、児童への栄養補完の役割に加えて、学校教育活動の一環として位置付けられた。たとえば、第2条「学校給食の目標」では「4　食料の生産、配分および消費について、正しい理解に導くこと」として、生産・流通に関する指導も挙げられている。

1960年代以降、給食の普及に伴って学校給食市場は農畜産物の需給調節の場としての役割を担うことになった。1962年、豚肉卸値の暴落に対して農林省大臣談話を発表し、農水省は農畜産振興事業団を通じて余剰豚肉を買い上げるなどの対応をした。買い上げた豚肉の利用方法のひとつとして、学校給

食用に売却するとした[4]。同年には牛乳や乳製品が在庫過剰となり、既存の180ccの牛乳ビンから、学校給食用は200ccへ増量し、給食利用による消費の増加策を行った[5]。1970年代には余剰米の消費拡大を目的に、パン中心の学校給食から米飯給食の導入が図られている。

1980年代にはいると、学校給食の合理化・効率化が行われた。「学校給食業務の運営の合理化について（1985年）」（文部省体育局長通知）によって、共同調理方式の採用、パート職員や外部委託の推進などが示された。これらの方針により、学校給食の大規模調理化がすすめられ、学校給食用食材のいっそうの均質化や安定的に確保できる食材が求められてゆくようになった。

## （2）学校給食用食材の購入経路と地産地消の推進

学校給食の普及と食材流通網の形成には、学校給食会の設置と全国組織化が大きな役割を果たした。1955年に日本学校給食会法が公布されてからの5年間で47都道府県すべてに学校給食会が設置され、特殊法人日本学校給食会（現（独）日本スポーツ振興センター）を基幹とする組織網が形成されたことで、給食用物資の全国的な流通システムが整備された。

主な学校給食の食材は、日本学校給食会を通じた大規模な一括購入により、同会が定めた学校給食用食材である「指定物資（文部科学大臣が指定した小麦、米、脱脂粉乳、牛肉など原材料とその加工品等）」と、「承認物資（文部大臣の認可を得て取り扱う、加工食品、冷凍食品など大量購入して保存が可能なもの）」が供給された。

青果物、加工食品、調味料などの食材は、都道府県学校給食会、市町村学校給食会など各自治体の給食会とそこに登録された業者との取引が中心である。その際、中間経路をはさまない調理場と供給側の直接的な取引は全体に占める割合としては小さく、学校給食会を持たずに市町村単位の教育委員会が給食業務を代行する場合などに見られた。

2000年代初頭までは、全国学校給食会および都道府県・市町村学校給食会を中心とした食材流通の整備によって物資の共同購入が行われてきた。これ

により、調理方式の大規模化・合理化に対応した食材の安定供給対策が徹底された。そして、給食経営等に関する方針および事務処理系統の一元化が図られ、給食内容の均質化をもたらした。しかしながら、同一規格品を大量に一括購入する方針は、地域で農業生産が行われているにも関わらず、地場産農産物の利用が少ない状況を形成した。

学校給食の食材流通網が政策的に規定される一方で、安全な給食用食材の確保、児童・生徒への教育的効果、流通経路の多様化、地域運動等の観点から、一部の地域では自治体等へ地場産農産物の導入を試みる運動が萌芽した。

1990年代以降、地場産農産物を活用した学校給食は、「地産地消」の実践のみならず、食と農に関連づけた教育的体験が組み合わされた形で広がった。だが、こうした取組は一部に留まり、1990年代後半まで大きな広がりは見られなかった。要因として、食材の流通経路の選択は学校給食会の方針によって規定される場合が多く、流通ルートの変更には困難性が伴うこと、さらには食材納入業者の既得権益の問題等があるからである。また、食材購入に係る補助は、日本／都道府県学校給食会が取り扱う範囲を対象に行われてきたため、地場産農産物など補助の対象外である経路は選択されにくい状況があった。その結果、学校給食会を中心とした食材供給体制は、量の確保、コストの面から各自治体給食会あるいは納入業者との計画的な大口取引が主体となり、季節性があり小口取引である地場産農産物の納入が困難であった。

学校給食の食材供給は、国内の農産物流通構造や態様も影響している。野菜生産出荷安定法（1966年）や卸売市場法（1971年）に伴う流通の広域化により、卸売市場では地場産農産物の取引が減退した。そのため食材納入業者が仕入れを決定する際、学校給食会から受注した数量と価格が合致しない場合が多い地場産農産物は選択されにくかったという背景もある。

しかし90年代後半から2000年代初頭にかけての制度変化に伴い、国庫補助に依拠してきた食材供給体制は変化した。1997年に閣議決定された通達「特殊法人の整理合理化について」に基づき、日本学校給食会（現（独）日本スポーツ振興センター）は業務を縮小して、各自治体給食会に食材供給業務を

委譲した。「学校給食における地場産物活用事業」（2002年）を開始し、情報提供などの支援業務を行うようになった[6]。

　2000年代以降の給食用食材流通をとりまく制度的あるいは社会的変化は、自治体ごとに個性が生まれる契機となり、特色ある学校給食を推進する要因となった。各自治体の学校給食会が取り扱う米類など大口の給食用食材についても、地場産品を扱う動きもみられている。

　文部科学省においても、地場産農産物を学校給食に積極的に活用する方向を示し（2002年）[7]、食材選定や検査体制の調査を主軸としたモデル事業（2003年）において、安全な食材確保策として地場産農産物の利用を推進している。学校給食における地場産物の活用促進事業（2011年度〜2013年度）では、調理員を対象とした講習会、地場産物の活用促進につながる取組の実施や事例集の作成・情報発信等を行うことを目的に全国の16校が採択された。

## 3.「食育」と学校給食

### （1）政策としての「現代的食育」の現れ

　食育と学校給食について述べる前に、その原典として知られる100年以上前の2つの文献に触れておきたい。軍医であり、食指導や栄養指導を説いた石塚左玄が記した『食物養生法（1898年）』である。もう一冊は新聞記者で小説家でもある村井弦齋による『食道楽（1903年）』である。両者の共通点として、それぞれ食を通じた教育の重要性を説き、「食育」とは基本的な素養の一つであるとの見識を示している。

　現代日本において再び「食育」が着目されるようになった経緯と背景については、森田（2004）が詳しい。森田によると、1980年代に一部の医療関係者や教育関係者が「食育」の語彙を用いた文献が散見されているが、実践として普及したわけではなかったという。なぜ「食育」が1980年代頃まで表面化してこなかったのかについて、上岡（2016）はそれまでは伝統食や郷土食の伝承などを通じてしかるべき食育が家庭や地域のなかで充分に施されてき

たと考えられるためと述べている。

　1990年代に入ってから「食育」は、食に関するジャーナリストや教育者などが使用したほか[8]、厚生省保健医療局健康増進栄養課監修（1993）『食育時代の食を考える』が上梓され、その後の政策展開への端緒となっている。当時の食育は、食育の原典にあたる明治時代の文献に由来するものではなく、現代の食に関する諸問題を背景としながら、食をつうじた健康問題やしつけ、家庭のあり方の改善を図る考え方として提示されていた。

　前述のような食生活の変化とそれに伴う問題への政策対応として現れた1990年代以降の「現代的食育」が、政策として取り上げられることになった直接的な契機として、中村（2018）はBSE問題への対応としての食育を指摘している。2001年11月に設置された「BSE問題に関する調査検討委員会」の報告書[9]の「重要な個別の課題」のなかで、「④食に関する教育いわゆる「食育」の必要性」が挙げられている。ここでは「今日の食品の安全性をめぐる事態に照らし、学校教育における食品の安全性や公衆衛生およびリスク分析などに係わる基礎的知識の習得・教育を強化する必要がある」ことに加えて、「農業や食品産業など、フードチェーン全般にわたる基礎的な知識および栄養や健康に関する教育も充実させる必要がある」と述べられている。

　BSE問題に関する調査検討委員会と、それを受けた「食と農の再生プラン（2002年）」では、食育の促進について「消費者が食の安全・安心などについて自ら考える国民会議の発足などの国民運動」としている。

　「国民運動」としての食育は、厚生省、文部省、農林水産省の3省が合同で発した「食生活指針（2000年）」での推進体制を継承しつつ、各省庁の政策目標と絡めた展開がされてゆくことになる。中村（2018）は、食の安全・安心行政に対する「消費者」の信頼回復に始まった食育は、広く「国民」の人間形成に資する政策へと目的変遷させていったことを指摘している。

　BSE問題以降、食育に関わる政策において、従来までの子どもへの教育のあり方としての「食育」から、広い世代の消費者を対象とした国民運動としての「食育」へと政策目標が変化してゆくこととなった。

## （2）食育基本法の成立と食育推進基本計画

　2005年に議員立法として成立した食育基本法は、国民運動として食育を推進するため、食育の基本理念と国民の責務、食育推進基本計画の策定、施策の推進体制などが定められている。内閣府を中心に、文部科学省、厚生労働省、農林水産省、消費者庁など関係省庁にて横断的な施策が講じられている。

　同法中には明確な「食育」の定義が示されていないが、前文では次のように述べている。「子どもたちが豊かな人間性をはぐくみ、生きる力を身に付けていくためには、何よりも『食』が重要である」とし、食育は「生きる上での基本であって、知育、徳育および体育の基礎となるべきもの」であり、「さまざまな経験を通じて『食』に関する知識と『食』を選択する力を習得し、健全な食生活を実践することができる人間を育てること」と位置付けている。

　また、同法の前文「国民一人一人が「食」について改めて意識を高め、自然の恩恵や「食」に関わる人々のさまざまな活動への感謝の念や理解を深めつつ、「食」に関して信頼できる情報に基づく適切な判断を行う能力を身に付けること」の部分は、食育の推進により期待される成果であると思われる。

　同法制定後、2006年度から2010年度の5か年を第1次食育推進基本計画と位置付けて、全都道府県での食育推進計画の策定・実施、計画に基づく各種事業を行った。その後、2010年度から2015年度を第2次、2016年度から2020年度を第3次、2021年度から2025年度を第4次として、食育に関する政策推進のための基本方針や目標を定めている。

　食育推進基本計画を受けて、都道府県における食育推進計画の策定状況をみると、初期にあたる2007年85.1％であったが、2008年度には100％に達し、47都道府県すべてで策定された。市町村における食育推進計画は、2007年度当時4.1％であったが、2021年度は89.6％に至っている。基本計画の策定状況とその促進をみても、広く推し進める政策としての側面が窺える。

　成立から15年以上経過した食育基本法について、その成果はいかなるものであったのか。食育推進基本計画において定められた数値目標のある項目の

## 表9-1　食育推進基本計画において定める数値目標のある項目各期比較

| No. | 第1次　食育推進基本計画（2006年度〜2010年度） | No. | 第2次　食育推進基本計画（2010年度〜2015年度） |
|---|---|---|---|
| 1 | 食育に関心を持っている国民の増加 | 1 | 食育に関心を持っている国民の増加 |
| 2 | 朝食を欠食する国民の割合の減少 | 2 | 朝食または夕食を家族と食べる「共食回数」の増加 |
| 3 | 学校給食での地場産物の利用割合の増加 | 3 | 朝食を欠食する国民の割合の減少 |
| 4 | 「食事バランスガイド」等を参考に食生活を送っている国民の割合の増加 | 4 | 学校給食での地場産物の利用割合の増加 |
| 5 | メタボリックシンドロームを認知する国民の割合の増加 | 5 | 栄養バランス等に配慮した食生活を送っている国民の割合 |
| 6 | 食育の推進に関わるボランティアの増加 | 6 | メタボリックシンドロームを認知する国民の割合の増加 |
| 7 | 教育ファームが取り組まれる市町村割合の増加 | 7 | よく噛んで味わって食べるなど食べ方に関心のある国民の増加 |
| 8 | 食品の安全性に関する知識をもつ国民の割合の増加 | 8 | 食育の推進に関わるボランティアの増加 |
| 9 | 推進計画を作成・実施している地方自治体の割合 | 9 | 農林漁業体験を経験した国民の割合の増加 |
| | | 10 | 食品の安全性に関する基礎的な知識を持っている国民の割合の増加 |
| | | 11 | 推進計画を作成・実施している地方自治体の割合 |

| No. | 第3次　食育推進基本計画（2016年度〜2020年度） | No. | 第4次　食育推進基本計画（2021年度〜2025年度） |
|---|---|---|---|
| 1 | 食育に関心を持っている国民の増加 | 1 | 食育に関心を持っている国民を増やす |
| 2 | 朝食または夕食を家族と食べる「共食」の回数の増加 | 2 | 朝食または夕食を家族と食べる「共食」の回数の増やす |
| 3 | 地域等で共食したいと思う人が共食する割合の増加 | 3 | 地域等で共食したいと思う人が共食する割合を増やす |
| 4 | 朝食を欠食する国民の割合の減少 | 4 | 朝食を欠食する国民を減らす |
| 5 | 中学校における学校給食の実施率の増加（＊第4期にて削除） | 5 | 学校給食での地場産物を活用した取組等を増やす |
| 6 | 学校給食での地場産物等を使用する割合の増加 | 6 | 栄養バランスに配慮した食生活を実践する国民を増やす |
| 7 | 栄養バランス等に配慮した食生活を実践する国民の割合の増加 | 7 | 生活習慣病の予防や改善のために、ふだんから適正体重の維持や減塩等に気をつけた食生活を実践する国民を増やす |
| 8 | 生活習慣病の予防や改善のためにふだんから適正体重の維持や減塩等に気をつけた食生活を実践している国民の割合 | 8 | ゆっくりよく噛んで食べる国民を増やす |
| 9 | ゆっくりよく噛んで食べる国民の割合の増加 | 9 | 食育の推進に関わるボランティア数を増やす |
| 10 | 食育の推進に関わるボランティアの増加 | 10 | 農林漁業体験を経験した国民を増やす |
| 11 | 農林漁業体験を経験した国民の割合の増加 | 11 | 産地や生産者を意識して農林水産物・食品を選ぶ国民を増やす |
| 12 | 食品ロス削減のために何らかの行動をしている国民割合の増加 | 12 | 環境に配慮した農林水産物・食品を選ぶ国民を増やす |
| 13 | 地域や家庭で受け継がれてきた伝統的な料理や作法等を継承し、伝えている国民の割合の増加 | 13 | 食品ロス削減のために何らかの行動をしている国民の割合を増やす |
| 14 | 食品の安全性について基礎的な知識を持ち、自ら判断する国民の割合の増加 | 14 | 地域や家庭で受け継がれてきた伝統的な料理や作法等を継承し、伝えている国民を増やす |
| 15 | 推進計画を作成・実施している地方自治体の割合 | 15 | 食品の安全性について基礎的な知識を持ち、自ら判断する国民を増やす |
| | | 16 | 推進計画を作成・実施している市町村を増やす |

出典：農林水産省ホームページおよび国立国会図書館インターネット資料収集保存事業（https://warp.da.ndl.go.jp/）より作成

比較（**表9-1**）をもとに、とくに本稿のテーマである学校給食と食育に関連する項目や成果の変遷をみてゆきたい。

　まず、**表9-1**の食育推進基本計画において定められた数値目標にある項目を通観してみると、その時々の政策に連動した変化がみられる。たとえば、第1次計画の「教育ファームが取り組まれる市町村割合の増加」に関しては、教育ファーム事業終了等に伴い2次計画以降は「農林漁業体験を経験した国民を増加」となり、「教育ファーム」の語を用いていない。また、昨今の主要課題となっている一人親世帯の増加や子供の貧困問題などを受けて「共食」に関する項目は、第2次計画では「家族と一緒に食べる」とされていたものが、第3次計画以降は「地域などで共食をしたいと思う人が共食する割合を増やす」と変更されている。第3次計画では食品ロスの削減（農林水産省・環境省などによる推進）や食文化継承（「和食」のユネスコ世界無形文化遺産登録）、第4次計画では「産地や生産者を意識して農林水産物・食品を選ぶ国民を増やす」「環境に配慮した農林水産物・食品を選ぶ国民を増やす」（SDGsの推進）など、各時期の政策が反映されている。

　「学校給食での地場産物の利用割合」については、文言を若干変えながらもいずれの計画時にも盛り込まれている項目である。第1次計画の期間における学校給食での地場産物の利用割合は、22.4％（2006年）から、25.0％（2010年）と増加した。その後、第2次計画の期間は、25.0％（2010年）から26.9％（2015年）となった。ちなみに、2014年と2015年がいずれも26.9％と計画期間中で最も高い割合を示した時期となった。第3次計画の期間は、25.8％（2016年）から、26.0％（2019年）と横ばいの傾向である[10]。

　第3次計画のみに盛り込まれた項目である「中学校における学校給食の実施率の増加」は、2016年は90.2％、2018年には93.2％となっている。

### （3）学校給食における食育

　**表9-2**に、学校給食における食育に関する主な政策展開を示した。1954年に制定された学校給食法の第2条において、学校給食を単なる食事の提供で

表 9-2　学校給食における食育に関する主な政策展開

| 年 | 出来事 |
|---|---|
| 2004 年 | 学校教育法が改正され栄養教諭制度を設置 |
| 2005 年 | 「食育基本法」成立<br>第 1 次食育推進基本計画<br>栄養教諭制度の発足 |
| 2008 年 | 学校給食法の大改正および学習指導要領の改訂<br>農林水産省　導入マニュアル作成『学校給食への地場農産物の利用拡大に向けて（取り組み事例から学ぶ）』 |
| 2010 年 | 文部科学省「食に関する指導の手引き—第一次改訂版—」 |
| 2011 年 | 厚生労働省「保育所におけるアレルギー対応ガイドライン」<br>第 2 次食育推進基本計画 |
| 2012 年 | 内閣府食育推進室「食育ガイド」<br>学校給食での食物アレルギーが原因と思われる死亡事故が発生 |
| 2013 年 | 文部科学省「今後の食育の在り方について」最終報告<br>「和食」がユネスコ無形文化遺産登録 |
| 2014 年 | 文科省「スーパー食育スクール事業」<br>厚生労働省「日本人の食事摂取基準　2015」公表<br>環境省「今後の食品リサイクル制度のあり方について」 |
| 2015 年 | 文部科学省「学校給食における食物アレルギー対応指針」<br>食育基本法改正<br>農林水産省内に食育推進会議を設置<br>総務省「食育の推進に関する政策評価」 |
| 2016 年 | 第 3 次食育推進基本計画<br>文部科学省「社会課題に対応するための学校給食活用事業」 |
| 2017 年 | 学習指導要領改訂<br>文部科学省「つながる食育推進事業」<br>文部科学省「栄養教諭を中核としたこれからの学校給食〜チーム学校で取り組む食育推進の PDCA」 |
| 2018 年 | 文部科学省「学校給食摂取基準」の改正 |
| 2019 年 | 農林水産省「食育ガイド」改訂<br>文部科学省「食に関する指導の手引き—第二次改訂版—」<br>厚生労働省「日本人の食事摂取基準　2020」 |
| 2021 年 | 第 4 次食育推進基本計画 |

出典：各省庁資料および清家（2019）をもとに作成

はなく教育機会の一環として位置づけられていることは先に述べたが、学校教育法の改正に伴う栄養教諭制度の設置（2004年）、食育基本法の成立（2005年）以降、各地においていっそう学校給食における地場産農産物の活用とそれらを用いた教育活動が進展した。

　とくに栄養教諭制度の発足により、学校栄養士が児童生徒の栄養指導を教

論の立場で行えるほか、担任教員とのティームティーチングなど食指導の充実が図られた。食育基本法の第20条では、「食育の指導にふさわしい教職員の配置」が定められ、給食運営だけではなく、専門性に基づいた食に関する指導の強化が図られた。2008年の学習指導要領や学校給食法の大幅な改訂に伴い、学校における食指導が重視され栄養教諭の重要性が高まった。

栄養教諭の配置状況は、文部科学省健康教育・食育課の調査によると2005年度の開始当初は34人から、2021年度は6,752人となった。一方、地域により栄養教諭の配置人数の差があり、指導体制の地域差がみられている。

54年ぶりに改正された学校給食法（2008年）では、食育基本法に連動する形で法律目的と学校給食の目標について新たな条文が付け加えられた。改正学校給食法の第1条を見ると、学校における食育の推進を図ることが新たに目的として加えられたほか、学校給食の目標（第2条）では、従来の4項目から7項目に増え、四項以下では食育基本法を受けた内容が見られる。とくに、「食生活が食にかかわる人々の様々な活動に支えられていることについての理解を深め、勤労を重んずる態度を養うこと。（五）」、「食料の生産、流通および消費について、正しい理解に導くこと（七）」などの項目は従来の目標よりも生産から消費までの一連の流れとその主体に言及するものとなっている。また、「我が国や各地域の優れた伝統的な食文化についての理解を深めること。（六）」など、食文化や食の多様性に関する内容も含まれている。

学校給食での食育に関わる政策展開として、農産物等の生産・流通サイドから農水省も関与しており地場産農産物の利用拡大に関するマニュアル作成（2008年）、食育推進会議の設置（2015年）、食育ガイドの改訂（2019年）を行っている。

文科省では学校教育法および学校給食法改正以降、学校現場における食育を進めてきたが、2013年に「今後の食育の在り方について（文部科学省）」の最終報告が行われた。この最終報告以降の主要な事業として、企業や大学、農業者等の主体と連携し食育教材の開発を目指す「スーパー食育スクール事業（2014年）」、食品調達や大量調理を前提とした調理方法・調理技術、給食

費徴収管理業務など給食提供に関する仕組みの効率的運用を目指す「社会課題に対応するための学校給食事業（2016年）」などが挙げられる。

こうした食育に関する政策の成果として、2015年に総務省が行った「食育の推進に関する政策評価」において、食育政策全般を目標の達成度は「進展が大きくない」としている。とくに「学校給食における地場産農産物等を使用する割合の増加」について「数値が悪化している」と厳しい評価を下している。目標値よりも地場産農産物の活用が進展していないのは、給食センターなどで大規模調理を実施する際はとくに量と規格をそろえた地場産農産物の購入が困難であることや、下処理など調理の手間が増加するなど、学校給食の現場において対応しきれないためと思われる。

金田（2019）は食育と学校給食に関する近年の政策を分析しているが、学校給食は調理の時間と労力に限界があり、本来は規格が揃い、大量かつ安定的な食材利用がされてきた一方で、食育推進基本計画に基づき学校給食のなかに地産地消、伝統料理の継承などが目標として組み込まれたことは教育現場での負担が増えていると指摘している。

## 4．新型コロナウイルス禍における学校給食

### （1）全国における休校措置と学校給食の停止

2019年12月初旬に中国武漢市で第1例目の感染者が報告されて以降、新型コロナウイルスは世界的な大流行に至った。日本国内では2020年1月15日に最初の感染者が確認されている。感染拡大に歯止めをかけるべく、社会活動や経済活動にも多くの制約が課されただけではなく、各種学校も休校措置やオンライン学習などを行わざるを得ない状況となった。

ユニセフの報告書[11]によると、世界中の児童らが休校措置により影響を受けて、世界全体で390億食以上の学校給食を食べる機会が喪失されたとしている。とくに途上国においては、学校給食が児童らにとって重要な栄養補給の機会であったが、休校措置によりその機会が失われ、心身の成長や健康

が懸念されるものであった。我が国においても全国的な休校措置に伴い、学校給食に関わる生産・流通・消費の流れは停止することになった。

　新型コロナウイルスの感染拡大防止の観点から、2020年2月26日に北海道が自治体として独自に道内全域の公立小中学校での休校措置を決定した。翌27日に政府より3月2日以降、全国小中高校および特別支援学校を対象とした休校措置の方針が表明されることとなった。そして、翌々日である28日には文部科学省から全国の自治体に対して、休校措置に関する正式な通知がなされた[12]。この通知を受けて、自治体により対応のばらつきは見られたものの、すべての都道府県が実施に応じることとなり、同年3月2日から多くの学校が5月末ごろまでの約3か月のあいだ、全国の小中高校において休校措置がとられることとなった。

　こうした状況に伴い、予定されていた学校給食も取りやめざるを得ない状況が生じた。そのため、事前に必要量が発注されている学校給食用食材は急遽販路を失うことになり、新規の販路の確保に追われたことに加え、それでも対応できない食材に関しては一部廃棄が生じた。とくに、関税免除の措置を受けている脱脂粉乳を用いた学校給食用のパンに関しては、学校給食以外での販売ができないため廃棄を余儀なくされた[13]。

　学校給食の停止に伴う課題に対して、中央行政からの対応がみられた。文科省「学校臨時休業対策費補助金（2020年3月10日）」では、学校給食費を保護者に対して返還等するための経費を支援する事業と、学校給食休止に伴う契約変更等を行った学校給食調理業者（パン、米飯、めん等の最終加工・納品業者を含む）に対して経費を支援する事業が行われた。

　また、文科省初等中等教育局健康教育・食育課の事務連絡「新型コロナウイルス感染症対策に伴い発生する未利用食品の利用促進等について（2020年3月13日）」では、学校給食用食材をフードバンクに寄付し、食材活用と困窮家庭等への支援を促した。農水省においても、「令和元年度　学校給食の休止に伴う未利用食品活用緊急促進事業」と、同事業内でフードバンク活用の促進対策および再生利用の促進対策を実施している。

中央行政の政策方針を受けたほか、各地域の創意工夫により早期からさまざまなステークホルダーを通じて学校給食用の未利用食材を解消するための取組が行われた。兵庫県明石市では、一般社団法人明石給食食材提供協会によって同市公設卸売市場において余剰食材を1セット3,000円でドライブスルー販売を実施した[14]。

　群馬県を中心に展開するスーパーマーケットチェーンでは、前橋市学校給食会の申し出に賛同して、給食用食材として利用予定だった青果類や加工食品類をフードバンクへの寄付や社員食堂で利用したほか、加工食品は店頭調理をおこない惣菜として店頭販売を行なった[15]。

　全国規模での対応として、農水省協賛の「食べて応援学校給食キャンペーン（2020年3月16日~2020年12月29日）」が挙げられる。新型コロナウイルス感染拡大に伴う休校で未利用の学校給食食材の代替的販路の確保のため、（株）食文化が運営する通販サイト「うまいもんドットコム」において全国の給食関連事業者を募り青果物、冷凍食品、加工食品など多種の給食用食材を販売した。購入者は農林水産省が配送料負担の補助を行うため、送料無料で購入でき、普段スーパーなどで見かけない給食らしい食材・加工品も手ごろに購入できるものとして人気を博した。同社によると、11万7,280人が利用し、注文件数161,913件の利用があり、販売された食材は総重量・累計282トン（2020年5月7日現在）が活用できたとしている。

## （2）コロナ禍の学校給食の実施

　2020年6月以降に公立小中高校等が再開されて以降、通常給食にて学校給食を再開した学校もあるが、配膳を伴わないパンや牛乳等を配布する簡易給食から再開した学校もあった。

　文科省は「学校における新型コロナウイルス感染症に関する衛生管理マニュアル～「学校の新しい生活様式」～（2020年5月22日、ver.1）」を示し、感染拡大状況に応じたレベル別で学校給食の実施に関する指針を提示した。もっとも感染状況が危惧される「レベル3地域」では、配膳過程をできる限

り簡略化し品数が少なくてすむ献立を提供することや、弁当容器等に盛り付けたうえでの提供、配膳を伴わない簡易給食（パン、牛乳等）、持ち帰りや配布を含めた食事支援の工夫などを挙げている。一方で、簡易給食に関しては保護者らなどから内容の質素さや量、充分ではない栄養価などについて問題視する意見がみられた[16]。

通常給食再開後においても、児童・生徒らはコロナ以前の学校給食のように歓談しながら食事ができないことや、調理体験や近隣農家等との交流など食育活動ができないことから、これまで実践されてきた学校給食を通じた教育・食育活動が実施しづらいという課題が指摘できる。

コロナ禍において学校給食と教育活動が困難な時世において、学校現場においてこれまで取り組まれていなかったICTを活用した食育指導を進めた事例もみられている。栄養教諭を中心に担任教員や調理職員と協力した調理動画の配信、教科で取り扱っている食育を課題としてその成果をホームページで共有すること[17]、インターネット上のフォームを用いた児童の健康状態や食生活の把握[18] など各地で工夫しながら実践している。

### （3）群馬県高崎市におけるコロナ禍における学校給食と食育

本節では事例として、群馬県高崎市の学校給食と食育の現状を取り上げる。同市は中核市において、1校1栄養士方式による「自校方式を中心とした地産地消の学校給食」に取り組んでいる。2021年現在、約2万9千人あまりの児童生徒を対象とした学校給食の実施において、全量を高崎市産の米飯給食（特栽米含む）を実現し、高崎市産農産物の利用は3割近くに至るなど「地産地消」の学校給食を行っている。

1962年から開始した「栄養士専門研修」では日常業務のなかで取り組むべき課題に応じて6つの研修班が形成され、各班の成果を他の栄養士らに共有している。専門研修班のうち「地産地消班」は、JAたかさきと協働して地場産農産物の利用拡大や加工品開発を行っている。高崎市産の大豆・小麦を用いた「高崎しょうゆ」（2001年）、高崎市産の特別栽培で生産されたトマト・

たまねぎを用いた「高崎ソース」（2004年）の開発を行い、学校給食で使用されるほか、市内の土産品店などで販売されている。同市の成果は、学校給の取り組みの軌跡や給食メニューを紹介した『高崎市　奇跡の給食』（からす川出版）として2013年に出版されている。

　2020年のコロナ禍における公立学校における休校期間において、同市の学校給食も休止することとなり、発注していた給食用食材のキャンセルをせざるを得なくなった。JAたかさきから給食用に発注していた地場産農産物については、一部を市役所にて市民への販売を行ったほか、市役所職員や学校職員らができる限り購入に協力した。

　学校再開後は、学校給食の実施方法も変化した。給食当番の人数を縮小させ、当番になった子ども達は検温と消毒を実施している。おたまやトングに触れる機会を減らすため、給食の栄養素や献立内容をなるべく損なわないようにしながらも、以前よりも品数を少なくて済む献立にすることや、配食の手数を減らせる工夫をとっている。上記のような給食実施形態のため、おかわりは出来ない状況であった。

　給食時間の児童・生徒らは、１方向を向いて黙って食べる（黙食）という形をとり、以前の学校給食のように談笑しながら食事をとることは出来なくなった。コロナ以前の各学校の栄養教諭は、給食時に教室訪問をして食指導や児童・生徒らと交流を行っていたが、2021年現在は控えている。理由として、児童らはマスクを外して黙って食事をしているなかで、マスクをしているとはいえ栄養教諭だけが声を出して話すのははばかられるためである。

　給食時以外の食育についても、コロナ禍以前に実施していた取組も中止せざるをえなくなっている。家庭科においても調理実習が実施できない状況に加えて、地域の農業者やJA職員など外部講師を招聘しての食育授業も実施できなくなっている。

　対面での食指導が以前のように行えない代替措置として、給食時の校内放送において給食にまつわる情報の充実を図っている。児童・生徒らは黙食しているため、以前よりも校内放送で給食の献立や食材に関する話題をよく聞

いてくれているという。また、給食だよりやそのなかの一口メモの内容も更なる充実を図っている。

　そして、献立の工夫として、授業や本、映画などに出てくるメニューを活かした「コラボ給食」を充実させている。社会科の授業で取り上げられた国の料理を献立に盛り込んだコラボ給食を行い、給食時に校内放送などで案内をして、単元で学んだことと学校給食を結び付けるなど工夫している。また、地域活動や交流活動ができない代わりに、図書館で読める本や、アニメや映画作品にちなんだメニューを取り入れることで、児童・生徒らに実感を伴う学校給食づくりの工夫をしている。こうした対応が可能であったのは同市の学校給食の多くは自校調理方式であり、学校栄養士と教員が連携しやすく、児童・生徒の声も反映させやすい環境によるものである。

　保護者を含めた食育に関する取り組みについても、コロナ禍以降に変化している。感染症拡大防止の観点から、保護者を対象とした学校給食の試食会を実施していないが、ホームページにおいて毎日の給食の写真をアップしている学校もみられている。また、家庭で調理体験を実施しやすいように、子どもだけで作ることができるような簡単なメニューの指導動画を栄養教諭が作成し、他のe-ラーニング教材とともに閲覧できるようにしている。

## 5．これからの学校給食における生産・流通セクターの役割

　本稿の第2章で述べたように学校給食は、法制化に伴い拡大したなかで、大規模な食材流通網が形成されたことで、農産物市場の需給調節としての役割を担った側面と、その後給食調理の大規模化・合理化が図られたことによって均質的かつ安定的な給食用食材の市場を形成することになった。

　90年代後半から2000年代にかけて、各地での先進的な実践を受けて、農政サイドを中心に地産地消や農業体験学習が推進されるなかで、学校給食市場において「地場産農産物」は地場産業の保護と育成、児童・生徒への教育的観点からも重視されることとなった。かつて地場産あるいは有機農産物など

環境保全型農業で生産された農産物を学校給食用食材として選定することは、既存の購入ルートから変更することになり、大きな困難や障壁があった。こうした状況から一転し、地場産農産物の利用は学校給食の食材として「スタンダード」となり、状況の差はあるが各地域の農政や農協などの協力のもとで学校給食への導入が実現している。

　一方で、センター調理方式の学校給食などでは量的な確保が難しいことや、調理時の下処理の煩雑さなどから地場産農産物が利用しづらい側面があることも事実である。また、自校調理方式で比較的きめ細かい対応ができる調理場においても、地場産農産物の利用は学校栄養士や調理員の好意と、それを反映した「ひと手間」に依存している状況もあるだろう。

　学校給食市場は、矢野経済研究所による給食サービス企業を対象とした調査によると2019年度は約4,889億、2021年度は4,514億円であると推計されている。今後の学校給食市場の展望を予想すると、農産物市場としての学校給食は少子化傾向を受けて縮小傾向となることは否めないだろう。

　今後の学校給食市場において、地場産農産物の利用を行う場合、食育推進基本計画の目標値にあるような拡大を目指すのであれば、地場産農産物をなぜ導入するのかということの意味付けを高め、生産セクターのみならず、流通や加工のセクターの協力を得ながら進めてゆくことが重要である。有機農産物をはじめとした環境保全型農業で生産された農産物を活用する意味合いとして、ただ地元産だからではなく、「フェア」であることや「サスティナビリティ」があるなど、環境面、経済面、社会面で持続可能性を持った取り組みにしてゆくことが次のステップにつながるのではないだろうか。

　最後に、農産物流通を含めた食農政策のなかで学校給食に関わることは、消費者との結節点でもある。だがコロナ禍において、児童・生徒たちは同級生と「共食」ができず、農業体験学習や調理体験なども難しい時期となっており、学校給食を通じた教育活動が以前よりもいっそう難しい状況となっている。完全にコロナ前のような学校給食と、農業体験や食育活動が難しいなかで、食育の推進は教育現場だけではなく、生産・流通・加工・小売など各

セクターによる新たな形の模索とともに、協働の重要性も増していると思われる。

## 注

1 ）藤原（2018; pp.30-33）は、地方自治体での本格的な学校給食が1919年の現在の東京都にあたる東京府で開始される以前には、貧困により就学が脅かされる状況を支援する目的で各地の有志によって実施されている。

2 ）「正月から学校給食」『朝日新聞』1946年12月10日朝刊、p.2

3 ）「学校給食を続けて世論の78％が賛成」『朝日新聞』1951年 9 月 4 日、p.3

4 ）「買い上げて学校給食に　農林省の豚肉価格安定対策」『朝日新聞』1962年 1 月31日東京朝刊、p.1

5 ）「牛乳の消費は頭打ち」『朝日新聞』1962年 7 月29日、東京朝刊、p.4

6 ）日本スポーツ振興センターが行っていた事業に関しては、2015年以降は文部科学省初等中等教育局健康教育食育課が担当している。

7 ）「学校給食食材を安全に」『日本農業新聞』2002年 9 月 8 日を参照。

8 ）食育という語を広めたのは、健康・食生活ジャーナリストの砂田登志子が浅井隆他『サバイバル読本：大世紀末 "食育" 編』総合法令（1994年）で海外からの訳語として提示したことであり、その後の自著や行政の委員会委員としての発言などでも見られている。テレビでも活躍した服部幸應は『食育のすすめ：豊かな食卓をつくる50の知恵』マガジンハウス（1998年）など実用書で一般にむけた食育の普及を提唱していた。

9 ）BSE問題に関する調査検討委員会『BSE問題に関する調査検討委員会報告』2002年 4 月 2 日、https://www.maff.go.jp/j/syouan/douei/bse/b_iinkai/pdf/houkoku.pdf（最終アクセス日：2021年 8 月31日）

10）文部科学省「学校給食栄養報告」による調査結果。

11）UNICEF『COVID-19: Missing More Than a Classroom The impact of school closures on children's nutrition』、2021年 1 月。

12）「新型コロナウイルス感染対策のための小学校、中学校、高等学校および特別支援学校等における一斉臨時休業について」（令和 2 年 2 月28日付け元文科初第1585号）

13）「休校延長　突然の波紋　再開予定が一転　給食パン大量廃棄、図書館も休館　新型コロナ」『上毛新聞』2020年 4 月 9 日。

14）「給食食材、転用へ知恵絞る、兵庫・明石でドライブスルー販売、奈良県はフードバンク橋渡し」『日本経済新聞　地方経済面　関西経済』2020年 5 月 1 日。

15）「余剰給食食材を販売　フレッセイとベイシア、前橋市教委から買い取り」『上毛新聞』2020年 4 月25日。

16)「ニュースあなた発：コロナ対策で学校給食がパンと牛乳、デザートだけ！—栄養偏り、カロリーが摂取基準値以下に」『東京新聞』2020年8月17日、https://www.tokyo-np.co.jp/article/49385（最終アクセス日：2021年8月31日）

17)「オンラインで第3回食育シンポジウムを開催　コロナ禍の学校給食からみえた課題を考える」『月刊ニューアイディア』第46巻第1号p.14、（株）食品産業新聞社、2021年1月

18)「文科省、新型コロナウイルス感染症に関する衛生管理マニュアルを公表　学校給食は地域別感染レベルに合わせ内容を工夫」『月刊ニューアイディア』第46巻第9号、p.17、（株）食品産業新聞社、2021年9月

19) 高崎市奇跡の給食製作委員会（2013）『高崎市　奇跡の給食』からす川出版。

**参考文献**

藤原辰史（2018）『給食の歴史』岩波書店.

上岡美保（2016）「第8章　日本の食生活変化と食育の重要性」『フードシステム学叢書　第1巻　現代の食生活と消費行動』農林統計出版，pp.143-155.

金田正明（2019）「食育と学校給食に関する自治体の活動と関連研究」『江戸川大学紀要』江戸川大学，第29号.

片岡美喜（2014）「子ども・若者たちの未来—今，何が求められているか—論考編　食育基本法は子供・若者たちに何をもたらしたか」『協同組合研究誌にじ』646号，pp.13-21.

片岡美喜（2011）「学校給食にみる都市農村交流」『都市と農村：交流から協働へ』日本経済評論社.

河合知子・佐藤信・久保田のぞみ（2006）『問われる食育と栄養士　学校給食から考える』筑波書房.

森田倫子（2004）「食育の背景と経緯—「食育基本法案」に関連して—」『調査と情報』国立国会図書館調査および立法考査局，第457号.

中村麻理（2018）「第7章　失われた「食育」—消費者から国民へ」『農と食の新しい論理』昭和堂，pp.171-198.

清家利和（2019）「学びにつながる食育・学校給食」を～『色に関する指導の手引き—第二次改訂版』公表—」『食育フォーラム』健学社，第19巻第7号（通巻219号），pp.24-35.

（片岡美喜）

第10章

# 農協共販の社会経済的役割と展望

## 1．本章の課題とその背景

　本章は、農協共販のあり方を展望するという課題に対して、農協共販[1]の社会経済的役割の考察を通して接近することを目的とする。

　**図10-1**は、1975年からの農協共販の実績を示している。増加を示していた農協の販売取扱高は、1985年の6兆6,961億円をピークとして減少傾向であるが、基本的に農業総産出額の傾向と同様な傾向である。その中で、農協共販率は、全品目では1976年に50％を上回り、ピークである1987年の58.6％まで上昇を続けている。1990年代は55％水準をキープしていたが、その後は緩やかに低下傾向にあり、近年は50％を少し上回る水準に停滞している。ピーク時より低下しているとはいえ、農産物流通量の半分以上のシェアがあり、この点でも社会経済的役割は高いと考えられる。

　品目的にみると、1990年代まで60％以上であった米が、食管法の廃止によりその値を下げ、近年は50％水準にまで低下している。1970年代後半は40％台であった青果物は共販率を向上させ、1980年代後半から2000年代まで55％水準をキープし、その後50％を少し上回る程度にまで値を下げている。品目が多様である畜産物は、1970年代後半から1980年代中頃にかけては上昇傾向にあるが、その後は停滞的[2]である。

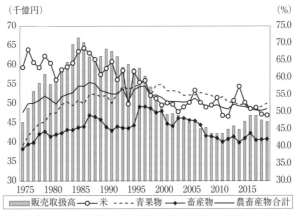

（千億円）　　　　　　　　　　　　　　　　　　　　　　　　（%）

図10-1　農協の販売取扱高と共販率の推移

資料：生産農業所得統計、総合農協統計表
注：1）折れ線グラフが共販率であり、右目盛である。
　　2）共販率は、農協販売取扱金高／農業総産出額、であり、青果物の総産出
　　　　額は、野菜、果実、いも類、の合計である。

　こうした農協共販の傾向に対する分析は、すでに多くの研究が行われてお
り、主に青果物における農協共販の分析において、市場ニーズの多様化に対
応した産地・農協側のあり方が指摘されている[3]。また、そのための農協の
事業体制についても一定の考察が行われている[4]。しかしそこでは、社会経
済的役割としての農協共販のあるべき理論は、必ずしも展開されているとは
いえない[5]。

　そこで本論では、農協共販の社会的意義を明確にすることを目的に、主に
農協論・農協共販論の視点から農協共販の考察を試みる。それは、農協が社
会経済の中で、いかなる機能を果たしているかを検討することにもつなが
る[6]。そのことを通して、農協共販の展望を見いだしたい。

　本節に続く2.では、農協共販の理論を振り返り、社会経済的な役割を検
討する今日的必要性を考察する。3．では、共販体制を支える総合的な農協
の経営力に注目する。ここでは、近年の農協改革に関する分析を通して課題
に迫る。4．では、商学的な見地から農協共販の社会経済的機能を検討し、
それをもとに生産者と農協の関係性について考察をおこなう。5．では、以

上の検討を踏まえて、農協共販についての展望を述べる。

## 2．農協共販論の展開と課題

### （1）農協共販論の原点

　農協共販の機能・目的は、①農産物価格の適正水準の確保と安定化、②流通の合理化による中間経費の節減、③消費者・実需者の需要に即した安定供給であり、農協が共同販売を行うことによって実現し得るものとして考えられてきた[7]。戦前期には、農産物出荷組合などが組織化され、商人資本の販売に対抗する形で展開してきた。そこでは、中間流通経費の節減とそれを自分たちの取り分にすることや取扱量の拡大による価格形成力の強化などの意義があり[8]、農民側による自主的な共販の姿が垣間見られる。

　しかし同時に、こうした流通の合理化は、取引先である資本の側にとっても、原料農産物の大量・安定供給体制の確立と労働者への食料の安定供給を実現することにつながる。そのため、農協すなわち農協共販は、資本の側の利潤拡大に寄与する[9]。そして、戦時統制において物流や価格が統制される中で、農協共販は基本的機能・目的を見失うこととなる。

　以下、戦後の農協共販論の変遷と今日の課題を検討する。

### （2）農協共販の限界と不十分さ

　戦前における近藤康男の協同組合に対する理論的な構図は戦後においても引き継がれ、むしろ強化される[10]。そのため、農協共販論の展開においても、まずは農協共販の限界と不十分さに注目せざるを得なかった。

　戦後の農産物市場は、戦時統制を経て政策的に全国市場化されており、現物の流通と価格形成の統一性と均一性が進んできた。そして、検査・保管・運搬制度および価格・市場制度が整備されてきた。そのため、農協共販は市場近代化や合理化のために果たすべき基本的な目標を失っていたとみられる。そうした状況下、すなわち国内市場の国家独占資本的編成と支配が進んでい

ることにより、農協共販は「反対物」へ転化した機能を果たさざるを得な
く[11]、資本のための農産物集荷と安定のための役割である「エージェント化」
「パイプ化」が強くなり、農協共販の本来的意義・理念は発現しようがなか
った[12]と考察されていた。

　戦前の農協共販論との相違としては、現実の農産物市場に目を向け、国家
や独占資本による包摂が弱い、すなわち合理化・近代化が不十分・未熟な農
産物市場分野にも注目している。そこは、価格変動や需給の不安定性があり、
農協共販が強く要請される部分である。しかし、そうした農産物市場分野、
具体的には青果物や畜産物では、農協共販の脆弱さが顕著であるため、農協
共販が進展していない実態が分析されている。

　農協共販の課題と方向性に関しては、生産者組織や農協の職員体制のあり
方への指摘など農協の組織・事業に関わる具体的内容もみられる。特に生産
者組織のあり方として、部落的結合ではなく業種別生産者組織を下部組織と
して確立するという指摘は、今日の農協共販における生産部会のあり方と関
わる重要な指摘とみられる[13]、しかし、全体的には農協共販の農民的な改造・
運用や農民組合との連携などの指摘に留まっている。農協共販の社会経済的
な機能を考える上では重要な論点であるが、具体的な事業としての農協共販
を考えた場合には、農協事業の機能論的な考察が不足している点が問題であ
った[14]。

　他方、川村琢は北海道の畑作地帯において、地域に即して市場対応を考慮
した農産物を主産地化し、商人資本を排除して農協による自主的な共同販売
を進める動向に注目している。その展開を農協共販の新しい形として理論化
している。当時は、系統農協が推進する共販推進運動が背景にあったが、そ
の中で、農民的な生産力形成を基盤とした農民の協同による商品化対応とし
ての農協共販の姿を浮き上がらせている[15]。

　また、系統農協は、共販三原則を示して、農協の販売政策の理論構築を図
っていた。この共販三原則の成立の背景には、1952年に計画されていた麦類
の統制撤廃問題があり、それへの対応として系統農協は共販確立運動を展開

する。その対策として、無条件委託、平均売り、共同計算のいわゆる「共販三原則」の実行が進められる[16]。しかし、折からの連合会再建整備のための手段として利用された側面があり、農協（単協）の営農指導事業と販売事業体制がきわめて不備であった点が農協共販の展開を阻害したとみられる[17]。

### （3）農協共販におけるマーケティング戦略の導入

　そうした展望を見いだし難い状況の中で、共販三原則を批判的に検討してマーケティング戦略を適用することで、共販のあり方を抜本的に問い直す主張が展開される。ここでは若林秀泰の論考[18]を中心にみてみよう。

　まず農協共販を再検討する背景として、農産物の価格・流通政策、農産物需要構造、農産物供給構造、農産物流通構造、農産物需給バランスの変化を分析している。特に需給バランスの変化を、農産物過剰時代の到来として考察し、「売り手市場」から「買い手市場」への逆転が農協共販の抜本的再検討の必要性に関係している事を指摘している。

　あるべき農協共販の方向性に関しては、共販の理論的根拠とみるべき農協理論に立ち戻って、共販の抜本的再検討が行われている。農協については、機能論、組織論、経営論の立場から検討が行われ、特に機能論の点から農協共販を再検討すると、マーケティング戦略の導入がポイントであるとみる。そこには、農業においても生産物の差別化の可能性があるとみており、品質の実質的差異として新商品（品種）の開発、消費者の観念的差異として広告の必要性を指摘している。そのために、経営的には企業並みの経営合理性や経営者能力の高度化と資本力が必要であるとしている。また、組織的には協同組合としての特質を基本としつつも、販売先である資本の側との対決と適応の姿勢を示す組織体制が必要であるとしている。

　こうした農協共販論に対しては、マーケティング論を農業に適応することの問題点が指摘され[19]、協同組合組織としての農協のあり方との整合性という点でも課題を有していると考えられる[20]。しかし、若林秀泰が指摘するように、すでに専門農協や大規模農協でその手法が取り入れられており、その

後の農協共販の実践の中でも重視された考え方であった。特に、米麦を中心としていた総合農協における、営農経済事業の変革において注目された論点であった[21]。

また、系統農協側としても、新しい形態の農産物流通体制として1968年に東京生鮮食品集配センターを開設するなど、消費対応をより意識した販売事業が行われてくる[22]。

### (4) 産直事業の展開と農協共販論

農産物流通の全国市場化による大規模化と画一化は、食品関連企業による市場支配を強めることとなり、商品の質や価格に対する消費者の不満が高まってきた。そうした中で、産地および消費者による主体的な取り組みが、産直運動として芽生え発展してくる。こうした動きは1960年代から本格化し、今日に至るまで形をかえて展開している[23]。その中で、農協事業として「産直」を取り上げ、その可能性やあり方を事業方式論の視点から解明を試みた研究成果『これからの農協産直』が注目される。その論理を検討しておく。

そこでは、通常の共販事業と産直提携事業が農協事業として共存できる体制を展望する。つまり、農協共販のもう1つの制度として「農協産直」共販を立ち上げる必要があると指摘する。それは、差別化商品政策ではなく新たな商品政策であり、食の安全性と環境負荷の軽減に対応した農産物の商品化である。そして、そのために既存の共販のシステムとは異なる仕組みづくりが必要と指摘している。

このように、従来の産消提携運動的に進められてきた産直運動を、農協共販のあり方を変革する販売方法として位置づけるのではなく、既存の農協共販事業とは別枠で農協産直事業論を位置づけている。そのことは、農協共販論の幅を広げることにつながっていると考えられる。

とはいえ、ここでの産直事業は、産地と提携先の消費者を結ぶ運動論としての販売事業の位置づけが依然として強くみられる。そのため、農協の組織・事業・経営との関連で農協共販のあり方を検討するには限界がある[24]。農産

物市場構造の変化と、それに対応する農協側のあり方として、農協の営農指導事業や販売事業、さらには経営条件などの実態を十分考慮することなく農協共販のあり方を示すことは難しいのである[25]。このことは、産地と取引業者・組織との関係性を重視した産地マーケティングを農協共販の 1 つのあり方と示した関係性マーケティング論[26] にも当てはまるとみられる。

## （5）農協共販論の課題

　以上、農協共販論の展開をみてきた。戦前は対商人との関係で農協共販の必要性があり、中間利潤を節約する役割が重要視された。しかしそのことは、農協が独占資本の利潤に寄与することに他ならないと近藤康男に規定される。そのことが、戦後の農協共販論においても引き継がれる。そのため、美土路達雄や伊東勇夫が、農民の組織体である農協という視点を重視する[27] ものの、御園喜博の分析にあるように、農協共販の制約や限界に注目せざるを得なかった。そうした中で、主産地形成論にみられるように、農民的発展の方向としての農協共販論が議論され展望が示されていたが、具体的な農協事業の中で農協共販をどう組み立てるかという実践的理論は希薄であった。とはいえ、資本主義社会下の農産物市場・社会構造の中で、農協共販がどういった位置づけにあるかという視点を強く有し、農協の社会的機能を考察することでもあり、社会経済的な役割としての農協共販論が展開していた。

　それに対して、その後の農協共販論は、具体的・実践的な分析に重点が置かれる。その嚆矢として農協共販の再検討とマーケティング論の適用としての農協共販論が位置づけられる。そこでは、組合員と農協の関係や問題点に限って、農協共販のあり方が議論されることとなる。代わって、農産物市場構造の変化とそれに対応した農協共販の社会経済的な機能・役割としての農協共販の位置に関する議論は後退する。

　こうした傾向は、その後の農協共販論の展開ではほぼ一貫している。産直事業の農協共販論への適応では、既存の農協共販をベースに別枠としての農協共販の展開を示しており、農協共販事業全体のあり方という点では限定的

な理論展開である。これに対して、農協共販論の新展開を考え、マーケットイン型産地づくりの必要性とそれに対応する農協の営農指導事業と販売事業体制の再構築のあり方が研究されているが[28]、農産物市場全体の中における農協共販の社会的意義にまでは考察は及んではいない。

今日、農協共販を取り巻く農産物市場は、各種作目に関する制度変更の中で政策関与の後退が進み、コロナ禍における電子商取引の拡大など、消費者の購買格差も問題視されている。そうした点で、農産物市場全体の中における農協共販の位置づけを明らかにし、農協共販の社会経済的役割に関する理論的構築が必要になっていると考えられる。

## 3. 農協の経営からみた農協共販

### （1）農協共販の収益性問題

農協共販は農協の事業であり、その採算性は常に問われている。また、総合事業を営む農協としては、農協全体の経営状況によっても農協共販の展開は制約をうける。戦後しばらくの間、政府管掌作目以外の農協共販の発展がみられないのはそのためでもある。

その後、日本経済の高度成長期において、農協の経営は好況な経済に支えられ好転する。その中で、系統農協は共販推進運動を展開し、営農指導事業や販売事業の体制を整備し、農協共販を拡充してきた[29]。しかしながら、組合員サービス的要素が強い営農指導事業は言うまでもなく、農業関連の販売事業や購買事業は赤字であり、その採算性の確立が課題であった。この点については、第12回全国農協大会（1970年）において「部門別採算性の確立」として課題設定され、その後も問題視されているが、基本的には今日に至るまで達成されていない課題である[30]。

しかし、1990年代になると、金融の自由化への対応という点で、信用・共済事業の収益悪化が懸念されるようになる。さらに、1990年代後半には農協の事業利益が激減し、信用・共済事業の収益で営農経済事業の赤字を補填す

る農協経営構造が成り立たなくなることが強く危惧される。そのため、系統
農協は本格的に営農経済事業の部門別採算性への課題と農協経営全体の収支
や財務の改善に取り組むこととなる。そのことが営農指導事業や販売事業を
縮小させることとなり、農協共販の展開に少なからず影響を与えていると考
えられる。

　ここでは、系統農協による「経済事業改革」と「自己改革」への取り組み
を整理し、農協経営の視点から農協共販のあり方を検討する。

### （2）「経済事業改革」における農協共販

　都市銀行の再編やペイオフ解禁など、バブル経済崩壊後の1990年代におけ
る金融情勢の劇的な変化は、金融機関としての農協にも大きく影響する。そ
して、金融問題に対する行政の方針に従う形で、系統農協は自主ルールとし
て「系統信用事業の再編と強化にかかる基本方針（JAバンク基本方針）」を
定める。その中では、農協が実施している信用事業以外の事業に関しても、
厳しく経営収支の健全化が問われる。その取り組みは、行政側からの農協事
業全般にわたる「改革」要望を受け、第23回全国農協大会（2003年）で決議
された運動方針「経済事業改革」の中で実践される。

　販売事業（農協共販）について2005年12月に取りまとめられた指針をみる
と、事業目標である「消費者接近のための農産物販売戦略の見直し」のため
に直接販売の強化が示され、従来の無条件委託販売方式だけではなく多様な
販売手法の必要性を強調している。つまり直接販売においては、販売先や販
売方法などで農協共販が果たすべき役割が異なるとして、機能別に手数料を
改定し、ケースによっては買取方式を導入して収益構造の転換を図ることが
述べられている。販売先、販売形態、生産基準に応じた生産部会の再編や収
益改善を目的とした農協共販の方向性が示されている点が特徴である。

　部門別の経営収支の改善に関わる財務目標としては、農産物販売や生産資
材購買に関わる「農業関連事業」が共通管理費配布前の事業利益段階での収
支均衡であったのに対して、「営農指導事業」は聖域的に扱われた。そのため、

2004年度から2009年度の事業管理費の減少率は、農業関連事業管理費が6.3％に対して営農指導事業管理費は1.4％である。全体の平均が8.5％であるのと比較して減少率は低いが、「生活その他事業」の減少率が23.6％と圧倒的であること[31]が関係しているため、農業関連事業の減少率は決して小さな割合ではない。**図10-1**で示したように、この時期は販売取扱高の減少と共販率の緩やかな低下が確認できる。それは農業関連事業の縮小化だけが要因ではないが、農協経営と農協共販事業の関連に関して示唆的な動向とみられる。

## （3）農協「改革」と農協自己改革における農協共販

系統農協は、2014年11月に「JAグループの「自己改革」について」を示した。そして、第27回全国農協大会（2015年）で重点課題として決議した「農業者の所得増大」「農業生産の拡大」への取り組みを実践するために「自己改革」を強力に推し進める。

農協共販に関する事項としては、先の重点課題を達成するための重点分野に、「マーケットインに基づく生産・販売事業方式への転換」「付加価値の増大と新たな需要開拓への挑戦」がある。経済事業改革の中でも強調された直接販売の強化の方向が更に進み、実需者のニーズに即した業務用や加工用の取り組みを重視した契約栽培・取引や買取販売を行う方針が示される。また、生産部会体制は、販路先や生産条件による組織化を伴った再構成を促しており、共同計算の単位もそれに応じて複数共計に編制することが示されている。このように、これまでの農協共販とは明らかに異なる方針が明記されている。

他方、農協経営に関わっては、「営農・経済事業への経営資源のシフト」を重点分野に明記している。営農経済事業部門に関わる人材育成を強化し、そこに厚い人員配置を図ることである。農業関連事業の管理費は2015年から横ばいとなり、**図10-2**から分かるように事業管理費全体の中に占める割合は2015年から明らかに増加傾向にある。農協では、新たな販売部門を設置し[32]、営農支援体制を強化するなど営農経済事業体制の整備が進められている[33]。

その後、農協経営が厳しくなることが想定される中で開催された第28回全

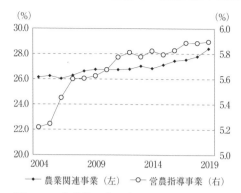

**図10-2　事業管理費に占める農業関連事業と
　　　　　営農指導事業の割合の推移**

資料：総合農協統計表
注：横軸は年度となっている。

国農協大会（2019年）では、経営資源のシフトではなく、職員のレベルアップを主目的とした営農経済事業の強化に移行し、営農経済事業の収益力向上のための事業モデルの展開を課題とする[34]。さらに第29回全国農協大会（2021年）では、より冷静に厳しく経済事業の収益力向上に関する事業のあり方を検討している。こうした背景には、農林中金からの奨励金の減額による信用事業の収益悪化に対する強い懸念があるためとみられる。

## （4）農協の経営と農協共販

　このように、農協共販は農協の事業として取り組まれているため、その採算性や農協経営全体の中での事業展開を考えざるを得ない構造にある。そのため、他事業の影響を廃止し、具体的には信用・共済事業を分離して、営農経済事業に特化した専門農協による農協共販を展望することも考えられる[35]。しかし、過剰化した農産物市場構造が演出される現状下では、農業生産側にとって必要な価格実現を市場で図ることは難しい。さらに、外部の資源投入で農業生産が成り立つ状況下では、農業所得の確保は交易条件に左右される。そのため、専門農協形態で農協経営が成り立つ条件はきわめて限定的である[36]。

農協経営を取り巻く環境が厳しくなる中においては、農協共販に関わる事業の一方的な縮小化も考えられる。そう至らないためには、農協共販の社会的意義を明確にする必要がある。それは農産物市場全体の中における農協共販の役割であり、産地における生産力や地域資源の維持・発展および消費者の食生活の安定に関わることである。こういった視点から、農協共販の展望を考えるに当たって、産地における組合員の経済的向上の面だけを検討するのではなく、農協共販の展開が社会経済全体にとって重要な意義ある取り組みであることを明確にする必要がある。

## 4．農協共販の経済的機能と組織形態

### （1）商業の機能と農協共販

　本節では、農協における農産物の共同販売が流通の中で担う機能と、それを果たすうえでの農協と生産者の関係性について検討する。

　最初に、農協共販の経済的機能について、商学的な観点から検討しておきたい。商業の果たす機能のうち、多くの論者が重要と考えるのが品揃え形成機能であり、それは生産過程と独立しておこなわれる仕入れ活動によって遂行される[37]。商業組織はこの機能を、自らの販売に必要な商品を仕入れることが出来る取引先を選択することによって果たしている。

　農協の場合、一般的に販売上の必要性から外部仕入れをおこなうことはなく、限られた範囲の生産者から出荷を受けて販売活動をおこなっている。そのため、基本的には農協は品揃え形成機能を備えておらず、この意味で農協を商業組織とみなすことは出来ないのである。

　農協共販を論じる際に、産地の側が主導権をとって農産物流通を再編できないかという問題意識がみられるが、商業としての機能を有しないことは、そうした再編を図るうえで大きな制約要因となる。例えば、収穫期の異なる農産物を商品として区別して考えるならば、リレー出荷による周年供給を実現することも品揃え形成機能に依存するところが大きい。こうした基本的な

流通機能も備えていない単位農協が、流通再編において発揮しうる主導権とはどのようなものかは、慎重に検討する必要があるだろう。

## （2）販売の外部化としての農協共販

　それでは、農協の果たす流通経済的機能とは何か。本稿では、これを特定の生産者に専属的な販売代行業と考える。生産者が農協に販売を委託するというのは、農協共販についてのごく一般的な理解だが、ここでは製造業が販売業務を外部に委託する場合について類型的な整理をおこない、それをもとに生産者と農協の関係性についての理論的検討をおこなう。

　まず、外部委託の類型について図10-3に示したが、Aの状態は生産活動と販売活動が同一の経営内でおこなわれており、両者が分離されていない状態である。ここから両者の分離が若干進めばBのように販売部門を販売子会社として独立させた形態となる。両者のあいだに資本関係があり一体的に経営されていれば、生産部門と販売部門は実質的に同一組織内にあるのと同様の状態となる。

　そこから、Cに示したように生産部門と販売部門の資本関係が失われれば、両者は名実共に独立した事業体となる。この場合、生産事業体による販売業務のアウトソーシングという関係となり、販売事業体が生産事業体の期待に応えられなかった場合、他の販売事業体に委託先を切り替えるという選択も比較的容易になされる。

　農協共販では複数の生産事業体が共同で販売部門を運営する

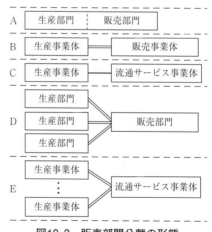

**図10-3　販売部門分離の形態**

資料：筆者作成。
注：左右をつなぐ二重線は両者に資本関係があることを、実線は両者に資本関係がないことを示す。

形態となるが、DとEがこれに相当する。Dは共販に参加する生産者数が少なく生産者の主体性が極めて強い場合である。この場合は直接民主主義的な事業運営が可能であるが、Aの生産者が自らおこなう販売活動とは、他経営と共同で販売部門を運営している点が相違となる。

　こうした状況を図10-4では「共同事業体モデル」と称した。複数の農家が株式会社や農事組合法人などを設立し共同経営をおこなう事例はそれほど珍しくないが、販売部門のみを共同化する場合もあり得るであろう。その場合、意志決定は共同化されているが、それでも個々の生産者の意志が反映される程度は強いし、１人の生産者が脱退すれば、事業の存続を揺るがす状況となる。参加者には強い当事者意識と貢献意欲がみられるであろう。このような販売共同化において、代金精算や販売先との連絡、物流などのルーティン的な業務のみ農協職員に委任するのであれば、それは形式上にも実質的にも生産者による販売共同化の内実を維持しているものとみることができる。

　しかし、これにあてはまる事例は一般的ではなく、多くの農協共販では、図10-3のEに示したように生産者が多数となるため、共同事業体としての性格は著しく後退し、形骸化している。意志決定でも販売実務の面でも職員や少数の生産者への委任度が高まり、生産者の主体性が後退する。その結果、農協は生産者から販売業務を請け負う一事業者としての性格を強め、生産者にとっては自分の出荷行動のあり方が事業全体に及ぼす影響が実感できなくなる。

　こうなると、生産者と農協のあいだに資本関係（協同組合なので出資関係）が維持されていても、両者の関係性はCに近いものとなり、共販体制全体はCの受委託関係が多数束ねられたものという性格を帯びてくる。完全にそうならないのは、生産者同士の横のつながりが存在する点であり、そこに部会組織の存在意義があるが、ともかくEの状態では、生産者と農協は別個の事業体として販売業務を受委託する関係と捉えられるため、図10-4ではこれを「販売業務代行事業体モデル」と称している。

　共販と生産者の関係の分離がさらに進行した形態として、買取販売や生乳

図10-4 農協共販における共同事業性
の後退

資料：筆者作成。
注：図中のアルファベットは、図10-3の記号と対応している。

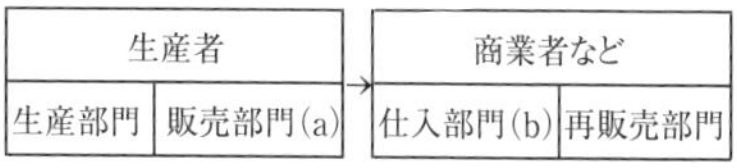

図10-5 流通のなかで農協共販が
占める位置

資料：筆者作成。

共販があげられる。

　買取販売では、農協が担当する事業領域が**図10-5**の（a）から、（b）の部分に変化する。**図10-5**に示したように、生産者というのは文字通り生産のみをおこなう存在ではなく、商品を生産する限り販売という行為が必ず付随する。農協共販が請け負うのは生産者の販売行為であり、共同事業体モデルでも販売業務代行事業体でも農協の事業領域は（a）に相当する。

　これに対して買取販売の場合、商業組織でないとしても、農協は自らの販売行為のために商品を仕入れるのであるから、集荷業務の事業領域は（b）に該当するようになる。買取販売では、このような事業領域の変化により、生産者が価格変動リスクから切り離され、農協販売事業に対する当事者意識が低下することが懸念される。ただしこのリスクは、事業運営上の工夫等により回避することも可能と考えられる。

　共同事業体としての性格が、さらに極端に低下するのが生乳共販である。ここでは、販路が寡占的な乳業資本に限られるため、指定団体が多数の生産者を束ねて双方独占的な取引環境を形成することに共販体制の主眼がある。買取販売とは異なり、事業領域は**図10-5**（a）にとどまるが、その経済的機能は乳業資本との交渉代行を担うものとなる。共販体制は、寡占的資本に対抗する必要から極めて多数の生産者を組織し、個別生産者の意向を反映する程度は極めて低くなる。

　**図10-4**に示した変化は、「組合員の顧客化」とよばれるような状況について、農協販売事業が果たす経済的機能から捉え直したものとも考えられる。ただ

し、**図10-4**は現実の共販を明確に区分しきれるものではなく、多くの共販が共同事業体モデルと販売業務代行事業体モデルの性格を備えているとみるべきであろう。タテマエとして共同事業体モデルを掲げているが、実態は販売業務代行事業体モデルに近い状態が一般的と考えられる[38]。

こうした販売事業の性格変化に対して、近年の農協共販研究においては、部分的にでも共同事業体モデルに実態を近づける方向に展望が見出されているおり、その具体的な方法として、既存の共販体制を細分化する対応があげられている。

共販体制を「複線化」することは、生産者異質化への対応として90年代後半より必要性が提起されており、今野・野見山（2000）がそうした議論のひとつの集大成とみなしうるが、2000年代に入ってからは、生産者の主体性発揮という側面からも意義が強調されており、それにともなって共販の単位を小さくする方向性が指向されているようである。

最近の代表的な研究成果として板橋（2021）があり、生産者部会の「細分化」ないし「小グループ化」を論じているが、ここでは、既存の部会組織を分割したり、小規模な組織を新たに編成するなどの具体的な方法が検討されている。

差別化要求を強める市場環境に対応するという側面を有しつつ、同時に生産者の当事者意識や貢献意欲などを高めるためには、より少人数で活動をおこなうことが有効だという考え方は、太田原（2016）などが示しているような、農協が行政への依存の強い組織から自主自立の協同組合への転換を図ること、そのためには組合員の自発的な活動を重視すべきであるといった問題意識とも親和的であろう。

ただし、共販への参加者数が多くなるほど生産者の主体性が低下するという単純な反比例関係ではないことには留意する必要がある。林（2019）では、支部や班などの単位での分権的な組織運営により、大規模な産地でも生産者の主体性を維持した共販体制が実現できる可能性を指摘している。

共販細分化について、板橋（2014）は産地の分裂、地域農業の崩壊につな

がりかねないと指摘している。これは、条件のよい取引先への出荷資格を一部の生産者に限定することに対する懸念であろう。しかし、需要者の要望が一部の規格階級などに集中することは、青果物共販の主な出荷先である卸売市場では日常的に生じている。相対取引や直荷引の一般化により、そうした需要の偏りを供給と斉合させる機能の低下が懸念される。卸売市場という"緩衝地帯"は、農協共販が実需者の "わがまま" から直接的な影響を受けることを緩和してきたが、今後は実需者の要求に直接的に向き合わなければならない局面が増えるだろう。共販体制の細分化は、こうした動きと連動して生じているとみるべきであり、共販体制の再編について、流通システム全体の再編の一環として捉える必要性が高まっているといえよう。

## （3）共販体制の細分化対応をめぐる論点

　共販細分化について研究成果が蓄積されつつある状況だが、ここでは検討が必要な点を2つ指摘しておきたい。1点目は、販売業務代行事業体モデルとしての共販にも社会的なニーズがあること、2点目は、共同事業体モデルへの接近を図るほど、それが農協のもとで展開される必然性に疑問が生じることである。

　1点目については、兼業農家など主体的に共販に関われない生産者にとっては、販売業務代行事業体モデルの方が適合的である。こうした生産者に販売機会を提供することは、地域農業を支える流通面でのインフラと呼べる役割である。このような共販と、生産者の主体性を維持した共販を単一の共販体制に内包することは困難であり、何らかの区分けが必要となる。

　だからこその共販体制の細分化であり、板橋（2021）が示すようにそれは実際に可能であろうが、最終的に問われるのは、販売業務代行事業体モデルが事業収益性からみて持続性かどうかであろう。生産者の主体的な貢献意欲が低ければ、販売成果に期待は出来ず、集荷体制などの事業効率や手数料収入の面で問題が生じる可能性が高い。

　これは目新しい論点ではないが、実証的な研究は十分とは言いがたい。と

くに検討が必要と思われるのは、農協の出荷基準が厳しいために兼業農家が商系業者に出荷する例が、多くの品目や地域で見受けられる点である。地域農業を支える流通インフラとして農協がどれだけの機能を果たせているか、商系や任意出荷組織など同様の流通段階を担う主体と、どのような分担・補完・競争関係にあるのかについて、認識を深めることが求められる。

　2点目の論点については、共同事業体モデルを理想とするほど、総合農協とは関係なく展開されている任意出荷組織等への期待も高まるのではないかと考える。系統外の共同販売活動は、1点目で指摘した機能を担うことは難しいだろうが、それは下からの自発的な相互扶助の取り組みだし、一部の農協生産部会の直接的なルーツでもあって、農協共販と理念を共有するところが大きい。むしろ、農家の主体性は農協共販より顕著なことが多いから、系統外共販組織こそ農産物集出荷組織の本命ということになりかねない。

　また、系統外出荷組織が活発化する傾向は、農協共販に対して生産者が抱く不満や期待を検討する上で、重要な手がかりとなる可能性がある。理念や動機が同様の総合農協という組織が存在するにもかかわらず、それが活動のプラットフォームとして選択されないのはなぜか。農協のもつ構造的な問題が、そこに現れている可能性が高いのではないだろうか。

　農協や地域農業研究者からみれば、地域農業の将来を構想する主体として農協は重要である。さらに、専門的な能力を備えた販売担当者を擁し、営農技術指導を担っている。問題は、これらがそのまま生産者の側からみたメリットとは限らないことである。専業的な生産者は、地域農業の展望よりもまずは自分の生産物の販売を優先するかもしれず、技術指導を必要としない高い技術を備えているかもしれない。

　財務基盤の充実というメリットも指摘され、とくに、選別調整過程において、機械化・自動化が進展しており資本の不分割性が存在するような場合は、このメリットは重要である。しかし、このような条件は品目や地域による差が大きいし、共販体制を細分化して出荷単位を小さくすることを志向すれば、大型施設の必要性は低下してしまう。さらに、信用・共済事業の収益性低迷

により、財務的基盤自体も今後脆弱化してゆくであろう。

## （4）共同販売活動の運営主体としての農協の競争力

　前項で指摘した、共販が農協のもとで展開する必然性があるかという問題に関わって論じられてきたのが、他の企業形態と比較した場合の農協の優位性である。その代表的な議論が、いわゆる組織力効果の概念である[39]。組織力効果とは、協同組合が人的結合を基盤として運営されていることから、事業を計画化することが容易であり、各種の費用が節約できるというものである[40]。この見解についても、再検討が必要である[41]。

　協同組合の組織力が事業コスト低減をもたらすという発想は、現代の高度化されたロジスティクスやサプライチェーンと比べるとあまりに素朴なものと思える。より理論的にいえば、組織力効果の議論は、費用節減や販売成果の向上という課題に対して、他の企業形態では利用できない方法でも取り組めることを指摘するものである。これは、とりうる手段が1つ多いということに過ぎず、その手段が他の手段より優れている理論的な保証はない。

　経済理論上の競争力を、保証されたものであるかのように論じることは、改革への機運を弱めることにもなりかねない。当然のことであるが、日々の改革・改善を積み重ねる創意工夫こそが重要であり、現実の競争優位性とは、そのような努力によってしか得られないと考えるべきだろう。

## 5．農協共販再編の方向性

　最後に、本章で示した認識をもとに農協共販の展望を示しておきたいが、論じてきたように共販事業は総合農協の一事業部門でもあるため、展望は農協全体のあり方に関わるものとなる。

　厳しくなる事業環境のなかで、今後展望が開けるとすれば、協同組合としての理念がもつ魅力により、人々を農協に巻き付ける方向性ではないかと考える。組合員が農協を利用するのは、単に経済性を求めてのことではなく、

農協の理念に賛同しているという面もあるからである[42]。農協共販について
いえば、この魅力は生産者だけでなく、取引先や消費者、地域住民などのス
テークホルダーに対しても、発揮される可能性がある。例えばそれは、生協
との産直などでは部分的に発揮されてきたと考えられる。

　このような可能性は、近年広がりつつあるように思われる。エシカル消費
やSDGsが人々の支持を集めていることは、正義や倫理といった規範が人々
の行動様式を規定する度合いが強まっている可能性を示唆しているだろう。

　研究の面でも、ファミリービジネスを対象とする経営学においては、経営
者の行動原理について、社会的貢献を果たすことの満足感という観点から説
明しようとする議論がみられる。農業においても、家族経営から企業的な展
開を遂げた経営においては、地域への貢献意欲が高い経営者がしばしばみら
れるところである。ファミリービジネス論では、こうした現象を捉えるため
に、社会貢献的な事業活動から経営者自身が受け取る主観的効用をも議論の
対象としているのである[43]。

　営利企業を対象とする経営学が社会的貢献の行動原理を議論し、マスコミ
や初等・中等教育でもSDGsや気候正義、エシカル消費といった言葉が登場
するようになった現在において、農協論も価値観や理念の問題を正面から捉
え直すべきであろう。協同組合が理念を掲げることの第一義的な目的は、人々
を惹き付け奮い立たせることであり、その可能性を追求してゆく議論と取組
みが求められる。

　現在でも、このような魅力はすでに発揮されているが、おそらく十分とは
いえず、改善の余地は大きいはずである。全中などから発せられる画一的な
理念に依存するのではなく、単位農協において組合員とともに考え磨きぬか
れた理念が必要である。その理念をもとにして、どのような地域農業や社会
を目指すのかビジョンを描き、力強く発信することが必要である。それが十
分な成果をあげたとき、農協は、他者との協同を求める欲求の受け皿となる
機会を増やすことが出来るであろう。

　4.で示したような共販事業における共同性の後退（組合員の顧客化）を

押しとどめるためには、このような方向性で農協全体の事業改革を進めることが必要であると考える。

## 注

1 ）共販とは共同販売の略称で個人販売に対する語であり、農業者が市場対応に際して用いる手段である。農協は、販売事業を展開する中で、こうした共同販売の仕組みを整備している。農協が実施している販売事業のすべてが共同販売であるかは意見が分かれる（例えば「買取販売」の位置づけなど）が、本論では、農協の販売事業は共同販売によって行われているとみなし、農協共販として扱う。なお、この点については本章 4．にて改めて論じる。

2 ）畜産物は、1996年に約 5 ポイントの共販率の増加がみられる。これは総合農協統計表の集計対象農協の基準変更により、信用事業を行う酪農協の値が含まれたことによるとみられる。

3 ）増田（2015）、徳田（2015）。

4 ）板橋（2021）。

5 ）近年の理論的な研究としては、食文化に立脚した青果物流通とそこにおける農協共販のあり方を示している桂（2020）が、注目される。

6 ）農協の社会的機能に関する研究の必要性については、斎藤（1983）を参照。

7 ）美土路（1959, pp.348-349）、御園（1966, pp.47-48）、全国農業協同組合中央会（2000, pp.88-89）。

8 ）美土路（1959, p.349）。

9 ）近藤（1934）。

10）近藤（1954）。

11）美土路（1959, p.352）。

12）御園（1966, p.47-65）。

13）御園（1966, p.394-396）。

14）桂（1969a, p.26）においても同様な指摘がある。

15）川村（1960）。

16）農業協同組合制度史編纂委員会（1968）、pp.198-208。

17）桂（1969b, pp.257-262）。

18）若林（1970a）。

19）桂（1969b, pp.262-270）。

20）この点について、若林（1970b, p.302）、若林（1970c, p.304）では、反対物（資本家的企業）への転化を防ぐ歯止めが農協内部にある点を述べている。しかし、少数精鋭の自立した農業経営体を軸とした農協共販を展望していると読み取れ、組合員全体を考慮した理論であるとは考えられない。

21）太田原（1992, pp.202-203）。

22）三國（1979）。

23）産直流通の展開と産直論の系譜に関しては、野見山（1997, pp.9-54）、今野（2000）を参照。

24）桂（2020, pp.147-162）でも同様な論考がみられる。

25）特に、2000年頃は農協経営がきわめて厳しい時期であり、営農経済事業の事業収支や事業体制がシビアに問われていた。そのことが、その後の2000年代における「経済事業改革」につながっている。

26）櫻井（2008）。

27）伊東（1960）。

28）板橋（2021）。

29）営農指導事業を基本として地域農業を振興し農協共販を拡大する考え方に関しては、武内・太田原（1986, pp.39-119）。

30）坂内（2006）。

31）「生活その他事業」は純損益（共通管理費、営農指導事業分配後税引前当期利益）段階での収支均衡である。そのため、生活その他事業は別会社化など事業管理費の削減に取り組まれた。

32）販売担当職員数は、「経済事業改革」期間中は減少し、2003年17,145人から2014年15,940人に減少した。しかし、その後は若干ではあるが増加に転じ、2019年は16,305人である。

33）農水省ホームページ「農業の発展に成果をだしている農協の取組事例」、および日本農業新聞「JA自己改革の軌跡」毎月掲載。

34）事業モデルの転換に関しては、増田（2020）。

35）2016年に施行された改正農協法がめざす農協の未来像を「農業者の運動組織の性格を喪失した経済専門農協」と規定する見解がある。増田（2019, p.3）。

36）かつて青果専門農協による販売が中心であった愛媛県の果樹産地では、温州みかんの価格の相対的下落と生産量の減少により、専門農協形態で経営を成り立たせることが難しくなってきた。そのため、地域における総合農協との合併を通して組織・事業再編を図り、農協共販事業を継続している。詳しくは、板橋（2020）を参照。

37）商業の定義については、さしあたり高嶋（2012）を参照。

38）両者の詳細な相違については林（2019）において論じた。そこで「共同利用施設説的」と呼ぶ状態が、本章の共同事業体モデルに相当する。

39）最近の論考では、西井（2021, pp.114-115）でも、組織力効果について言及されている。

40）組織力効果については、主に増田（1992）を参照した。

41）増田（1992, p75）。

42）増田（1992, p.81）も、「協同組合の競争力は、計画化にもとづく費用節減などよりも、参加が保証されることによる組合員の協同組合への帰属感、信頼感の確保によるところが大きいのではなかろうか」と述べている。

43）このような議論を扱うものとして、「スチュワードシップ理論」や「情緒的資産価値理論」があるとされる。奥村・加護野（2016）を参照。また、それらを農業や農協との関連で論じたものとして、林（2021）がある。

## 引用文献

林芙俊（2019）『共販組織とボトムアップ型産地技術マネジメント』筑波書房.

林芙俊（2021）「農業における企業的経営とJA」『農中総研情報』（83），pp.36-37.

板橋衛（2014）「農協の販売事業のあり方として"共販"の意味を問い直す」『協同組合研究誌「にじ」』648，pp.35-43.

板橋衛（2020）『果樹再編の再編と農協』筑波書房.

板橋衛（2021）『マーケットイン型産地づくりとJA―農協共販の新段階への接近』筑波書房.

伊東勇夫（1960）『現代日本協同組合論』御茶の水書房.

桂瑛一（1969a）「わが国における農産物流通研究の現状」桑原正信監修・藤谷築次責任編集『講座現代農産物流通論第1巻』家の光協会.

桂瑛一（1969b）「農産物販売政策の課題と体系」桑原正信監修・藤谷築次責任編集『講座現代農産物流通論第1巻』家の光協会.

桂瑛一（2020）『青果物流通論―食と農を支える流通の理論と戦略―』農林統計出版.

川村琢（1960）『農産物の商品化構造』三笠書房.

近藤康男（1934）『協同組合原論』高陽書院.

近藤康男（1954）『続・貧しさからの解放』中央公論社.

今野聰（2000）「農協産直事業の戦後的展開」今野聰・野見山敏雄『これからの農協産直　その「一国二制度」的展開』家の光協会.

今野聰・野見山敏雄（2000）『これからの農協産直　その「一国二制度」的展開』家の光協会.

増田佳昭（1992）「協同組合の事業的特質と事業論研究の課題」山本修・武内哲夫・亀谷昰・藤谷築地編著『農協運動の現代的課題』全国協同出版株式会社，pp.65-82.

増田佳昭（2015）「農協共販をめぐる問題状況と課題―組織論的考察―」『農業市場研究』24（3），pp.3-11. https://doi.org/10.18921/amsj.24.3_3.

増田佳昭（2019）『制度環境の変化と農協の未来像』昭和堂.

増田佳昭（2020）「総合農協の事業モデルをどう転換するか」『農業と経済』86（7）.

美土路達雄（1959）「農産物市場と農協―共販の方向」協同組合経営研究所編『戦

後の農産物市場（下）』全国農業協同組合中央会.

三國秀實（1979）「青果物集配センターの形成と卸売市場の再編過程」湯沢誠編『農業問題の市場論的研究』御茶の水書房.

御園喜博（1966）『農産物市場論』東京大学出版会.

西井（2021）「農協共販における組織の新展開と組織力の再構築」板橋衛『マーケットイン型産地づくりとJA―農協共販の新段階への接近』筑波書房，pp.109-132.

野見山敏雄（1997）『産直商品の使用価値と流通機構』日本経済評論社.

農業協同組合制度史編纂委員会（1968）『農業協同組合制度史２』協同組合経営研究所.

奥村昭博・加護野忠男編著（2016）『日本のファミリービジネス―その永続性を探る』中央経済社.

太田原高昭（1992）『系統再編と農協改革』農山漁村文化協会.

太田原高昭（2016）『新　明日の農協―歴史と現場から―』農山漁村文化協会.

斎藤仁（1983）「解題　戦後農協論の流れと論点」『昭和後期農業問題論集20　農業協同組合論』農山漁村文化協会.

坂内久（2006）『総合農協の構造と採算問題』日本経済評論社.

櫻井清一（2008）『農産物産地をめぐる関係性マーケティング分析』農林統計協会.

武内哲夫・太田原高昭（1986）『明日の農協』農山漁村文化協会.

徳田博美（2015）「農協の青果物販売事業の現段階的特質と展望」『農業市場研究』24（3），pp.12-22. https://doi.org/10.18921/amsj.24.3_12.

若林秀泰（1970a）「結び―農業のシステム化と農協の役割」桑原正信監修・若林秀泰責任編集『前掲書』家の光協会.

若林秀泰（1970a）「農協共販の再検討」桑原正信監修・若林秀泰責任編集『講座現代農産物流通論第５巻』家の光協会.

若林秀泰（1970b）「流通近代化に対応する農協のあり方の展望」桑原正信監修・若林秀泰責任編集『前掲書』家の光協会.

全国農業協同組合中央会（2000）『販売事業（JA教科書)』.

（板橋　衛・林　芙俊）

第11章

# 戦後日本農業の「生・消」関係略史
## ―生協の産直に即した整理―

## 1．生協の産直の前史―4つの流れの結節としての産直・提携

　1980年代以降に大きく展開していく「生協の産直」（主に農畜産品を対象とする特定産地組織との直結による取引）の前史または先行的・萌芽的取り組みの一つとして、1970年代の「産直・提携」の動向を見ておく。

　焦点を当てるのは、1970年代の中盤に成立した、山形県高畠町の高畠有機農業研究会（高畠有機農研）と、県境をまたいだ福島市を中心とする福島消費組合の間の産直提携（とその解消）という一つの事例である。この事例を糸口として、この時期に産直・提携という（呼称は様々であっても）具体的な事業形態に結晶化した四つの流れを押さえておく。また同時にそこに既に含まれていた「生・消」関係すなわち生産者と消費者の関係、あるいは生産者組織（農協など）と消費者組織（生協など）の関係、そして農協・生協それぞれの全国の中央組織（中央会・全国連合会）どうしの関係の課題を瞥見しておくのが本節の目的である[1]。

　この時期に産直・提携がいわれた要因の一つは、食料品・農産物の流通の環境変化の中で生き残りをはかる農協による農産物販売経路の模索である。

　農協として、1960年代から激化する流通革命の下、農家・生産者の手取りを確保できるような有利な販売経路をつくっていこうとする中で、卸売市場

を経由せず流通段階を中抜きして小売段階と直結していく取引形態が有力な一つの経路と位置づけられ、そこで同じ協同組合である生協の存在が浮上してきていたという背景があった。

第二に、もう一方の生協も、全国各地域で組織が拡大してきて、独自の商品を必要とすることから、牛乳や卵、また青果物（野菜・果実）を含めて近隣や近郊の商品調達先の拡大に取り組んできていたことである[2]。

第三に、上の二つの事情と相まって、ICA（国際協同組合同盟）によって、1966年ウィーン大会で「協同組合間協同」の推進が提唱されたことから、わが国でも、農協と生協の双方の中央組織（全中・全農と、日本生協連）の間で協議や覚書が交わされ、協同組合どうしが協力して食料の生産と消費の協同を進め、生産者には販売価格の引き下げ圧力に抗する効果、消費者には食料品価格の上昇に抗する効果を直結によってもたらし、相互の利益の増進を図るべく連携の強化が進められていたことである。

農協と生協の間での協同組合間協同による農産物の産直提携を唱導し、各地にモデル事例を育成しようとしていたのが農協系の協同組合経営研究所の一楽照雄氏と築地文太郎氏であった[3]。一楽照雄氏の言葉によって、1967年の認識を示せば、「今日は、生産者がわには生産過剰傾向があり、消費者がわには物価上昇傾向があるので、客観的には、生協、漁協、農協との事業提携の可能性はすすんでいる」という事実である。この情勢は1970年代に加速していく。

第四に、高畠町の場合に典型を見ることができるが、次の農村の現場の動向が注目すべきである。すなわち、農産物流通の広域化と、農業機械や農薬などの近代的農業技術の急速な浸透、そして農外就労の飛躍的な増大といった要因が農村を劇的に変えつつあることに危機感をもった各地の農村青年たちが、自然との関わりや、家族・労働のあり方を見直し、農や村の本来のあり方を取り戻すことを目指して農産物の自給の回復や、土づくりや、有機農業および消費者との直結（提携）を志したことである。このような自覚的な青年たちは農協の枠組みの中で活動する場合もあるが、独自にグループをつ

くっていく例も多くあった[4]。

　以上の四つの流れが偶然的に結節した全国的にも稀有な事例が、高畠有機農研と福島消費組合の間で試行された産直・提携である[5]。

　高畠町の星寛治氏たちは、その先駆的な活動に注目して指導を与えた一楽氏や同県内の農協運動にも影響を受け、「有機農業研究会」を組織すると同時に、農協にもとどまりながら果実や野菜の産直・提携を志していく。当時、有吉佐和子氏の新聞連載『複合汚染』（1975年に単行本化）によってその最も活力ある断面が活写され、注目された。

　一方の福島消費組合も、日本の生協の灘神戸生協と双璧をなす老舗として、原則「みんなのやくそく」を掲げながら牛乳や卵や農産物の商品を拡充しようと組合員の参加と地域内の農業・畜産団体との積極的な協力による商品づくりや提携先の開拓に取り組んでおり、1960年代から、協同組合経営研究所のセミナーなどでも取り上げられていた。この両者の間で、1974年にブドウの直結取引が開始された。

　星氏は、「実験的なとり組みの成果を、めざめた消費者と共に点検すべきだと考えた。昨夏（1974—引用者）、私たちは福島生協幹部との協議を重ね、八月下旬に三日間生協店舗の開店売出しに（後略）」、産直の農産物を販売しに行ったといういきさつなど、農村で本来的な農を取り戻そうとする活動に、呼応する消費者組織との連携を模索した出発点を回顧している[6]。

　ただし、このブドウと野菜の産直は、翌年に解消に至る。それは天候不順による作物の生育不良にも起因したが、生産者と消費者の提携のむつかしさ、また、生産者組織と消費者組織の組織間協力のむつかしさを浮き彫りにするとともに、そのために現場で積み上げていくべき課題を十分に踏まえずに頭越しに提携を掲げることの問題点も明らかになった。この産直提携事業が解消になったことが、期待されていた分、落胆につながった。高畠有機農研と、農協との距離はひらき、提携先としては、生協よりは小規模な消費者グループとの事業を模索していく。

　協同組合の中央組織の主導による協同組合間協同の推進（旗振り）が、農

村の現場における青年たちの農の回復の志向と、志を共有できる消費者との連携という地道な活動と足並みをそろえ、さらに、農協・生協それぞれの直結的な事業の開拓ともかみ合えば大きな展開に広がる可能性もありえた。しかし本事例に代表されるようにこの4つの流れは十分に接合・糾合せずそれぞれの論理にしたがって紆余曲折を含みつつ進展することとなった。

## 2．1980年代以降伸長し、また揺れ動く「生協の産直」

1970年代までに各地で生まれた産直・提携の一部は、1980年代に入り、生協グループの「生協の産直」（または縮めて「生協産直」）という一つの大きな流れを形成する。

それは、一つには、生協独自の「班共同購入」が1980年代を通じて大きく伸長し、牛乳や卵や青果（野菜・果物）が商品の中の重要な位置を占め、その中では様々なバリエーションを含みつつ総じて産地や生産者との直結による産直方式による商品調達または商品づくりが主であったため、産直事業の大きな成長がもたらされたものである。

1983年に、日本生協連（日本生活協同組合連合会）は初めての「全国生協産直調査」を、22生協を対象に実施し、そのまとめを1984年に『産直─生協の実践』として刊行した[7]。そこでは大きく成長していた生協の産直の全体像をとらえ、全国の事業を促進しようという意図があった。また同時期に、全国の生協と、産直に関わる農協や農業団体などが一堂に会する全国レベルの産直研究交流会が創設され、現在（2022年）に至る。

第1回調査では、調査対象の22生協の一つとして京都生協が取り上げられ、注目された。同生協では、1982年に「府下産直」を掲げ、1970年代以降に取り組まれてきた多数の取引先との農産物の直結的取引の中から、とくに京都府内の農協や漁協との間で、明確な指針をもって事業を推進する体制を整えた。その際に特筆されたのが、京都生協の「産直三原則」（①生産者、産地が明確なこと、②栽培方法が明確なこと、③組合員と生産者が交流できるこ

と）であり、また提携先の各団体と産直の協定を交わして推進されている。この事業指針は、全国の交流会を通じて各地に波及していった。

　前節で注目した福島消費組合も、第 1 回調査の中で飯島充男・守友裕一両氏によって詳しく取り上げられている[8]。福島消費組合の産直事業は、古くから原則（「みんなのやくそく」）に則って独自の商品づくりや学習・普及活動を展開してきた、協同組合らしい実践である。ただ、産直提携先であるが、農協との産直商品は少ない。それには農協の側の課題もあるとされる。また、生協の組合員も、原則通りに産直商品を支えるばかりでなく見栄えや価格志向があり産直事業の発展にとって課題であるとする。これらは1970年代に高畠町有機農研との提携事業の解消の事例と通じる点であり、また同報告書の全国の生協の事例でも、事業規模としては拡大基調にありながらも、個別の事例を詳しく調べることによって同様の課題が見えていた[9]。

　1970年代の産直・提携運動に既に萌芽があった弱点は、ここでは新たな形をとって生協の産直の課題として観察されてはいたが、1980年代は、生協の事業伸長の中で深い矛盾として表面化せずに進展した。しかしこの時点で、生協の事業伸長の推進力になっていたのが消費者の視点による安全・簡便志向であり当然価格志向も含まれていたことは注意を要する。1990年代に入り、消費者利益の名の下に食料の流通は自由化・多様化し、生協にとっては事業の幅が広がる一方で競争環境が激しくなって、有機農産物や多様な業態が続々と現れてきて生協事業そのものの成長が止まり、大きな曲がり角に差し掛かる。このことが産直事業にどう影響するかは、後段で述べる。

　もう一つ視点を付け加えておけば、1980年後半以降、生協は、流通規制緩和の中で、事業を伸ばす。むしろ生協の産直こそ、流通の規制をやぶる旗手としての役目も果たした。端的な例としては、食糧管理（食管）制度と生協の米事業の関係が見やすい[10]。

　1980年代前半までは、青果物や一部畜産物での産直のような直結式の流通は花開いた一方で、食管制度の枠組みは堅固であり、米穀の流通は強く規制された。前出の1984年の『産直―生協の実践』にもほぼ米事業は出てこない。

この時期までは、生協は、農協とともに、全国中央会レベルで覚書を結び、食管堅持（食管なし崩し改革への対抗のための共闘）を誓い合う関係であった。つまり、青果物では産直を志向する一方で、米穀では食管堅持を主張し、政策による統制の維持を主張する方に与するという、この点では相反する方針を生協グループ全体としてはとっていた。それが、1986年以後、二重米価制の矛盾が拡大し世論の潮目が大きく変化する中で、日本生協連は食管改革に理解を示す姿勢へ舵を切った。

1987年には、食管制度の中の例外として、減農薬などの特別な基準を満たす「特別栽培米」が法制化され、自由度の高い流通が認められると、消費者の支持を得て一気に拡大した。これには、生協の米産直事業が大きな役割を果たしているが、この点に注意する見解は少ない。生活クラブ生協と遊佐町農協（山形県）による「共同開発米」も、首都圏コープと笹神農協（新潟県）による産直米も、この時期に創始された代表的な生協の米産直事業であり、特別栽培米として開始されたものである[11]。

さらに、1990年代に、食管制度は数次にわたる改革を経て、1995年から食糧法へと移行した。政府の食料農業政策は「新農政」として手法を大きく変えるとともに（見方によれば縮小後退していったのだが）、一方で、環境との両立の視点や消費者の嗜好が反映される農業への視線は一気に強まった。この同年に、農林水産省が創設した「環境保全型農業コンクール」で、首都圏コープと笹神農協の産直米の事業が表彰を受けたことは、この流れを象徴する出来事といえよう[12]。

この時期、食料を政府の管理の下に置くのではなく企業（多国籍企業）も含めた自由な競争にさらしていくという大きな変化に対して、生協グループは慎重な姿勢を保っていたが、産直事業の領域が拡大していくという要素に対しては、生協の経営にも組合員・消費者の利益増進にも資するものであり当然歓迎する事態であった。ただし、政府の統制や規制に代わる食料農業政策の新たなビジョンに対する国民的な議論を欠いたまま、なし崩しで性急な自由化が進んでいくことや、生協主流派がその傾向を是認することに対し、

生協の一部や研究者の中に強固な反対意見が生まれたのは当然のことであった[13]。

　前述のように、1990年代後半に、生協の事業そのものが頭打ちになり、食料品をめぐっては、農産物の産地や流通各社による競争がさらに激しくなってきていた。また、産直や有機農業の領域も、生協以外の企業の参入が活発化し、生協の専売特許だった宅配業も当たり前になった。こうして生協の事業そのものが曲がり角に来る状況の中で産直事業やそれを含む農業との向き合い方も大きく揺らいだのである[14]。

## 3．21世紀の生協の産直の展望

　21世紀を迎えて、生協の産直をさらに大きく揺さぶったのが、2002年を通じて続発した偽装問題であった。生協の農産物の事業は、トレーサビリティや点検などよる堅固なフードチェーンの構築によって、品質保証という強みを生み出していくという方針へ向かい、これが産直の事業政策の中心に出てきた。

　日本生協連が2003年に刊行した『食の揺るぎない信頼を確立するために─生協農産事業改革の提案』は、緊急的に、産直という生協のブランドの根幹を見直すことを提唱し、具体的な方法を構築して全国の生協に強い姿勢で発信した。1980年以降、全国の生協の産直事業の情報収集と相互交流を進めてきた全国連の日本生協連であるが、ここで初めて主導的立場をとった点に、偽装問題への危機感を見ることができる[15]。

　1990年代の流通規制緩和や農産物自由化に対する生協グループ（主流派）の姿勢にくすぶっていた農業団体側からは、生協が伝統的な産地組織と双務的につくってきた産直の考え方から離れて、農産物のより有利な調達をめざす方針へ明確に転換したものととらえられても仕方がない面があった。そもそも、偽装問題の根本的な原因も、生協の産直事業の方針が農業への理解や農業団体への連帯意識に欠けることに由来するとする見方も根強くあり、亀

裂が生まれた[16]。

　そこでさらなる衝撃をもたらしたのが2008年に発覚した冷凍ギョーザ問題であった。コープ商品が中国産の原料野菜を用いて中国の工場で製造されていることを浮かび上がらせたこの事件の余波は、40％を下回る食料自給率問題に波及し、さらにコープの原点である産直や地産地消の後退をクローズアップしてこのままでよいのかという問いを生協関係者に突きつけた。またそれとともに高まったのが、農村部と密着している地方の単位生協・事業連合の声である。

　以上の背景の中で、日本生協連は、全国の生協による農業に関わる多様な取り組みを今日的な視点の下に新たに丹念に収集する方針を立て、特別な編集チームを組織し（それに筆者も加わった）、『生協産直レポート2009―私たちは、日本の食の未来をつくりつづけていきます。』を刊行した。そこでは、6つのテーマが掲げられた[17]。

---

　1．「品質保証」―生協産直は産地とともに「安心」を育んでいます。

　2．「産地交流」―生協産直は人と人とを結び付けています。

　3．「地産地消」―生協産直は地域とともに歩んでいます。

　4．「共生支援」―生協産直は産地・生産者を応援しています。

　5．「環境保全」―生協産直は命のつながりを大切にしています。

　6．「食料自給」―生協産直は日本の資源を活かした食べ物づくりに挑
　　　戦していきます。

---

（出典）日本生協連「全国生協産直レポート2009」

　この6つのテーマは、生協が、農業や地域社会をとり巻く環境変化が急速に進んでいく中で、農業・農村にどう向き合っていくか、また、環境や循環や共生や食料といった問題に、生協が産直事業という手法を発展させてどうかかわっていくか、全国的（集権的でなく分権的）に、活発な議論に結びつ

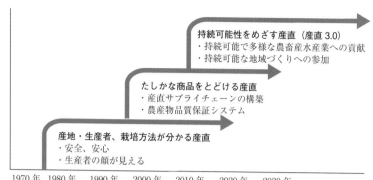

**図 11-1　産直 3.0**

出典：日本生協連『食料・農業問題と生活協同組合の課題―つながりをカタチに』（2020 年
9 月）、初出、林薫平「『新しい産直』はどういう姿か―今後の検討のための覚え書」
日本生協連『第 10 回全国生協産直調査報告書』（2019 年 2 月）所収。

けようという姿勢で広く特徴ある事例を集め、とりまとめたものである。

　以上の2000年代の議論の延長上に、さらに2011年の東日本大震災を経て、
日本生協連が刊行した2020年のレポート『食料・農業問題と生活協同組合の
課題―つながりをカタチに』は、産直のバージョンアップとして、「産直
3.0」を掲げた（**図11-1**）。

　これは、1980年代の産地・生産者、栽培方法が分かることを掲げた「産直
３原則」の時期の生協の産直事業を「産直1.0」とし、1990年代後半から、
激化する競争環境の中で、新たなかたちでの競争力を獲得しようとしてきて、
偽装問題への対処の中でトレーサビリティや品質保証も組み込んだシステム
化を試みてきた産直事業を「産直2.0」とする。そして、2008年以降の冷凍
ギョーザ問題を端緒に進められた「産直の６つのテーマ」の議論を契機とし
て、食料・農業・資源・環境・持続可能性・地域づくりという多角形の複合
的な課題に対処しうる産直の事業を構想しようとする姿勢を、「産直3.0」と
いう呼称に込めている。ただし、具体的な中身は、これからの各地域での実
践にまつ部分が大きく、持続可能性という目標は包括的であるが総花的でも
あり、まだ具体的な形は見えていない[18]。

農政とのかかわりという別の切り口から、この点を一瞥しておこう。いわゆる「新農政」以来、デ・カップリング（政策目標の分離）が標榜され、食料・農業・資源・環境、そして農村地域の維持といった課題を、農産物の流通の統制や価格支持によって一まとめに満たそうとせずに課題ごとに腑分けして対応がなされることになった。しかし農業抜きの食料はなく、農業抜きの農村はなく、農業抜きで環境問題を論じることはできず、また、消費抜きで農業はひとり成立しうるものではない。

　試論的にいえば、「生・消」、また「都市・農村」の直結や協同関係によって農業の持つ役割を広げて幅広く総合的に展開していくことはデ・カップリング時代に求められる民間レベル・地域住民主体のリ・カップリング（再結合）という側面を有しており、そこから農のある豊かな地域のモデルを打ち立てていくことが必要になる。

　その際に、農村の側に足場をもちつづけることは重要である。初期の産直に取り組んだ農村の、自然・家族・労働を立て直そうとするその後の半世紀の営みの中から、現在、「新しい産直」が叫ばれてきていることに筆者は注目しており、今後の「産直3.0」を、生協だけで語るのではなく、農村で新たな形で胎動してきている動きにも連結していくべきであると考えている[19]。

注
1）本稿と整理の仕方は異なるが、楠本（2000a）、河野（1998）、今野（2000）、また最新の動向までをレビューした前田（2021）を参照。
2）生協の産直事業が広がる過程に関して、社会背景とともに素描した岸（1996）、画期により整理した大木（2010）、田中（2008）を参照。
3）特に当時の一楽氏が産直提携にかけた思いと具体的な実践内容は今野（2007）に詳しい。
4）高畠町の「目覚めた農村青年たち」のリーダーの星寛治氏自身による自伝として、星（1977）。
5）高畠町の星氏と、その初期の実践にいち早く注目した作家の有吉佐和子氏と、協同組合経営研究所の一楽照雄氏の三者の接点と、そこから生まれた福島消費組合との関わりを、林（2018a）で詳述している。
6）消費者団体や協同組合経営研究所が注目したこの産直提携の事例およびその

解消の顛末をめぐる様々な見解について林（2018a）。

7）日本生活協同組合連合会（1984）。

8）飯島・守友（1984）。

9）宮村（1984）は、食料（「食糧」）問題が深刻度を増している状況下で産直の意義を高く評価しつつ、一方で商品の基準や事業の経営、生産者・消費者の関係性の課題が目立ってきていることを指摘する。

10）食管制度と生協の米事業政策の関係について、林（2010）で詳細に取り上げている。

11）この点に注目した論稿に、林（2012）。なお、楠本（2000b）は、共同開発米を、産直提携運動の「最高の到達段階」と評価し、それはその通りであるが、食料政策の変わり目の中に同事業を位置付ける視点がない。

12）この点を、同時期の別の事例である福島県の熱塩加納村の有機農業と地域づくりの場合（小林ほか、2017）に即して指摘したのは、林（2018b）。

13）佐藤（2014）、宮村（2004）、また、林（2016）。

14）1996年の日本協同組合学会大会では、日本生協連の新方針（5カ年計画）が、消費者利益の増進に傾斜するものであり農業を振興する視点を後退させているものとして、大きな論点となり激しい論争がたたかわされた。これに関して、林（2010）、林（2016）。

15）日本生活協同組合連合会（2003）に詳細に経緯が述べられている。

16）佐藤（2014）、坂爪（2003）、宮村（2004）。

17）日本生活協同組合連合会（2009）。日本生協連の産直担当・壽原克周氏とコープ出版の安達隆氏を中軸に、また、みやぎ生協、京都生協、パルシステム連合会のそれぞれ産直政策担当者が編集委員会を構成し、同連の産直事業委員会に逐次はかりながら章立てや取り上げる事例を決め、協議を重ねて全体としての主張を練った。詳細は、林（2016）。

18）林（2019）は、増田佳昭氏の「マーチャンダイジング手法としての『産直』は一種の容れ物であって、そのときどきに、さまざまな意味づけがなされてきた。商品自体の『安全・安心』はもちろんのことだが、『産消提携』や『協同組合間協同』といった生産者と消費者との協力関係や運動に価値を見いだす考え方、『食育』などの意義を強調する考え方、『地産地消』など地域との共生を強調する考え方などである」（増田、2014、p.1）という「容れ物」論を糸口に、2010年代以後における産直の課題を模索している。

19）この文脈でいうと、「産直1.0」の時期に各地の農村で叢生した農村青年たちの活発な産直組織は、「産直2.0」の時期に、生協という大きなグループとの取引から離脱して地域回帰をして、地域の共生や交流によるにぎわいづくりに新たなかたちで挑戦しつつあると考える。林（2019）は、そこからこそ、生協は「産直3.0」の手がかりを探ることができると主張し、「新しい農村は新しい

産直を呼び掛けている」と結んでいる。

## 引用・参考文献

有吉佐和子（1975）『複合汚染（上・下）』新潮社.

林薫平（2010）「1980年代以降日本生協連の食料農業政策論」生協総合研究所『生協総研レポート』61号（生協論レビュー研究会報告書［上］）、pp.56-69. 林（2021）第14論文.

林薫平（2012）「食料農業問題と生活協同組合」生協総合研究所『国際協同組合年記念　現代社会と生協』所収、コープ出版. 林（2021）第12論文.

林薫平（2016）「自由化・新農政時代の生協の食料農業政策論―1990年代後半から2000年代までを対象に」生協総合研究所『生協総研レポート』78号（第2期・生協論レビュー研究会報告書［上］）、pp.14-22. 林（2021）第15論文.

林薫平（2018a）「産直・提携をめぐる諸論」生協総合研究所『生協総研レポート』85号（第2期・生協論レビュー研究会報告書［下］）、pp.37-52. 林（2021）第20論文.

林薫平（2018b）「書評　小林芳正・境野健兒・中島紀一『有機農業と地域づくり』」『有機農業研究』10（1）、pp.89-91. 林（2021）第8書評.

林薫平（2019）「『新しい産直』はどういう姿か―今後の検討のための覚え書」日本生協連『第10回全国生協産直調査報告書』所収.

林薫平（2021）『生活協同・連帯経済・福島復興―論集2007-2021』三協社企画、山浦印刷株式会社出版部.

星寛治（1977）『鍬の詩―"むら"の文化論』ダイヤモンド現代選書.

飯島充男・守友裕一（1984）「生活協同組合福島消費組合」日本生活協同組合連合会（1984）所収.

石田正昭［編著］（2021）『いのち・地域を未来につなぐ　これからの協同組合連携』家の光協会.

岸康彦（1996）『食と農の戦後史』日本経済評論社.

小林芳正・境野健兒・中島紀一（2017）『有機農業と地域づくり―会津・熱塩加納の挑戦』筑波書房.

今野聰（2000）「系統農協の産直提携事業についての考案」今野・野見山［共編著］（2000）所収.

今野聰（2007）「農協産直事業の今日的課題は何か―ロマンを求めてゆく意志からの展望」『季刊at［あっと］』10号、pp.22-32.

今野聰・野見山敏雄［共編著］（2000）『これからの農協産直―その『一国二制度』的展開』家の光協会.

河野直践（1998）『産消混合型協同組合―消費者と農業の新しい関係』日本経済評論社.

楠本雅弘（2000a）「産直運動の再構築による『協同組合間提携』の可能性」今野・野見山［共編著］（2000）所収.

楠本雅弘（2000b）「産直提携は地域をどう変革したか」今野・野見山［共編著］（2000）所収.

前田健喜（2021）「戦後日本における協同組合間連携の歴史」石田［編著］（2021）所収.

増田佳昭（2014）「容れ物としての『産直』―問題は何を盛り込むかだ」『くらしと協同』10号（特集 生産者からみたパートナーとは？）、p.1（巻頭言）.

宮村光重（1984）「産直―22生協実態調査の報告によせて」日本生協連（1984）所収.

宮村光重（2004）『食糧運動をたおやかに―生協懇10年の轍とこれからの路』食料・農業・食の安全に関する生協懇談会編・発行.

日本生活協同組合連合会（1984）『産直―生協の実践』.

日本生活協同組合連合会（2003）『食の揺るぎない信頼を確立するために―生協農産事業改革の提案』.

日本生活協同組合連合会（2009）『生協産直は日本の食の未来を創りつづけています。―全国生協産直レポート2009』.

日本生活協同組合連合会（2020）『食料・農業問題と生活協同組合の課題―つながりをカタチに』.

大木茂（2010）「産直と産直論のレビュー」生協総合研究所『生協総研レポート』61号（生協論レビュー研究会報告書［上］）、pp.3-18.

坂爪浩史（2003）「コメント」『協同組合研究』23（1）（特集 「食」と「農」のあり方と農協改革）、pp.41-42.

佐藤信（2014）「食糧問題と生協」『明日の協同を担うのは誰か―基礎からの協同組合論』日本経済評論社.

田中秀樹（2008）「産直論の系譜―産直から地産地消運動へ」『地域づくりと協同組合運動―食と農を協同でつなぐ』大月書店.

（林　薫平）

第12章

# 食品ロスと贈与経済

## 1. 食品市場における贈与経済の課題

### （1）食の過剰性と政策の変遷

　2019年秋の食品ロス削減推進法（以下、推進法）施行に前後して、日本でも食品廃棄物のうちの可食部を意味する「食品ロス」削減の機運が本格化している。しかし食品ロス問題を、農産物や食品の需給調整の問題と考えると、実は古くから語られてきたテーマであることに気が付く。食料資源の乏しかった日本では、食べ残しをすると「バチが当たる」と説教され、その「もったいない精神」を皆で共有していた（川島 2010）。しかし、第二次大戦時にはあらゆる資源を戦争に投入するため「欲しがりません、勝つまでは」という過激な標語が日本人のもったいない精神を刺激した。イギリスでも、第一次大戦中に「パンを捨てるな（Don't Waste a bread）」、第二次世界大戦中には「（食べ切った皿は良心を意味する（A Clear Plate Means a Clear Conscience)」と戦争に勝利するための啓蒙活動がなされた（United States Farm Security Administration 1925）。

　一方、1930年代ごろのアメリカでは、第一次世界大戦の戦禍を免れたことから相対的に農産物が過剰となり、戦後になって敗戦国の日本への食糧援助という形でその処理が進んだ。その結果、戦時中の東南アジアや植民地から

日本への米移入に代わり、アメリカ産の小麦やとうもろこしが輸入されたことが日本の食文化はパン食や肉食へ大きく変貌する契機となった。ただし1960年台までは米はまだ貴重品で、日本におけるもったいない意識はまだ健在であった（川島 2010）。

　しかし1970年前後には食の欧米化に加え、農業機械の導入や化学肥料の利用が重なり、米の生産過剰が大問題となった。有史以来、初めて日本において恒常的な食料の過剰性が顕在化したのである。政策的には、1970年に開始された米の減反制度が2017年の廃止までに食料の需給調整に重要な役割を果たした。しかし、これはあくまでも市場価格を維持することが目的化され、食品ロス削減という考え方は微塵もなかった。

　転機が訪れたのは、2000年の循環型社会形成基本法と、翌年の「食品リサイクル法」という世界でも稀な食料廃棄抑制制度の制定である。これにより、「発生抑制」（リデュース）、「再使用」（リユース）、「再生利用」（マテリアルリサイクル）、「熱回収」（サーマルリサイクル）、「適正処分」の順に処理の優先順位が定められ（3Rの法制化）（基本法第6条、7条）、食品ロスの削減が法的に目的化された。但し、同法は廃掃法（1970年制定）を補完する法体系となっており、「食品のもったいない」というより「最終処分場のもったいない」の解消に主眼があった。実際の取り組みも、食品ロス削減（リデュース）より、リサイクルが優先されてしまった。

　海外では、FAO（2011）が「世界の3分の1の食料は廃棄されている」とした調査結果の公表を契機に、Food Loss & Waste（以下、FLW）[1] 問題が世界的な課題として認知が広まった。可燃ごみの焼却処理をほとんどしない欧州では、埋め立てによるメタンガス発生による温暖化が問題となっており、1999年のEU埋め立て規制「Landfill Directive 1999/31/EC」、そして2008 年のEU 廃棄物規制によりPrevention（発生抑制）が最優先された。そこに、このFAOの調査結果が温暖化の危機感を醸成する強いメッセージとなり、2015年9月に国連総会で採択された「持続可能な開発のための2030年アジェンダ」と17 のゴール（SDGs：(Sustainable Development Goals)）

に、FLW削減が盛り込まれ、その動きが世界化した。SDGsのTarget 12.3には「2030年までに小売・消費レベルにおける世界全体の一人当たりの食品廃棄物（Food Waste）を半減させ、収穫後損失などの生産・サプライチェーンにおける食品の損失（Food Loss）を減少させる」と記載された。

## （2）食品市場の不完全性

　経済学では、一般的に超過供給が発生した場合、価格が下落することで需要を増加させる（価格調整）か、供給量を減少させる（数量調整）ことで需給が均衡すると考える。しかし食品や農産物は、価格調整により需要拡大をしようにも人間の消費量には限界があるため、嗜好品でない限りは数量調整のほうが現実的な需給調整方法である。しかし、農産物は保存性が低いものが多く、収穫までのリードタイムも長いため需要予測が困難で、最終的に廃棄という事後的な数量調整をせざるを得ないケースが多発する。もちろん、不測の事態を想定した予備在庫は必要だが、過度な欠品回避や衛生管理手法、厳格すぎる規格などにより食品市場はさらに過剰性を帯びる。特に事業系ではそれらがルール化されるために、農業、製造業、卸売業、小売業、外食産業の供給連鎖であるフードサプライチェーン（以下、FSC）の需給は恒常的に過剰基調で推移することになる。

　このような需給の不完全性は、FSCと消費者の各主体間において発生する3つの経済リスクのシェアリング問題として整理される。1つは、店頭に商品からなくなる「欠品」により販売機会を失う「在庫リスク」、次に「消費期限」の設定など食品安全にもかかわる「品質リスク」、そして見切り販売を繰り返すことで値下げが常態化する「価格リスク」である（小林 2020）。各主体は、これらの経済リスクを避けるため、いわば合理的に食品ロスを発生させており、仮にその削減を迫られた場合には、規制を設ける以外には非合理にリスクを引き受ける利他性に期待するしかない。

## （3）食品ロス削減における贈与問題

　推進法の施行後、保存技術の革新や需要予測精度の向上などによる数量調整の高度化、ダイナミックプライシングによる価格調整など、従来の経済学で説明可能な範囲で企業行動が変化している。しかし、食品ロスを完全になくすことは難しく、廃棄に代わる事後的な需給調整として過剰な食料を福祉に活用するフードバンク（以下、FB）が注目を集めている。但し、推進法でもその重要性が指摘される一方で、実務的には、少量多品種の余剰食品を扱うことになり、極めて煩雑な物流や契約等の取引費用が発生する。また、FBの特有の取引として、ドナーと受益者が寄付に際して転売の防止や食中毒に関する責任の所在を事前に契約を結んだり、ドナーが寄付による税控除を受けるために寄付食品の評価額を提示する必要があったりするため、事務作業はかなり煩雑になる。しかも**下表**のように、日本では海外に比べて、食品の譲渡に関するリスク管理などの取引費用を軽減したり支援したりする法整備が進んでいない。諸外国では、事故時の免責法があったり、税控除を前提にマッチングを代行するベンチャー企業が生まれたりしている。取引コ

### 表 12-1　食品の譲渡に関わる法整備の国際比較

| | アメリカ | イギリス | フランス | オーストラリア | 韓国 | 日本 |
|---|---|---|---|---|---|---|
| 食品寄付税制優遇制度 | あり：食品の価値の2倍を上限とする所得控除（州による） | なし：食品に特化したものはない（寄付しても廃棄費用の損金算入と同額の税控除） | あり：2万ユーロまたは0.5%を上限として、寄付の60%相当の税控除 | なし：食品に特化したものはない（流通在庫限定などの要件緩和でロビー中） | なし：食品に特化したものはない。2001年に税制改正により、食品寄付額を全額損金処理可能 | なし：食品に特化したものはないが、廃棄代替での全額損金算入が可能 |
| 事故時の免責制度 | あり：連邦法で50州のベースラインを規定 | あり：企業というよりは個人 | なし：保険加入する | あり： | あり：2006年の食品寄付活性化法のよる。 | なし： |
| 環境政策 | 発生抑制に次ぐ優先順位 | 飼料化と同等の優先順位 | 食品廃棄禁止法：フードバンクの契約義務 | 飼料化と同等の優先順位 | なし：福祉政策（健康福祉部） | 3R：リユースと定義されるのか曖昧 |
| その他の推進策 | 余剰農産物を買い上げFBへ配分（TEFAP） | コートールド公約にて自主的な寄付促進 | 政府、EUからの補助金職業訓練補助金 | なし | 社会的企業育成法により人件費補助 | なし |
| 食品寄付量 | 739万トン（2018年） | 3.3万トン(2018年) | 11.5万トン（2019年） | 4.8万トン（2016/2017年度） | 約10万トン（2014年） | 2,850トン（2018年） |

資料：消費者庁（2021）より筆者作成

ストを減少させる取り組みにより食品の贈与が活性化されているのである。

　一方で、このような法整備に加えて、フランスが国家ぐるみの寄付イベントを実施しているように、心理的な側面からFB活動への寄付活性化を図ることも重要である。寄付促進のためには、ドナー（Donor：与える側）への社会的インセンティブが、税控除などの金銭的見返りよりチョコレートのようなモノのほうが、自分が周囲からイメージを向上させたいという動機（Image motivation）が保たれ、クラウディングアウト（Crowding Out）[2]しないという指摘がある（青谷、2019）。贈与関係を前提にドネーションの見返りとして金銭を受け取ることは、ビジネスの等価交換に近づいてしまい、それを贈与というには「うしろめたさ」が付きまとう（松村、2017）。但し、それを見えない形でインセンティブ化することは、寄付行動の促進に一定の効果がみられるともいわれている（Ariely et al., 2009）。

　日本は、FBを通じた過剰食品の贈与システムが、先進国中で極めて未発達である（小林・野見山、2019、p.22）。ただし、親族らへの贈与とみられる縁故米（贈与米）の数量は国内で50万トンに達し、人口一人当たりの贈与米量はアメリカのFBの寄付量に匹敵する（松本、2010）。このような縁故のあるものの間で無償譲渡が盛んな理由として、秋津・長谷川（2011）は、「自給」という枠組みを重視しながら「全供給型」という概念でそれを説明している。全供給型では「一方的に相手方のコメ消費のすべてを賄うかたちで譲渡され」、「お礼をいうことも少ない当たり前のコメ」である。一方で「嫁ぎ先や婿入り先が農家」であるなど、相手先が「コメが確保できる場合は、いくら近親であっても米を無償譲渡することはない」という。「コメを贈答品として見なして、互酬的な贈与関係を維持するために用いられる」ことは否定しないものの、贈与ではない「自給」という発想で米が無償譲渡される実態が指摘されている。

　現在日本では、FBの支援団体などから食品寄付に関わる免責制度や税制優遇の強化を望む声が増え、国もその検討を進めている。しかし、諸外国の制度をそのまま援用するだけでなくするだけでなく、日本固有の心理的・文

化的要因を踏まえたFBに対する支援を社会はどのように受け止めているの
か、または受け止められているのかを正確に把握したうえで贈与経済に向け
た制度化を進めることが重要である。特に、金銭の寄付文化が乏しい日本で
は、食品は余っていても諸外国に比べてFBの物流費や人件費を捻出できず
活動が広がらない（小林・野見山、2019、p.6）。以下では、過剰性を帯びた
食品市場の事後的な需給調整システムとしてのFBに対する、金銭寄付への
イメージを調査し、日本の贈与社会を展望する。

## 2．贈与経済の定義

### （1）贈与研究の系譜

　無償で財をやりとりする寄付行動のメカニズムを分析する研究については、
文化人類学を端緒に、経済学やマーケティング論に波及し興味深いフレーム
が提示されている。贈与研究の原点といえるMauss（1954）は、贈与の「提
供」とその「受容」、そして「返礼」の３つの義務の存在を課題提起した。
この贈与交換のシステムは「全体的給付体系」と呼ばれ、マーケットや貨幣
の確立に先立つ仕組みであるとされた。Godelier（1996）は、さらに４つ目
の義務として神に対する贈与の義務を加えた。櫻井（2011）はそれらを踏ま
え、贈与が非人格的に形式化しながら強制力をもつ「税」に転化した過程を、
「神」への贈与が転化したもの（租や調）と「人」への贈与が転化したもの（守
護出銭など）に分け日本史的に説明した。さらに同著では、中世は市場経済
と贈与経済が功利主義の精神を伴ったことで「両者が極限まで接近した時代」
であるとし、贈与経済の現代的な存在意義を示唆した。
　Polanyi（1977）は、「希少性の概念に拠らずに人間の経済生活を組織する
多様な社会的諸条件」として、経済を「互酬・再分配・交換」の３つの統合
パターンとした分析のフレームワークを提示した。佐伯（2012）は、自然に
よる「生命維持以上の過剰な」贈与は、「浪費」により消耗しつくすか、そ
れらを蓄積して「成長」することで先延ばしするしかないと指摘し、その上

でヴェブレンの見栄の競争（Emulation）を「（過剰性を浪費するバタイユの）普遍経済の原則に従っていただけ」と考えた。比嘉（2016）は、トンガのフィールドワークを通じて「ふるまい」としての贈与を非言語コミュニケーションとして位置づけ、周囲からの評判が贈与行動の一つの理由であることを示した。前掲松村（2017）は、贈与を「感謝や愛情といった感情を表現し、相手との関係を築くためのコミュニケーション」だとし、交換は自由をもたらすのに対し、共感がモノを独占することへの「うしろめたさ」を喚起して「相手にふるまう」ことを求める、と論じた。近内（2020）は、このような贈与交換の返礼義務を問題視し、「返礼ができない場合、呪いにかかり、自由が奪われてしまう」と贈与のネガティブな面を指摘したうえで、サンタクロースを例に、匿名による贈与であれば呪いから逃れられるとした。但し、その「贈与は、届かないかもしれない」「本質的に偶然で、不合理なもの」であることを受け入れる倫理をドナーに求める一方で、受益者には「贈与に気づく知性」が要求されるとした。つまり、贈与論はモノや財の移動そのものではなく、コミュニケーション論でなければならないとした。贈与の匿名性は、相互の倫理観と知性を醸成する時間稼ぎをする手段であり、もしその贈与に気づくことができれば、受益者は「再び未来に向かって贈与を差し出すことができる」返礼を促すものになるという。

　これら贈与の研究の系譜は、コミュニケーションであるがゆえに、市場でのFSCの需給調整機能を代替する主役にはなりえない。前掲松村（2017）は「市場と国家のただなかに、自分たちの手で社会を作るスキマを見つける」ことで、商品交換に感情あふれる人間関係を生み出すことができ、「その人間関係が過剰になれば、国や市場のサービスを介して関係をリセットする」という補完関係を示した。また、東（2017）は「贈与とは交換の失敗」であり「交換がなければ贈与もあり得ない」と言い切っている。前掲近内（2020）も「贈与は、むしろ市場経済を必要としている」とし、「贈与の不当性をきちんと感じ」「このパスを次につなげなければならない」とMaussの全体的給付体系に通ずる贈与社会を構想している。それは「与え合うのではなく、

受け取り合うもの」であり、「受取人は、その存在自体が贈与の差出人に生命力を与える」として、知性を持った受益者の存在が贈与交換の根源であるという。

### （2）食品ロスと企業の贈与行動

　食品ロスの根源となる食の過剰性が企業においてどのように処理されるかは、廃棄処理だけでなく浪費から贈与までその方法は多様性である。FBへの寄付のほか、飼料化や堆肥化、嫌気性発酵によるガス燃料化などのリサイクル、埋め立てや焼却、ロンドン条約により禁止されている海洋投棄、不法投棄に至るまで、数多くの選択肢があり、それらは**表12-1**のほかにも、様々な制度により管理されている。

　もちろん食品ロスを適正処理した上で廃棄することは、悪臭や伝染病など公衆衛生上の問題のほか「小売業主導で回避される価格リスク」の管理、つまり市場価格を安定させるために正当化される場合もある。しかし、これらのうち廃棄や一部のリサイクルには費用が発生しており、営利企業としてはこれを可能な限り回避したいという面もある。不法投棄も環境への負の外部性が強く、当然社会的に認められるものではない。前者はインセンティブ(報酬)、後者はサンクション（制裁）による行動変容が期待されるが、いずれも外発的要因である。一方、CSR（Cooperate Social Responsibility）という企業の「ふるまい（Behavior)」として、食品ロスの発生抑制や食品寄付行動が誘発される可能性がある。ここでの「ふるまい」とは、他者からみた挙動や態度のことを指し、企業が社会的な正当性（Legitimacy）を得るための非言語コミュニケーションと換言できる。

　経営学で用いられる制度理論では、その行動原理を①強制的圧力（coercive pressure)、②模倣的圧力（mimetic pressure)、③規範的圧力（normative pressure）に分類している（DiMaggio & Powell、1983)。この考え方は、いずれも非言語コミュニケーションによる企業行動の変容を説明する理論となっているが、いずれも外発的要因である。日本最大のFBであるセカンド

ハーベスト・ジャパン（2HJ）が示している寄付者（Donner）のメリットを、筆者が内発的動機（左）と外発的動機（右）に区分したものが**下表である**[3]。これらは、企業などの組織を前提とするものと、従業員が感じる個人的な動機も混在しているが、そのうち内発的動機は、受益者（Beneficiary）の感じ方がまちまちでDonationの効果を定量化しづらく不確実性をもつ。ここから企業が作り出す贈与経済には、企業が作り出す贈与経済には、前掲近内（2020）が指摘する「贈与の本質的な偶然性と非合理性」を孕んでいることが理解される。筆者のヒアリングでは、ある外資系大型小売店が日本に参入した当初、寄付先のFBに対し「この事実は公表しないでほしい」と秘密裏に食品寄付をしていたことがあった。このような企業行動は、秋津・長谷川（2011）が指摘したように、日本では、食品の無償譲渡が互酬的な「贈与」ではなく、当たり前の「自給」行動であることを察知したからなのかもしれない。この外資系企業は、食品寄付文化が乏しい日本では、食品寄付によりLegitimacyを得るという見返りを求めることは、逆に受益者を突き放す疎遠な印象を与えかねないと考えたのだろう[4]。

表 12-2　フードバンク・ドナーのメリットと動機づけ区分

| 内発的な社会的・個人的ニーズ | 外発的な経営要因 |
| --- | --- |
| 従業員の士気高揚 | 廃棄コストの削減 |
| 食に関する喜び、体験 | 現物寄付控除の認定 |
| 環境負荷の削減 | 法令遵守（コンプライアンス） |
| 社会貢献活動の実施 | フリーマーケティングの実施 |

小林・野見山（2019）、p.20

## （3）贈与経済の定義と分析の目的

　贈与経済とは仕組みのことであり、贈与交換を通じて互酬的な社会システムが出来上がることを指す。前掲近内（2020）は、「贈与は受け取ることが起点となる」ことで「その存在自体がドナーに生命力を与える」ものであり、その本質は「受け取り合うもの」で、ドナーは自発的に譲渡することを前提にしている。しかし、前掲秋津・長谷川（2011）が指摘するように、「自給」

システムでは米が充足していて当たり前であり、足りている人には譲渡する
必要はなく、ドナーも受益者から感謝されるような関係性を求めるべきでは
ない。もしこのような価値観が、米以外の食品にも当てはまるとすれば、国
内フードバンクの普及メカニズムを検討する材料となる。そして、その「自
給」システムは、その緊急性や貧困問題の有無を主要なファクターとして「比
較的近い親族（への寄付とFBへの寄付）との間には距離はあるが、すでに
私たちの社会に埋め込まれたFood Securityのあり方として、考慮されるべき」
課題ということになる。

　本章では、自給システムとしての贈与行動を検証することが難しいため、
フードバンクのような食品ロスを用いて構築される贈与経済に対象を限定し、
その定義を「市場経済において発現する食品の過剰性が贈与に用いられ、ド
ナーのLegitimacyを実現させるコミュニケーション」とした。このような贈
与はある程度の自発性を前提としているが、そのモチベーションの1つに他
者を意識した「ふるまい」、つまりImage Motivationを含んでいることに注
意が必要である。なぜなら、あってあたりまえの「自給」のための行動様式
に加え、コミュニケーションとしての「贈与」を実行する場合には他者を意
識せざるを得ないからである。

## 3．食品贈与行動の分析

### （1）調査概要と分析方法

　国民の一般的な食品寄付へのイメージを分析するため、一般市民に対する
ウェブアンケート調査を用いた。調査は民間の調査会社に依頼し、1000サン
プルの回収を目標に2021年5月14日18時からインターネット上でパネル調査
を開始し、同17日午後には回収を完了した。所在地、年齢、性別を可能な限
り国内の国勢調査のデータに合わせて割付回収できるように参加するパネル
を選定し、FBによる食品全般の寄付について検討するため、あえて過剰食
品の寄付行動、つまり食品ロス問題としてではなく、生活困窮者への食料支

援を目的とするFBへの金銭的寄付をする前提に調査票を作成した。ただし、自分の所持金を使ってまで寄付したくないという意識をできるだけ排除し、あくまでも寄付行為に限定したイメージについての回答を促すため、「特別定額給付金の10万円を寄付する」場合を設定して回答してもらった。

分析方法はSD法により食品寄付のイメージを抽出することとし、自己と他者からのイメージについて、それぞれ25個の形容語対（尺度）を7件法で回答してもらった。教示文は、下記の通り設定した。

① （自己イメージに関する教示文）

【最後までよくお読みください】あなたは国より支給された特別定額給付金10万円を、生活が困窮している方に食事を支援するボランティア団体に寄付することにしました。あなたの寄付により受益者は、お腹いっぱいご飯を食べることができます。 あなたは、「自分」の寄付行為に対して、どのようなイメージを持ちますか？ 各項目について感じるままに回答してください。

② （他者のイメージ）

【最後までよくお読みください】①におけるあなたの寄付行為が、名前を含めて新聞で取り上げられることとなりました。それを読んだ人たちは、あなたの寄付行為に対して、どのようなイメージを持つと思いますか。各項目について感じるままに回答してください。

なお、わかりやすさを優先するためFBという言葉は使わず、「生活が困窮している方に食事を支援するボランティア団体」とした。また、「寄付により受益者は、お腹いっぱいご飯を食べることができます」という目的を明記した。

さらにアンケート調査で懸念されるSatisfice（設問を読まない等、回答を埋めるだけの必要最小限を満たす手順を追求する行動）を回避する目的で、途中に下記のIMC（Instructional manipulation check）を設定した。

③（IMC教示文）

【最後までよくお読みください】以下の調査では、寄付や支援にかかわる行動を明らかにするために「教示文」を読んで回答する設問があります。しかし誰もこの教示文をお読みになっていないとしたら、本アンケートのすべての回答は信頼できないものになってしまいます。あなたがこの教示文をお読みになった証として、以下の質問[5]には回答せずに（つまり、どの選択肢もクリックせずに）次のページに進んで下さい。よろしくお願いします。

## （2）データと分析結果

IMC設問に対し、回答（クリック）しないよう指示をしたうえで、違反者したものは削除した結果、参加者4950サンプルから1131サンプル（違反率：77.2％）が抽出された。男女その他比は49.5：48.6：1.9、既婚者比率は53.7％、居住地は東京都14.6％、鳥取0.4％と日本の国勢調査と調査サンプルの割付が大きく乖離することなくサンプル回収ができた。

調査結果は、**下図**のとおり25のイメージ尺度のうち、ほとんどがFBへの寄付に対するポジティブな傾向を示した。一方、自己イメージと他者からのイメージについては、25のうち18の尺度に有意差がみられた（うち1つは0.1水準で有意）。そのうち16の尺度において、自己の評価よりも他者からの評価をネガティブに考える傾向が明確に示された。

特に差が大きかったのは、「恥ずかしい＞誇らしい」「偽善な＞善良な」「建前の＞本音の」であり、自分では寄付したいと思っても、「他者からネガテ

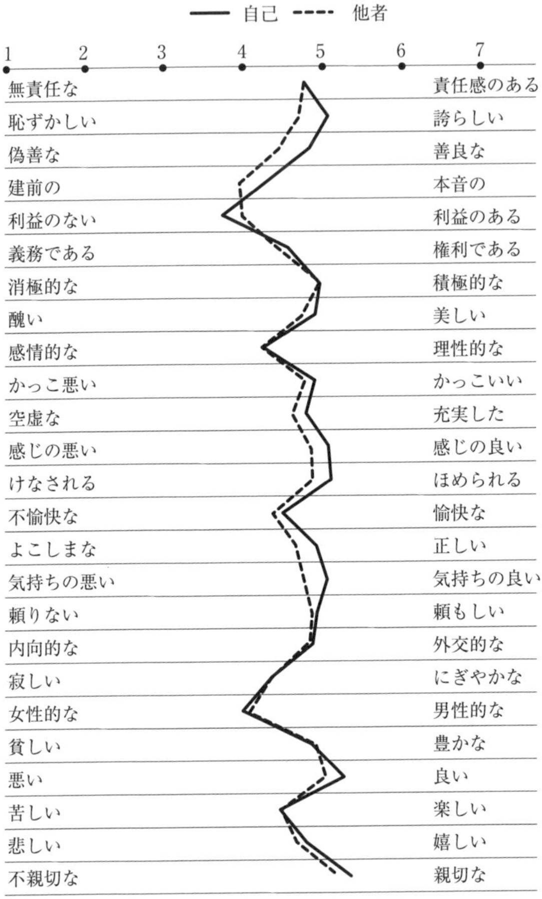

— 自己 ---- 他者

| | 1 2 3 4 5 6 7 | | SD（自己） | SD（他者） | 検定結果 |
|---|---|---|---|---|---|
| 無責任な | | 責任感のある | 1.24 | 1.21 | |
| 恥ずかしい | | 誇らしい | 1.26 | 1.32 | ※※ |
| 偽善な | | 善良な | 1.45 | 1.55 | ※※ |
| 建前の | | 本音の | 1.39 | 1.29 | ※※ |
| 利益のない | | 利益のある | 1.50 | 1.31 | ※※ |
| 義務である | | 権利である | 1.30 | 1.14 | ※※ |
| 消極的な | | 積極的な | 1.41 | 1.22 | |
| 醜い | | 美しい | 1.22 | 1.18 | ※※ |
| 感情的な | | 理性的な | 1.35 | 1.23 | |
| かっこ悪い | | かっこいい | 1.21 | 1.24 | ※※ |
| 空虚な | | 充実した | 1.30 | 1.19 | ※※ |
| 感じの悪い | | 感じの良い | 1.28 | 1.28 | ※※ |
| けなされる | | ほめられる | 1.23 | 1.26 | ※※ |
| 不愉快な | | 愉快な | 1.10 | 1.08 | ※※ |
| よこしまな | | 正しい | 1.20 | 1.28 | ※※ |
| 気持ちの悪い | | 気持ちの良い | 1.30 | 1.27 | ※※ |
| 頼りない | | 頼もしい | 1.23 | 1.19 | ※ |
| 内向的な | | 外交的な | 1.21 | 1.14 | |
| 寂しい | | にぎやかな | 1.03 | 0.97 | |
| 女性的な | | 男性的な | 0.75 | 0.78 | ※※ |
| 貧しい | | 豊かな | 1.21 | 1.20 | |
| 悪い | | 良い | 1.25 | 1.22 | ※※ |
| 苦しい | | 楽しい | 1.10 | 1.03 | |
| 悲しい | | 嬉しい | 1.23 | 1.14 | ※※ |
| 不親切な | | 親切な | 1.25 | 1.23 | ※※ |

（※p＜0.1、※※p＜0.05）

**図 12-1　フードバンクへの現金寄付に対するイメージ（N＝1131）**

資料：筆者調査による

ィブなイメージを気にする」、もしくは「他者からの好評価は期待できない」ため、自己の寄付行動が促進されない可能性が示唆された。

「感じの悪い＞感じの良い」「けなされる＞ほめられる」「よこしまな＞正しい」「気持ちの悪い＞気持ちの良い」なども比較的差が大きかった。寄付をした芸能人などがメディアで売名行為と非難されることがあるが、そのよ

うなことを懸念する心理が影響しているのかもしれない。

　「女性的な＜男性的な」という尺度については、優劣の問題ではないが、自己イメージの平均値は3.99と中央値（4.00）に近く、性的なイメージはほぼみられなかったが、他者イメージは若干の男性的とみられると感じているようである。ボランティアや食品の現物寄付をする場合に比べ、金銭寄付は男性的な印象を持たれたのかもしれない。

　「利益のない/利益のない」は、自己イメージと他者イメージともに中央値の4.00を下回った。自己のイメージは、他者からのイメージより有意に「利益がない」と感じていることを示しているが、これは日本人独特の謙虚な姿勢を表しているのかもしれない。

## 4．小括

　以上、FBへの金銭的寄付のイメージを分析することで食品贈与経済の展望を検討した。日本のFBに対する金銭的寄付のイメージは、全体として好意的なものであったが、自分が寄付することに対する他者からのイメージは、自己が抱くイメージよりもネガティブにとらえられている傾向が明確となった。自己のイメージと行動の関係までは分析できなかったが、心理的には寄付のモチベーションが周囲の目によって減退させられている可能性が示されたといってよい。

　FB活動は、本来的には自発的に行われるものだが、集まってくる食料に対し、事務や分別、配達などのボランティアが集まらなかったり、運営費用が捻出できなかったりして運営上の様々な課題を抱えている。そのようなときには、やはり何らかの外部からの支援を得たり、自己を鼓舞する「誇らしさ」や偽善や建前ではない「やりがい」を周囲に認めてもらったり共感してもらったりすることは、組織活動を維持・発展させるうえで重要な要素となり得る。今後、政策的にもFB活動を普及促進する場合、免責や税制優遇などが進む可能性もある一方で、補助金や食品ロス削減推進法のもとでの啓蒙

活動は引き続き実行されるものとみられる。その中で、FBへの寄付を促進する施策を検討する場合、ドナーへの直接的な訴求だけでなく、ドナーの社会的評価を高める施策を検討することは、今後重要な施策となる。特に、「自給」という無償譲渡があたりまえ、という文化を前提とした場合、日本では食品寄付が（表面的なものではなく行動を誘発するほどの）社会的評価や世論が足りないということも考えられなくもない。顔見知りの場合は「自給」という概念でもよいかもしれないが、見知らぬ人への食品寄付システムであるFBの場合には、その違いを明示することも重要なのである。

　なお、本章の分析は、実証研究としてはいくつかの課題がある。1つは、過去に寄付経験がある人は、イメージが変わる可能性があるという点である。またそれは、年齢や性別、年収、家族構成などによっても傾向が異なる可能性がある。寄付対象も問題であり、今回は寄付対象を生活困窮者としたが、それが、お年寄りなのか、子供なのかによってもイメージは大きく変わるだろう。さらに、25の尺度を一定の因子に集約することで、啓蒙方法や啓蒙対象を特定するなど、政策的なインプリケーションを導出する必要もある。

　このような詳細な分析を経て、本章の小括が日本の特殊性であるのか、世界共通のものであるのかを検証できれば、日本におけるFB発展の指針を明示することが可能となり、贈与経済を社会実装する足掛かりとなり得る。欧米のFBではコロナ禍以前には、「新自由主義を助長する」「栄養学的に適切な食品供給者とならない」などの批判を浴びている（小林・野見山、2019）。日本も間違った方向でFBが発展してしまうと、その修正の過程でこのような批判を受けることになるだろう。各国の寄付文化の差異に鑑みたFBへの寄付イメージを比較分析することは大変意義深い。以上の点については、今後の課題となる。

　謝辞：本章の調査は、科研費21K05804、令和2年度愛知工業大学教育・研究特別助成、申請B〈一般助成〉による助成を利用した。また、アンケート調査においては研究分担者の木村年晶氏（京都橘大学健康科学部）より多

大な協力を得た。記して感謝申し上げます。

## 注

1）日本では、食品ロス統計が始まった2000年より「食品ロスは食品由来の廃棄
　　物を意味する食品廃棄物のうちの食べられる部分（可食部）」と定義されている。
　　しかし、国連では「Food Waste」は自由意思に基づき発生するもの、「Food
　　Loss」は廃棄される仕組みがあり無意識に捨てられるもので、前者は主に小
　　売や消費者段階、後者は農業から卸売段階と輸送段階で発生するものとされ
　　ている。世界的に統一された定義があるわけではなく、この両者を明確に区
　　分することが難しいことから、Food Loss & Wasteと表記されることが多い。
　　以下では、グローバルな課題を指す場合にはFLW、国内課題を指す場合には
　　食品ロスと表記する。
2）内発的動機に対し、金銭のような外発的誘因が与えられると、かえってその
　　行動が阻害されてしまう現象。
3）稲葉ら（2010）p.78によれば、自立性を奪う統制の例として「報酬、罰、強要
　　（理想や目標を含む）、脅し、監視、競争、評価など」がある。ここでは、そ
　　れらの統制がみられるものを「外発的な経営要因」とし、その他を「内発的
　　な個人の欲求やニーズ」とした。
4）ただし、現在同社は日本のFBのドナーリストに名を連ねている。
5）実際には、過去の震災やコロナ禍でボランティアや寄付金がどうなったか問う、
　　ダミーの質問を設定した。紙幅の関係で、本稿ではその解説を割愛した。

## 参考文献

Ariely, D., Bracha, A., and Meier, S.（2009）Doing Good or Doing Well? Image
　Motivation and Monetary Incentives in Behaving Prosocially, *American
　Economic Review* 99（1）: 544-555.

DiMaggio, P. J. and Powell, W. W.（1983）The Iron Cage Revisited: Institutional
　Isomorphism and Collective Rationality in Organizational Fields, *American
　Sociological Review*, Vol. 48, No.2, pp.147-160.

FAO（2011）Global food losses and food waste. Study conducted for the
　International Congress SAVE FOOD! at Interpack 2011.

Godelier, M（1996）*L'énigme du don*, Paris, Fayard（ゴドリエ, M（2000）『贈与
　の謎』法政大学出版）.

Mauss, M.（1954）The Gift: Forms and Functions of Exchange in Archaic
　Societies, *Presses Universitaires de France*（モース（2009）『贈与論』ちくま学
　芸文庫）.

Oppenheimer, D. M., Meyvis, T., & Davidenko, N.（2009）. Instructional manipulation checks: Detecting satiscing to increase statistical power. Journal of Experimental Social Psychology, 45, pp.867-872.

Polannyi, K（1977）The Livelihood of Man, ed. By H. Pearson, *Academic Press.*（玉野井芳郎，栗本慎一郎訳（2005）『人間の経済Ⅰ―市場経済の虚構性』岩波書店）

Sebastian Kube, S., André, M. and Puppe, C.（2012）The Currency of Reciprocity: Gift Exchange in the Workplace, *AMERICAN ECONOMIC REVIEW,* VOL.102, NO.4, JUNE 2012, pp.1644-62.

United States Farm Security Administration（1925）Food is a weapon（https://www.nh.gov/nhsl/ww2/ww10.html）.

青谷賢一郎（2019）「「行動経済学と法」に関する一考察―イメージ動機のクラウディングアウト―」法と経済学会第17回大会.

秋津元輝，長谷川滋大（2011）「当然あるものとしてのコメ：縁故米（無償譲渡米）の動きと人間関係」『日本農業経済学会論文集』pp.292-297.

東浩紀（2017）「接続，切断，誤配」『ゲンロン7』ゲンロン.

稲葉裕之・井上達彦・鈴木竜太・山下勝（2010）『経営組織』有斐閣.

入山章栄（2019）『世界標準の経営理論』ダイヤモンド社.

川島博之（2010）『食の歴史と日本人』東洋経済新報社.

小林富雄（2020）『増補改訂新版 食品ロスの経済学』農林統計出版.

小林富雄・野見山敏雄編著（2019）『フードバンクの多様性とサプライチェーンの進化―食品寄付の海外動向と日本における課題―』筑波書房.

佐伯啓思（2012）『経済学の犯罪』講談社新書.

櫻井英二（2011）『贈与の歴史学』中公新書.

消費者庁（2021）『諸外国における一品の寄附の実態等に関する調査業務報告書』令和2年度消費者庁請負調査.（https://www.caa.go.jp/policies/policy/consumer_policy/information/food_loss/efforts/assets/KaigaiReport（summary）.pdf）

近内悠太（2020）『世界は贈与でできている　資本主義の「すきま」を埋める倫理学』NewsPicksパブリッシング.

比嘉夏子（2016）『贈与とふるまいの人類学』京都大学学術出版会.

松村圭一郎（2017）『うしろめたさの人類学』ミシマ社.

松本裕子（2010）『贈与米のメカニズムとその世界』農林統計出版.

三浦麻子・小林哲郎（2015）「オンライン調査モニタのSatisficeに関する実験的研究」社会心理学研究，31巻1号，pp.1-12.

（小林冨雄）

# 第13章

# COVID-19とリスク・コミニュケーション

## 1．はじめに

　本章のテーマは、COVID-19（新型コロナウィルス〈SARS-CoV-2〉による感染症）と名付けられた感染症に対するリスク・コミュニケーションであり、そのリスクは、執筆時点では現在進行中の地球規模での危機的状況を対象にしている。

　COVID-19は、2019年12月に中華人民共和国湖北省武漢市で発生したとされ、2022年8月現在でも、全世界で感染の拡大と収束とを繰り返す状況が続き、終息の目途が付いていない状況が続いている。日本においても、これまでに感染者数の爆発的な増加と収束を繰り返しており、医療体制の維持に著しい悪影響を及ぼすとともに、医療体制の崩壊へとつながる最悪の事態も生じさせてきている。

　感染症の世界的流行、いわゆるパンデミックは、単にウイルスによってヒトの身体に引き起こされる自然現象に留まらず、政治、経済、文化、安全保障等といった、人間社会全体に対して大きくかつ強い影響を及ぼす社会的な現象をも含まれていることも捉えておかねばならないともいえる。特に、感染症対策は様々な人々の間でリスクや価値、そして効果が異なり、さらに対立を浮き彫りにする可能性をも含む。そのため、リスク・コミュニケーショ

ンを的確に実施していくことが極めて強く求められていると考えられる。さらに、感染拡大と収束とを繰り返す状況が続く現在においては、通常時のリスク・コミュニケーションとは違った対応が必要とされているとも考えられる[1]。つまり、感染の急拡大が生じた際における、緊急時のリスク・コミュニケーションとして区別されてきているクライシス・コミュニケーションの考え方も踏まえて分析する必要があると考えられる。また、そのような状況の中で、食品や農業に係る分野においても、どのような問題が生じているのか、あるいはどのような貢献が必要であるのかを考える必要があるといえる。

## 2．COVID-19に対するリスク・コミュニケーション

### （1）不確実性とリスクに関する捉え方

　まずは、リスクについて確認する。山重（2011）によれば、経済学及び公共部門のリスク・マネジメントの観点から重要と思われるリスクには、次の3つに分類することができると指摘している。それらは、第1に、人為的リスク、第2に、「あるイベント（出来事）が、連鎖的に他のイベントを引き起こし、非常に大きな損失を生み出すというタイプのリスク」である連鎖的リスク、第3に、「地震、戦争、原発事故のように、損失の発生は極めて稀であるが、一度発生するとその損失が非常に大きいというタイプのリスク」である、カタストロフィック・リスクである。

　そして、第1の人為的リスクを、さらに2つに分類して、「リスクの発生が人間の行動に起因するものであるとき」を人為的リスクと呼び、「地震のように、人間の行動に由来するものでないとき」を非人為的リスクと呼ぶとしている。このような分類が有用である点については、「前者の場合には、損失発生の原因となる人々の行動を変化させることでリスクを低下させる対応ができるのに対して、後者の場合にはそれが可能ではないという違いがあるからである」としている。

　これらの区分をもとにして捉えると、COVID-19の発生についてはカタス

トロフィック・リスクであるといえるが、その感染拡大あるいはパンデミックに係るリスクは、「リスクの発生が人間の行動に起因するものであるとき」であり、かつ「損失発生の原因となる人々の行動を変化させることでリスクを低下させる対応ができる」とするところから判断すると、人為的リスクということになる。

　また、近年の行動経済学の研究では、人々は不確実性に関して、伝統的な経済学が想定してきたような合理的な行動をとっているわけではないことが明らかとなってきている[2]。例えば、人々は不確実性の下で意思決定をする際に得られる情報をすべて利用して論理的に判断しているとは言い難いことや、「自分は大丈夫」といった過剰な自信を持ちやすいこと、あるいは、自分の間違いを認めようとはせずに誤った判断をしやすいことが、様々な実験を通じて確認されてきている[3]。つまり、リスクに直面している人々は、合理的な判断を行うことができず、誤った判断に基づく行動をとってしまう傾向があるといえる。そして、山重（2011）によれば、「このような観点からは、最低限度の生活を国民に保証する義務を課された政府が、限定合理性に基づいて意思決定を行う個人のために市場経済に介入するということは合理的な判断として正当化される可能性がある」と指摘している。

　さらに、山重（2011）は、「人々が限定合理的に行動し、適切なリスク・マネジメントを行えない傾向があることへの対応としては、政府が法律に基づいて、強制的に人々の行動を制限するような政策をとることが考えられる」とも指摘している。この点に関しては、政府（公的機関）が必ずしも「合理的な判断」を下すことにはつながらないとの批判が生じ得る。しかし、情報の偏在によって市場が失敗した場合には、それに介入して、情報の非対称性を是正することによって、市場の失敗を回避する、あるいは改善する必要が生じる。その際に、市場の失敗に係る情報をより多く収集し、かつ多くの情報を分析する能力は、人々（個人）よりも政府（公的機関）の方が高いと考えられる。つまり、政府（公的機関）によるリスク・マネジメントが非常に重要であるといえるのである。そのため、感染症対策についていえば、地方

公共団体を含めた政府（公的機関）の役割が非常に重要であるともいえる。

　以上の指摘から鑑みると、平常時から政府（公的機関）が積極的に関わることが重要であるといえ、リスクをマネージメントするためのコミュニケーション、つまり、リスク・コミュニケーションが必要とされるのである。

## （2）リスク・コミュニケーションとクライシス・コミュニケーション

### 1）リスク・コミュニケーションの概念

　リスク・コミュニケーションは、1980年代から欧米で使用されるようになった概念であるとされている[4]。National Research Council〔編〕(1997)によれば、リスク・コミュニケーションとは、「個人、集団、組織間での情報および意見の相互交換プロセス」であるとともに、「リスクの特性に関する種々のメッセージや、関心、見解の表明、またはリスクメッセージや、リスク管理のための法的および制度的な取り決めへの対応などを含む」手法であるとし、その概念には、「リスクに関する情報を社会に伝え、論争を喚起し、それによって人々の合意形成を可能にするコミュニケーションのプロセス」であり、「専門家から一般の人々にリスクそれ自体についての情報が提供されるだけではなく、一般の人々から専門家に対して、リスクに対する関心の有無やその程度、リスク・マネジメントのための法制度の整備に対する意見等が伝えられる」との定義を行っている。

　現在では、原子力発電所や清掃工場等の建設や修繕の際の環境影響評価（環境アセスメント）、あるいは、加工食品類や遺伝子組換え食品、健康補助食品類等に対する食品健康影響評価などのリスク・アセスメント（リスク評価）を行う際には、リスク・コミュニケーションを行うことが必須であると規定されてきている。そのため、現状では、この定義が一般論として定着してきていると解することが妥当である。

　しかし、ここで考えなければならないことがある。それは、平常時におけるリスク・コミュニケーションと緊急時におけるリスク・コミュニケーションに対しての違いである。

## 2）クライシス・コミュニケーション

　リスク・コミュニケーションと一口にいっても、それが行われる時期によって、その取組の内容や手法などに違いを持たせる必要がある。つまり、リスク・コミュニケーションは、平常時と緊急時とでは違いが生じると考えられ、緊急時のリスク・コミュニケーションをクライシス・コミュニケーションと呼び、区別する場合がある。その要因としては、リスクに係る情報の送り手も、その受け手も、ともに生身の人間であるからである。それがゆえに、その都度の感情によって、リスクに係る情報に対する接し方や感じ方に違いが生じても仕方がないからである。

　そのことについて、吉川他（2009）によれば、クライシス・コミュニケーションとは、基本的には、危機において、できるだけ迅速に事態を収束し、損なわれた印象を回復することを目標に行われるとされている。そのため、クライシス・コミュニケーションは、専門家あるいは行政機関が市民に対して情報を伝達するという集団間のコミュニケーションのイメージがあるが、専門家同士あるいは行政機関内部での情報伝達のあり方も重要であると指摘している。

　COVID-19に対する日本の対応では、感染症の専門家と行政や政治との関係、さらには社会や経済に係る専門家との関係に対する問題が指摘されてきており、的確なクライシス・コミュニケーションが図られていないと考えられている。また、クライシスに対する捉え方も、社会全体での統一的な認識がなされていないとも考えられる。そのため、そのような根本的な議論の在り方に対しても考えていく必要があるともいえる。

## 3）危機の概念

　クライシスの日本語訳として真っ先に思い出される言葉は、危機（crisis）である。この危機という言葉を考えるうえで、何を危機と考えるかについての定まった考え方があるということではないとされている[5]。しかし、Coombs（1999）によれば、危機とは、社会や組織に対する重要な脅威を指

すとしている。この中にある「重要な」という言葉には、組織や社会の活動が何らかの形で阻害されているという意味が含まれている。この定義に従えば、災害や事故は、まさに危機という状況ということになる。また別の定義では、危機とは、不祥事や組織的不正、事故、自然災害等によって、企業活動やステークホルダーにネガティブな影響を与える可能性を持つ予期せぬ出来事であるともされている[6]。これらの定義から鑑みると、「危機」という言葉は、幅が広い概念であるということが窺える。

しかし、当初の概念においては、社会的な危機というと、国家の存亡に関係する問題を連想する場合が少なくなかった。そのために、危機の定義には軍事的な意味合いが強く感じられていた。しかし、Grönvall（2000）によれば、当初の軍事的な意味合いから、近年ではその意味合いが薄れてきており、それによって、産業や社会、あるいは経済などの分野へと危機の概念が広がってきているとしている。

ただし、日本でもそのような軍事的な意味合いが薄れてきてはいるものの、その度合いは未だに色濃く残っているようにも感じられる。それは、危機と同様に使用される「緊急事態」や「非常事態」という言葉の使われ方に、軍事的な意味合いが含まれているからであると考えられる。前者に対しては、これまでに行われてきたCOVID-19に対する対応の１つである緊急事態宣言[7]に使用されていることがあげられる。ここで使われている「緊急事態」とは、国民の生命及び健康に著しく重大な被害を与えるおそれがあり、かつ、全国的かつ急速なまん延により国民生活及び国民経済に甚大な影響を及ぼすおそれがある事態が発生したと認められる事態を指している。まさに「危機」を表しているといえる。しかし、この宣言に使われている「緊急」や「緊急事態」という言葉の意味を考えてみると、「緊急」は、重大でかつ即座に対応しなければならないことを表しており、「緊急事態」とは、早急な対応が必要とされている事態を表しているといえる。そのため、これらの言葉から受ける意味合いとしては、「即時性」があると感じられる。しかし、その後に宣言の解除や再宣言あるいは期間延長、さらには対象区域の縮小や拡大とい

ったことが繰り返されてきたことによって、「即時性」という概念が薄れて、「危機」的状況との認識も希薄になってしまったとも考えられる。

## （3）リスクの認知と受け入れが可能なリスク

### 1）リスク・コミュニケーションのプロセスとその送り手の役割

クライシス・コミュニケーションとリスク・コミュニケーションとの分類は、必ずしも見解が一致しているとは限らないとされている。その上で区別してみると、第1に、クライシス・コミュニケーションとリスク・コミュニケーションとを1つとする立場、第2に、別々のコミュニケーションと捉える立場、第3に、これらを区別することなく並立的に取り扱う立場の3つがあげられる。しかし、いずれの立場にあるにしても、関係者の相互作用の過程が重要であり、単なる情報提供や情報伝達ではないところから、リスク・コミュニケーションの送り手に対する考え方も必要であると考える。そこで、リスク・コミュニケーションの過程と送り手の信頼性に係る概念を取り上げる。

広瀬（2006）によれば、「リスク・コミュニケーションは、第一次、第二次、第三次という順番に、その次数が高くなるにつれて、直接的に、かつ体感的にリスク実態を伝えるコミュニケーションから次第に離れたものとなり、抽象化されたり、局所的な強調や削除が行われたりして、次第に具体的なものから構成的なものに変容してゆく」と指摘している（**図13-1**）。

また、「これら各種のリスク・コミュニケーションは集団や個人に到達したあと、受容ないし拒否が行われる。集団や個人に受容されたコミュニケーション部分に関しては、解釈と評価が行われ、その結果として、妥当と判断されるリスク対応行動が取られるのである。このような集団や個人がリスクに対して取る行動は、結果としてリスク自体の在り方に影響を及ぼして、それを変化させるだけでなく、リスク管理対応機構にも、マスメディアにもフィードバックされる。このような反復される往復のコミュニケーションのプロセスを経て、リスクに対する集合的世論が形成され、リスク対応が強化さ

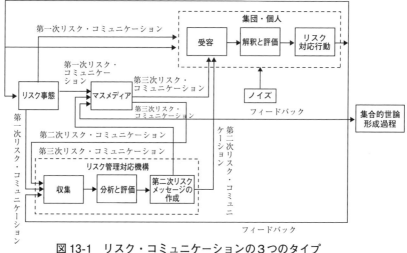

図 13-1　リスク・コミュニケーションの３つのタイプ

出所：広瀬（2006）281 ページを筆者一部修正

れるのである」とも指摘している。

　これらの指摘をCOVID-19に対して当てはめていくと、ただ単にCOVID-19に係る情報を流れ作業のように提供するだけでは、効果的な対策とはならないことがいえる。つまり、周知しているという行動は、必ずしも、COVID-19に係るリスクの情報の共有化にはつながっておらず、不完全な状態であるといった方が良いくらいに受け手には伝わっていない可能性があるといえる。そのため、リスクの情報を直接伝える立場にある政府（公的機関）は、受け手に対して、COVID-19に対する措置へと確実に導くために必要な、より多くの情報を取得しておく必要があるといえる。そのためには、COVID-19の情報を集約し、分析した結果に基づく新たな情報をすべての関係者との間で共有化する措置が求められていると考えられる。

## ２）一貫性のある詳細な情報の提供

　リスクに係る情報を発出する際には、注意するべきことがある。吉川他

（2009）によると、組織内のコミュニケーションに関連して、緊急時には「one voice（ワン・ボイス）」あるいは「single voice（シングル・ボイス）」の原則が指摘されることがあるが、日本では、この原則を「危機管理時にはスポークスパーソンを 1 人に限る」という意味だと誤って理解されていることが多いとも指摘している。確かに、1 人のスポークスパーソン、つまり 1 人の広報担当者がリスクに係る情報の提供者となるのであれば、その情報の内容は変わらないと考えられる。そのため、一貫した情報の提供となる可能性が高いともいえる。しかし、COVID-19 に対する対応は、1 日たりとも休むことなく継続的に続いている。そのような状況下において、リスクに係る情報を 1 人の広報担当者だけに、その役割を果たし続けさせることは非現実的であり、不可能であるといえる。

　このような誤解が生じている背景には、本来の single voice の原則の意味の重要性が理解されていないからのように感じられる。本来の意味は、「with one voice（1 つの声で語る）」である。つまり、一貫した情報を発出するという意味を示している。そのため、この原則に従えば、1 つの組織や公的な肩書を有している個人は、異なる情報の発出や個人的な見解の表明は行ってはならないということを意味しているのである。

　しかし、そうとはいっても、広報担当者を 1 か所に限定してしまうと、広報担当者の発表のみが組織の公式な情報となり、同じ組織に属していたとしても、広報担当者以外の個人的な意見がないがしろにされてしまうおそれが生じる。言論の自由が保障され、かつ言論の多様性が認められている現代社会においては、組織が大きくなればなるほど、多様な意見が多く存在することになる。そのため、一貫したリスクに係る情報を発出することは非常に難しいといえるのである。

　危機に際しては、人々はリスクに係る情報に対する要求が高まる。そのため、人々は必要な情報が十分に手に入らないと感じた場合には、公的な情報源以外の情報に当たり始めることになるだろうとも指摘されている。つまり、このような事態を生じさせないためにも、組織内部で見解を統一し、誰が説

明しても、同じ内容であると理解できるようにすることが重要であると指摘
されている。

### 3）危機時の人の行動の傾向把握に対する情報発信

　クライシス・コミュニケーションを設計する際には、その前提にある危機
時に想定される2種類の人間行動モデルである「非理性モデル」と「理性モ
デル」に注意しなければならないとされている[8]。これらのうち、前者は人
間をあたかも物体のように見立てて、自発的な意思もなく、流されていくと
考え、後者は人を情報や集団の絆、役割等に従って自発的に考え、判断し、
行動する主体として捉えるとされている。

　クライシス・コミュニケーションは、これらのモデルのいずれかによって
異なった設計がなされてくると指摘している。例えば、前者の非理性モデル
に基づいた設計となると、「人々はパニックを起こすから、冷静な対応を呼
びかけなければならない」あるいは「噂に惑わされるかもしれないから、正
しい情報に基づいて行動させなければならない」とされる。そのため、2009
年の新型インフルエンザ（H1N1）発生の際[9]には、非理性モデルに基づい
てコミュニケーションが採られていたために、行政機関が繰り返し「冷静な
対応」や「正確な情報に基づく行動」を呼びかける行動を行ったとされてい
る。

　しかし、災害等のような緊急事態の際の人間行動を分析した社会心理学に
よれば、人々は危機に際して、非理性モデルが想定し得る行動を起こした事
例は極めて少ないとの結果が得られている。そのため、非理性モデルは、緊
急事態の際に実際に起こっている状況とは一致していないことが明らかとな
っているとされている。

　また、別の研究では、過去に社会的混乱を引き起こした噂や流言は、その
多くが行政機関からの情報がもとになっていることも証明されている。例え
ば、阪神・淡路大震災の際に発生した噂を分析した廣井脩氏（東京大学・教
授）の調査[10]によれば、防災機関が発表する情報が難解である、あるいは

解説がなされないままに専門用語が使用されるために、その情報が誤解され、流言化していたことが明らかとなっている。つまり、噂を引き起こす要因は、人々の非理性モデルが想定している人々の行動に基づく行動ではなく、リスクに係る情報を提供する側が発出する理解し難い情報の提供によるといえるのである。それに対して、理性モデルに基づくクライシス・コミュニケーションにおいては、危機に際して人々がより良く行動することができるように、自己効力感（self-efficacy）を持てる情報を発出することを重視している。この自己効力感とは、自分が外界に対して働きかけることができるという感覚を指すとされている。

　先に言及したとおりで、危機に際しては人々のリスクに係る情報に対するニーズが高まるため、詳細な情報こそが必要となるといえる。一般的に、健康リスクのような個人に係るリスクについては、人々のリスクに対する認識が低下することになる。そのため、単なる情報の提供だけでは自分の問題として受け取らない可能性が生じるとされている。また、リスクに対する行動に対して、それを促すためには行動に対する納得できる情報を得られなければ、人々は行動を起こさないということが知られている。このようなことから、内容の理解までにはつながらない時間の短い情報提供の仕方、例えば、テレビコマーシャルで使用されているスポット広告のような手法は、クライシス・コミュニケーションでは適切ではないとされている。

　COVID-19に対する対応では、感染予防といった公衆衛生上の必要な対応や医療崩壊を防ぐための手立てが必要であり、これらに対する人々に従って欲しい行動がある場合には、根拠となる情報を正確にかつ丁寧に提供する必要がある。また、採るべき行動を具体的に例示することも必要であるともいえる。これらの情報に対しては、その内容や情報の提供の仕方が難解であったり、曖昧であったりしてはならないとされている。

　しかし、ここで示した情報の提供の仕方に対する注意点を踏まえた議論が進んでいるかは、甚だ議論が残るところである。それというのも、日本では諸外国が実施した大規模かつ強制力を伴う行動制限や都市封鎖（ロックダウ

ン）のような措置を日本政府が実施しなかったために、議論が曖昧になっていると考えられる。日本以外の諸外国の政府が実施した大規模かつ強制力を伴う行動制限や都市封鎖（ロックダウン）では、人々への食料供給に対する問題が著しくかつ大規模に発生した。これに対して、日本では、同調圧力と一般的に呼ばれる同調現象によって、人々の行動制限が半ば強制的に行われたと考えられる。しかし、日本における行動制限は、あくまで任意のかつ自発的な措置であった。そのため、人々への食料供給に対する問題が不明瞭となったといえる。

　ただし、上記のような日本独自の対応は例外として考えるべきである。今後、クライシス・コミュニケーションを適切に実施するためには、あらゆる事態を想定し、強制力を伴う行動制限や都市封鎖（ロックダウン）を実施した場合に発生し得る食料供給の問題を必ず明示する必要があるといえる。その際には、食品や農業に関わる分野の専門家からの提言や議論への積極的な参画が必要とされているといえる。

## 4）科学と政治との関係性

　COVID-19は、非常に大きな影響を社会に及ぼしており、これまでにない対応が迫れている。つまり、科学と政治との関係や距離が問題となっている。

　日本においても、COVID-19への対応として、緊急事態宣言の発出やそれに基づく人々への行動制限、商業施設の休業あるいは営業時間の短縮といった自粛の要請がなされてきた。また、濃厚接触者に対する隔離措置といった対策も講じられてきている。そのため、これらの対応によって、社会全体の行動が停滞することになり、経済的な損失が甚大となっている。しかし、その緊急事態宣言を発出する要因や効果、行動制限や自粛の要請に対するエビデンス（科学的証明）が不明瞭のままであるために、時間を追うごとに要請を遵守する行動が薄れてきていると考えられる。

　COVID-19は生命に関わる重大事である。そのため、医療分野の専門家からは鬼気迫る提言がなされている。しかし、本来、専門家が担うべき役割に

は、次の２つがあると考えられる。第１に、目下の状況への対応に対する助言を行うとともに、感染状況の各段階に応じた対策を提言することである。そして、第２に、対策についての幅広い意味での見通しや展望といった助言を行うことである。これらの助言を受けて、対策や対処方針を決定する役割を担うのが、政策決定者、つまり政治の役割であるといえる。

　しかし、これまでの政策決定過程においては、誰が、どのようなエビデンスを用いて、どのような議論を通じて決定がなされたのかが不透明な状態であるといえる。本来必要とされている、あるいは求められている措置には、感染拡大に対応した病床数の拡大や病床を確保するための計画、あるいはワクチン接種の完了といった医療体制の整備だけではなく、休業補償や失業対策といったセーフティーネットの迅速な対応が含められている。しかし、布マスクの全国民への供給、10万円の給付、あるいはGo toキャンペーンなどといった政策だけが、迅速に決定されていく状況が続いた。それは、専門性を有していない行政や政治の分野が、自らができる範囲での対応を行っているに過ぎず、妥当な危機対応とは思えない印象を与えてしまったといえる。

　また、政治と専門家との関係に悪影響を及ぼした政策決定として、突然の学校に対する一斉休校措置の要請を行ったことも挙げられる。この措置は、学校の関係者や保護者、そして、何よりも子供の学ぶ機会の確保に大きな影響を及ぼした。しかし、その決定に際しては、専門家会議での助言等の明確なエビデンスに基づく判断ではなく、政府の連絡会議で唐突に決定したことが、国会での審議の際に、首相自らからが認めているところである。そして、この休校措置の決定は、学校給食に係る事業者やその関連産業である農業や食品流通業などに対しても、唐突な出来事として受け取られ、それらの様々なマネジメントにも悪影響をもたらすことにもつながったといえる。

　このように、日本政府のCOVID-19への対応が、医学的観点からの助言を担う専門家に対しては経済活動を優先させている印象を与えてしまい、それらの専門家との関係や専門家からの助言の活用に歪みを生じさせたと考えられる。そのため、そのような印象がある故に、医学的観点からの助言を担う

専門家が、個人の行動や生活形態あるいは企業活動、特にアルコールを伴う飲食店に対する休業や時短営業といった自粛の要請にまで踏み込んで関与するといった異常な事態が生じてしまったといえる。ただし、政府が行った経済活動に対する措置も、上記の休校措置に対する学校給食への影響といった要因を検証することなく政策決定がされていることを鑑みると、経済活動に対するエビデンスも非常に曖昧であるともいえる。

そのため、これらの情報が、政府から行われているのか、あるいは専門家から行われているのかといった点も曖昧な状態で社会に流布することになり、その責任の所在が不明確になるとともに、本来であれば、政治が取り組まなければならない政策提言であるにもかかわらず、対策への批判を専門家へと押し付けるような状況へと導いてしまったと考えられる。

このような状況を象徴しているのが、緊急事態宣言等に対する首相の記者会見に、専門家である基本的対処方針等諮問委員会の座長が同席し、首相に代わって詳細な情報を説明していることが、科学と政治とがねじれてしまっている状況を最もよく表しているといえる。こうした科学と政治との関係は、非常に好ましくはない状況を発現させており、科学が本来果たすべき役割を侵食させ、むしろ社会に対しての信頼を喪失させてしまうといえる。このように、専門家が苦悩に満ちている傍らで、不十分な体制や社会的な情勢が放置されてしまうと、十分な情報を得られずに、今後の展望や見通しを描くことが難しくなってしまうといえる。

COVID-19の終息は現状では見通しがとれてはいない状況にある。そのため、今後も数年間という長い期間での対応が必要となることが予想されている。そのことを踏まえれば、日本においても、英国や米国の科学技術顧問の制度や組織を導入することも検討課題として浮かび上がる。しかし、現状での問題としては、COVID-19に対する現場での問題を踏まえた外部からの批判を受けて、専門家組織や政府が上記で示した考え方を踏まえて行動することが重要であると考える。また、それとともに、感染症や公衆衛生の専門家のみならず、経済や法律、あるいは行動科学などといった幅広い分野の専門

家からの見解も吸収することはよって、感染症や公衆衛生の分野だけの見解
ではない、あるいはそれらの分野の専門家だけの専断や独断ではない情報で
あるとの認識が広がるといえる。特に、大規模かつ強制力を伴う行動制限や
都市封鎖（ロックダウン）では、人々への食料供給に対する問題が著しくか
つ大規模に発生することが予想され、それに対する食品や農業に関わる分野
の専門家の役割は、非常に重要であるといえるのである。

　また、リスク・コミュニケーションあるいはクライシス・コミュニケーシ
ョンの考え方からすれば、関係者の相互作用の過程が重要であるとされてお
り、小規模事業者をも含めた経済界の代表、教育、保育、介護といった分野
の関係者、そして広い意味での一般の市民をも含めたコミュニケーションを
図ることが、透明性と納得感の高い対処方針を定められるとともに、それを
実行することが可能であるといえる。

## 3．課題と展望

　これまでの人類の歴史において、ペスト、天然痘、コレラ、スペイン風邪
や新型インフルエンザなどの世界的な大流行、いわゆるパンデミックを経験
してきた。COVID-19もこれらの人類と感染症との闘いの歴史の1つに加わ
る事象であるといえる。また、社会に対しても大きな変革を迫っているとも
いえる。COVID-19は、そのリスクに係る様々な分野からのコミュニケーシ
ョンに対する問題を突き付けているといえる。

　そのような中で、感染症や公衆衛生に係る分野だけではなく、食品や農業
に係る分野においても考えておくべき項目を取り上げたいと考える。

　まず第1に、エビデンス（科学的証明）の問題である。リスクの情報を示
すに当たっては、エビデンスが明らかな方がより説得力があり、かつ人々の
共感や納得を得ることができるといえる。

　ただし、新たな感染症の発現に対しては、このエビデンスを待っているの
では、リスクに対する対応が手遅れになってしまうことが考えられる。それ

については、京都大学の山中伸弥氏が、ロック歌手であるYOSHIKI氏との対談番組で、「エビデンスを待っていたらいつまでも対策はできません。人類が初めて経験しているんです。エビデンスなんてどこにもないんです[11]」と述べていたが、これはエビデンスが全くない、あるいは全く必要ないとも述べているではなく、エビデンスには様々な強度があると述べているのである。

　つまり、今あるエビデンスを用いて、どのように対策を決定するのか、そして、その決定は妥当であるのかを判断することが必要であるといえる。

　第2に、情報の拡散と変化の問題である。噂やデマといった風評、さらにはトラブルを発生させる情報の発信元は、市民や悪質な業者だけではなく、政治や行政、あるいはメディアである場合も含まれている。また、SNS（ソーシャル・ネットワーク・システム）の進展によって、情報の拡散が瞬く間に広がる現代において、危機時における情報がどのような変容を遂げ、それらが人々にどのような影響を及ぼすのかは、これまでの風評被害や食品の安全や安心の研究から、新たな知見を得られると考えられる。

　第3に、越境する専門性の問題である。COVID-19では、医学的助言を担うはずの専門家が、社会や経済に対する分野に対する踏み越えを行ってしまった。しかし、この問題は翻って考えてみると、人文科学や社会科学の専門家が、このような問題が発生することを予想できたにもかかわらず、これまでに研究してこなかったことが原因であるといえる。食品や農業に係る分野の専門家も、ご多分に漏れず含まれる。様々な専門家が、どのように困難な異分野に踏み入るのか。その一方で、そのような行動に対して、どのように意義を見出すのか。あるいは、専門性の境界とは何かといった根源的な問題に対する研究が求められていると考える。

注
1）田中（2013）。
2）多田（2003）、友野（2006）。
3）例えば、岡本・今野編著（2003）で示されている失敗の事例からも、人々が合理的な行動をとっていないことが強く示唆されている。また、このような

人間行動のことを、心理学では「正常性バイアス」と呼ぶ。

4 ）吉川（1999）、National Research Council〔編〕（1997）。

5 ）吉川他（2009）。

6 ）Coombs（2010）。

7 ）新型インフルエンザ等対策特別措置法（平成24年法律第31号）第32条第 1 項の規定に基づいて、新型コロナウイルス感染症に関する緊急事態が発生した旨が宣言される。

8 ）吉川他（2009）。

9 ）岡部信彦「〈厚生労働省 新型インフルエンザの診察に関する研究〉新型インフルエンザ（パンデミック2009）の総括および鳥インフルエンザ（A/H5N1）の流行の現状」国立感染症研究所感染症情報センター、2011年11月 6 日。https://www.mhlw.go.jp/bunya/kenkou/kekkaku-kansenshou01/pdf/kouen-kensyuukai_03.pdf（2022年 8 月25日閲覧）。

10）廣井編著（2004）。

11）Yoshiki YouTube Channel「Coronavirus Talk　コロナウイルス対談：YOSHIKI &（Nobel Laureate Physiology/Medicineノーベル生理学・医学賞）Shinya Yamanaka」2020年 3 月19日。https://www.youtube.com/watch?v=yckQnJp9fp8（2022年 8 月25日閲覧）。

**参考文献**

Coombs, W. Timothy（2010）"Parameters for Crisis Communication" in W. Timothy Coombs and Sherry J. Holladay eds., *The Handbook of Crisis Communication, Wiley-Blackwell*, pp.17-53.

榎孝浩（2015）「行政府における科学的助言—英国と米国の科学技術顧問—」『レファレンス』2015年12月号：115-144.

Grönvall, Jesper（2000）*Managing Crisis in the European Union: The Commission and "Mad Cow" Disease*〔*Publication of CRISMART Research Programme Volume10*〕, Swedish Defense University.

廣井脩編著（2004）『災害情報と社会心理〈シリーズ・情報環境と社会心理 7 〉』北樹出版.

広瀬弘忠（2006）「リスクコミュニケーションのプロセスと送り手の信頼性」日本リスク研究学会〔編〕『リスク学事典［増補改訂版］』阪急コミュニケーションズ：280-281.

川本思心（2020）「緊急小特集：新型コロナウイルス感染症の世界的大流行と科学技術コミュニケーション」『科学技術コミュニケーション』（27）：pp.3-8.

吉川肇子（1999）『リスク・コミュニケーション—相互理解とよりよい意思決定をめざして』福村出版.

吉川肇子（2012）「危機的状況におけるリスク・コミュニケーション」『原発事故の健康リスクとリスク・コミュニケーション〈別冊・医学のあゆみ〉』医歯薬出版：pp.104-108.

吉川肇子・釘原直樹・岡本真一郎（2009）「危機時における情報発信の在り方を考える 新型インフルエンザ のクライシスコミュニケーションからの教訓」『医学界新聞』2009年11月 2 日.https://www.igaku-shoin.co.jp/paper/archive/y2009/PA02853_04（2022年 8 月25日閲覧）.

吉川肇子・釘原直樹・岡本真一郎・中川和之（2009）『危機管理マニュアルどう伝える？クライシスコミュニケーション』イマジン出版.

National Research Council〔編〕（1997）〈林祐造・関沢潤〔監訳〕〉『リスクコミュニケーション―前進への提言―』科学工業日報社.

西浦博（2021）「今、そしてこれから何が求められてか―COVID-19対策に関する科学技術コミュニケーションの経験から―」『科学技術コミュニケーション』(29)：pp.101-105.

西浦博・川端裕人（2020）『理論疫学者・西浦博の挑戦 新型コロナからいのちを守れ！』中央公論新社.

尾内隆之・調麻佐志（2020）「新型コロナウイルス感染症対策における科学と政治」『科学』90（6）：489-507.

岡本浩一・今野裕之編著『リスク・マネジメントの心理学―事故・事件から学ぶ―』新曜社。

多田洋介（2003）『行動経済学入門』日本経済新聞社.

田中幹人（2013）「科学技術をめぐるコミュニケーションの位相と議論」中村征樹編著『ポスト３・11の科学と政治』ナカニシヤ出版：123-145.

友野典男（2006）『行動経済学―経済は「感情」で動いている［光文社新書254]』光文社.

山重慎二（2011）「公共部門のリスク・マネジメント―経済学の観点から―」高橋滋・渡辺智之編著『リスク・マネジメントと公共政策―経済学・政治学・法律学による学際的研究―』第一法規：1-19.

（相原延英）

第14章

# 外部環境の激変と産直の再定義

## 1. 外部環境の変化と農業・農村

　人類が農業を発明して約1万年が経つと言われるが、これまで人類は自然を克服しながら農業を発展させてきた。だが、自然をコントロールできているわけではない。特に近年激烈化する気象災害による農産物供給量の変動は激しい。また、世界的には人口増加と民族や国家間の対立による食料やエネルギー市場の不安定化が予測される。さらに、新型コロナウイルス感染症（COVID-19）は次々と変異株を生み出しながら地球上を拡散し、収束の目途が見えない。COVID-19は閉鎖的な地域主義、一国至上主義の台頭を許している。

　気象災害が激烈化している要因として地球温暖化の影響が挙げられる。わが国では台風・前線活動等の気象条件により、暴風雨、洪水、土砂崩れ等が発生しやすく、甚大な被害をもたらす自然災害が頻発している。

　国連気候変動枠組条約（UNFCCC）は、国連国際防災戦略事務局（UNISDR）の報告を基に、過去20年間に気候関連災害による経済的損失が急増したと報じた[1]。損失は1978〜1997年の20年間の8,950億ドルに対し、1998〜2017年の20年間では2兆3,000億ドルと2.6倍になった。この20年間の災害の91%は気候関連で、経済的損失額の上位はアメリカ、中国、日本、インドの順になっている。

また、令和３年版の国土交通白書では、洪水、土砂災害、地震（震度災害）、津波のいずれかの災害リスクがあるエリアの面積は国土全体の21.5％となっている一方で、災害リスクのある地域に居住する人口は2015年現在で8,603万人、総人口に対する割合は67.7％を占めていることを指摘し、今後その割合は2050年には70.5％までに増加することを予測している[2]。

　2021年８月９日、気候変動分野において重要な政府間組織である、「気候変動に関する政府間パネル」（IPCC: Intergovernmental Panel on Climate Change）による第６次評価報告書第I作業部会報告書の政策決定者向け要約が公表された。この報告書には、３つの重要なポイントが示された[3]。

　第１に、これまでは20世紀半ば以降の温暖化の主な要因は、95％以上の確率で人間の影響であるとされていたのが、今回初めて人間が原因であると断定する報告になったこと。

　第２に、世界中のほぼ全ての地域で、命にかかわる被害をもたらす熱波・豪雨等の極端現象が増加したことが初めて報告された。

　第３に、熱波のような極端な高温現象については、人間の活動が極めて高い確率（95％以上）でその原因となった事例があったということも初めて報告された。日本で発生した2018年７月の豪雨や記録的な高温に地球温暖化の影響があったとされ、新しい知見が更新された。

　以上を鑑みて、本稿の課題はこれまでの産直研究では省みられなかったレジリエンス（回復力）に着目し、①産直産地と買い手（生協や食品企業）はどのような相互調和を実現しているのか、②災害発生による供給不足や品質低下に対して、契約の公平性をどのように保つのか、等の視点から分析、研究を目指し、最終的には産直の再定義を行う。


## ２．産直をめぐる外部環境の変化

### （１）産直の定義と現代的諸形態

　本稿において、産直と定義する流通方式を最初に明示しておかねばならな

い。まず、狭義の産直は、特定
の生産者と消費者が交流し、相
互理解と相互信頼のもとで行わ
れる計画的で継続的な取引であ
る。狭義の産直の定義は次の通
りである。

・播種、定植前の取引数量と価
　格の事前決定

・生産者の再生産を保障する生
　産者価格の設定

**表14-1　産直の類型化（2015年版）**

| 取引の種類 | |
|---|---|
| 広義の産直 | 生産者直売（朝市、青空市、店舗・無店舗販売） |
| | 農産物直売所、小売店のインショップ |
| | 専門小売店・量販店との取引 |
| | 流通業者（卸売・仲卸業者）との取引 |
| | 外食企業との取引 |
| 狭義の産直 | 個別農家と消費者との取引 |
| | 生産者グループと生協等との取引 |
| | 専門流通事業体との取引 |
| | 農協と消費者グループとの取引 |
| | 農協と生協との取引 |
| | 食品加工業者との契約取引 |

出所：筆者作成

・売り手と買い手が対等、平等の関係性の構築

　一方、広義の産直とは、狭義の産直に比較して取引の計画性や継続性が希
薄で、交流活動はないものの、数量や価格について事前に交渉する相対取引
も含まれる。

### （2）東都生協を巡る産直の推移

　自然災害による農業被害は、生協産直のように組合員が購買する以前にそ
の数量と価格が決まっている取引への影響は甚大である。東都生協は、より
安全でよりすぐれたものを手に入れたいという消費者の願いから1973年に設
立された。基本理念は、「産直」「協同」「民主」——いのちとくらしを守る
ために——であり、消費と生産を結ぶ「産直」を基軸とした事業と活動を進
めている。組合員数25万9千人（2021年3月）、総事業高371億円（2020年度）
である。COVID-19による巣ごもり需要の影響により、前年比123％と大幅
な伸びになっている[4]。東都生協には店舗は1つもなく共同購入事業に特化
した地域生協である。

　同生協における自然災害を原因とする青果物の供給トラブルの状況は**表
14-2**のとおりである。2015年以降、台風、降雹、地震などを原因とする欠品、
品質低下、規格変更などのトラブルが多いことがわかる。これらの供給トラ

ブルに対して、組合員は代替商品もしくは一緒に届くチラシにより産直産地の供給環境を知る。

　特に、2019年9月に関東地域に接近した台風15号は野菜産地に甚大な被害をもたらした。被害を受けた産地では野菜の収穫や選別・出荷がままならない状況であったため、同生協商品部は「おまかせ2～3品」1点500円という商品企画を実施した。出荷基準を緩くして、表面の傷やすれなど食味に影響がない範囲で出荷を受け入れた。野菜産地によっては台風により収穫量が減った品目もある一方で増えた品目もある。当初の契約とは異なり、自由に出荷できて助かったと産地の評価は高かった。また、組合員からも「災害被害に対する産地への寄付も良いけど、買い支えるという商品企画も良い。」と言う声もあった。応援セットは10回実施され、のべ3万4千人の利用があり、金額も1,740万円の実績になった[5]。

　一方で、2020年のような暖冬では、野菜の生育が前進して、東都生協との契約数量以上の野菜が収穫され、卸売市場に過剰分を出荷しても当該の野菜は二束三文で取引されるのが通常である。そのため、同生協ではサポート商品としての配達や時には配達職員による引き売りをして需給調整を行っている。東都生協の組合員はこれまでの産地との交流の中で自然災害などによる

表14-2　東都生協における自然災害を原因とする主要な供給トラブルの状況

| 年 | 月 | 野菜 | | | 果実 | | |
|---|---|---|---|---|---|---|---|
| | | 欠品 | 品質低下、区分変更 | 原因 | 欠品 | 品質低下、規格変更 | 原因 |
| 2015 | 8 | 1 | | 降雹 | 1 | | 降雹 |
| | 9 | 26 | | 台風 | 2 | | 降雹、台風 |
| 2016 | 3 | | | | | 2 | 前年の台風 |
| | 6 | | | | 1 | *2 | 降雹 |
| | 4 | 7 | | 地震 | | | |
| 2017 | 6 | 1 | | 降雹 | | | |
| | 8 | 4 | 1 | | | | |
| 2018 | 1 | 35 | 4 | 大雪 | 2 | | 大雪 |
| | 9 | 21 | | 地震 | | | |
| | 9～11 | 38 | 7 | 台風 | 5 | 8 | 台風 |
| 2019 | 2 | | | | | 3 | 前年の豪雨、高温 |
| | 9 | 9 | | 台風 | 3 | 1 | 前年の台風 |
| | 10 | 9 | | 台風 | | | |
| 2020 | 1 | | | | 1 | | 突風 |

出典：東都生協商品部の資料から筆者作成
注：①数値はアイテム数、②＊は他産地振替、③データは遡って確認出来たもの

表14-3　台風被害産地応援セットの利用実績（2019年）

| 月 | 回 | 利用人数（人） | 利用点数（個） | 利用金額（千円） |
|---|---|---|---|---|
| 10 | 3 | 5,680 | 5,765 | 2,882 |
| | 5 | 3,042 | 3,066 | 1,533 |
| 11 | 1 | 5,285 | 5,356 | 2,678 |
| | 2 | 4,109 | 4,141 | 2,071 |
| | 3 | 3,511 | 3,534 | 1,767 |
| | 4 | 3,262 | 3,282 | 1,641 |
| 12 | 1 | 2,359 | 2,369 | 1,184 |
| | 2 | 2,695 | 2,705 | 1,353 |
| | 3 | 2,627 | 2,638 | 1,319 |
| | 4 | 1,951 | 1,959 | 980 |
| 合計 | | 34,521 | 34,815 | 17,408 |

出典：東都生協商品部の資料から筆者作成

供給トラブルには応援する気持ちがあると、商品部の職員は感じている。

　ただし、野菜の小売価格に左右されて購買を決定する「機会主義的な組合員」も一定程度おり、欠品に対しても敏感である。生協は単なる小売業ではなく、産地と組合員をつなぐ信頼関係を醸成するコミュニケーションが今後も必要であろう。

### （3）東都生協が行う地域総合産直の総括

　地域総合産直とは、1988年に東都生協が提唱し、JAやさとと取り組んだ産直運動である。その趣旨は、単品あるいは特定の生産者との取引に留まるのではなく、生産者と消費者がともに、地域ぐるみ、むらぐるみで永続的な農業を行える産地をめざし、暮らしも含めた総ぐるみで産直に取り組むという壮大な理念だった。その後、地域総合産直に関して複数の報告書[6]が出版されたが、これまで東都生協自らが地域総合産直を総括したことは無かった。

　地域総合産直は産地に何をもたらしたか。八郷町[7]は中山間地域と平坦地域で、小区画の水田や畑が主体の土地条件である。生協産直に取り組む前は、養蚕とたばこ作が中心の農業地帯だったが、生協産直により野菜生産や農家養鶏が進展し、生協の事業の伸展に伴い、東都生協との取引品目数は増大し、売上額も増大した。JAやさとは東都生協との産直によって確実に豊かになった。

　次に、地域総合産直によって産地では何が変わったか。JAやさとは、①在来大豆の生産を拡大するとともに納豆工場を建設し、東都生協に納豆を全量供給するようになった。また、JAやさとと東都生協の産地交流が活発化し、②農協組合員が生協組合員との連携や提携は重要と認識するようになった。また、③生協組合員も地産地消の運動に共鳴し、産地との交流活動に参加するようになった。

　では、地域総合産直は生協に何をもたらしたか。地域総合産直が提唱された時代は生協の組合員数や供給高が急激に増加していた頃である。事業が拡

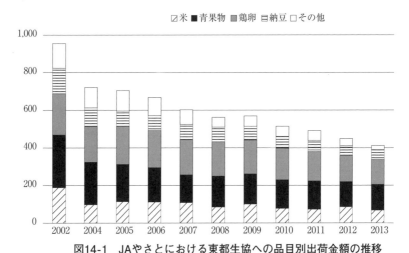

**図14-1　JAやさとにおける東都生協への品目別出荷金額の推移**

大するときには基軸となる運動理念が必要であり、それを土作り宣言と地域
総合産直が担ったと言える。

　しかし、近年JAやさとにおける東都生協への供給高もシェアもすべての
品目で低下している。全品目の供給高シェアは2002年53％から2013年23％へ
半分以下に低下している。鶏卵の産直は継続しているが、鶏肉の産直は途絶
えてしまった。原因はブロイラー農家の廃業とのことだが、産直の後継者を
育てられなかった生協に責任はないのか。

　地域総合産直が想定していた運動と事業は成功したのだろうか。JAやさ
とと東都生協は、時代の流れに揉まれながら必死に生きてきた。しかしそれ
は、総合化という方向性ではなく、多角化や分散化の途だった。東都生協は、
生協組合員の「欲望の高度化」[8]に対応すべく、複数産地化や産地を選別
することに舵を切り、結果としてJAやさととの取引シェアは低下したので
ある。

　ただ、評価すべきは、地域総合産直が「遺産」となり、JAやさとに有機
農業部会が結成され、その後に新規就農研修制度が設けられたことである。

これは、新規就農者の受け皿となり、有機農業部会（約30名）はJAやさとの若い担い手層となっている。生協全般の事業力が低下する中で、産直の意義が問い直されている。生協（組合員）と産直産地は、協同組合間協同の原点を問いただして、困難な途を進むしかない。

## 3．20年前の産直の論文は何を提起したか

### （1）産直の展開過程

　20年前に日本農業市場学会が企画した『講座今日の食料・農業市場』の第3巻に筆者は「食品流通再編と産直の展開」（以下、「産直の展開」）を執筆した[9]。以下、内容を簡単に紹介しよう。

　1980年代後半から90年代以降に顕著となった食品流通の再編は、その一局面では産直の全面展開と呼べるような状況を迎えた。産直は生協の独占物ではなくなった。また、多くの産地は販売チャネルの多線化のために、外食企業や商社との取引を積極的に進めるような機運がでてきた。

　そして、筆者は食品流通の再編を受けて産直の分類も変更が求められとし、食品産業による産直的な取引を如何に位置づけるかがポイントとなると指摘した。そして、「産直の展開」の第1の課題として、食品製造業、食品流通業、外食産業などが実践している産直的取引を広義の産直の中に位置づけ、その可能性と限界について論述すること。第2に、産直の全面展開期とも呼べる時代を迎えて、産直の運動論的な展望は如何なるものかについて明らかにすることとした。

　当時からインターネットの発達とともに、安価で手軽に双方向の情報交換ができる特性を利用した電子商取引が増えつつあること、今後物流や代金決済のシステムが進展するなかで、食品分野においてもその取り組みは増えることを指摘した。そして、積極的にこの分野に乗り出そうとしている産直生産者組織も多いが、サイバーモールに参加するなり、自前のホームページ上で取引を行うにしろ、この分野では先駆者利得は大きく、いち早くそのノウ

ハウを獲得したものが勝者となると予測した。

　特に、産直における関係性の構築と維持に不可欠だったコミュニケーションのコストは大幅に低減し、その効率も向上することにより、信頼関係を維持、強化するためのコミュニケーション、特にバーチャルな交流によって、コミュニケーションの頻度は増加し、信頼関係も増大する可能性は高い。産直においても、激しい構造変動が起こるであろうことを指摘した。

　20年後のいま、オイシックス・ら・大地（株）の〈oisix、らでぃしゅぼーや、大地を守る会〉、（株）ビビッドガーデンの〈食べチョク〉、（株）ポケットマルシェの〈食べる通信、ポケットマルシェ〉などのウェブサイトによる一般消費者への有機野菜、特別栽培農産物の通信販売の隆盛はこのことを裏付けている。

## （2）産直商品の使用価値

　産直商品の使用価値について言及したい。筆者は『産直商品の使用価値と流通機構』（1997）の中で、産直商品の使用価値の構造を白柳夏男（1983）の成果を援用して、**表14-4**の通り整理した[10]。

　この中で、売り手と買い手に共通する使用価値として社会的損失を低減する使用価値を提案した。同書では『資本論』が規定する使用価値概念よりも拡大した商品学的な使用価値概念を用いた[11]。この社会的損失を低減する使用価値を次のように記述した。

表14-4　産直商品をめぐる使用価値の構造

| | 買い手<br>（消費者） | 売り手<br>（生産者） |
|---|---|---|
| 産直の動機 | ①比較安価・安定した価格<br>②より安全、より確かな商品<br>③食味や栄養等の品質重視 | ①安定価格の実現と安定した出荷先の確保<br>②有機農業、減農薬農業の実践者による商品の価値実現<br>③製品差別化による高価格実現 |
| 使用価値 | 生活手段 | 交換手段<br>営利手段 |
| | 社会的損失を軽減する手段 | |

出典：野見山敏雄（1997）

248

①農薬や化学肥料など化学合成資材の多投により生じる人体への被害や生態系（水、土壌、大気）の汚染を軽減する手段。

②産直商品の生産と消費とのかかわりによって、生活や地域の環境、地球環境の保全などに無関心だった人が学習し、現状を変革するイニシエイターとなること。

③社会的損失を低減する使用価値は追加的使用価値であり、農業生産及び産直商品を消費する主目的として浮上するものではない。

さらに、産直商品の使用価値を享受するには次のような能力が必要であることを指摘した。

①産直商品の使用価値を評価する能力があること。

②産直商品を購入する能力があること。

③産直商品を手に入れるために共同購入活動や援農に参加できるという時間的な余裕があること。

そして、時間的余裕がない消費者に向けた「省力型産直」は従来型の産直商品とは別の使用価値をもっており、単に安全で、品質の良い商品を割高でも購入したいという消費者層であり、社会的損失を軽減する手段としての使用価値は享受しなくても良い。つまり、産直のもつ運動論的側面はすくなくとも最終消費者段階では希薄化される。

なお、この社会的損失という概念は、宮本憲一（1989）が定義したものを援用した。宮本は経済学では社会的費用という概念が多義的に使われ、国や人によって定義も応用範囲も異なっているので、この概念を使用するときには、その意味を限定しないと混乱をまねくかもしれないと前置きして、経済活動の結果としての社会的損失と防止費用に分け、前者には絶対的損失を含むと区別している。刊行から25年を経過しても、論理の誤りを修正する箇所はない。現代的な産直商品の使用価値を言及するときには、社会的損失を低減する使用価値に注目する必要があると考える。

また、河野（1984）によれば、物は無限に多くの属性をもっているが、人間はすべてを知り尽くしているわけではなく、物の有用な属性や、使用の仕

方を次々と発見するのであり、使用価値は社会的、歴史的であると強調している[12]。つまり、産直商品の使用価値も買い手や売り手によってその認識程度は異なり、社会的、歴史的にも変化することを示唆している。社会的損失をどうやって低減するのかという問題は、以前よりも一層深刻な問題として浮上している。

　また、農業の生産過程において化学肥料や化学合成農薬やプラスチックフィルムなどの化学合成資材を思慮分別もなく使用し、地球環境問題を考慮することのない産直商品を持続可能な商品と言えるのだろうか。

## 4．産直生産者はどう変わったか―房総食料センターの事例から―

### （1）房総食料センターの産直の推移

　関東地域には多くの農事組合法人型産直（以下、センター型産直）がある。センター型産直の特徴は、第1に広域的に活動する農事組合法人が母体であること。第2に生協のみならず消費者組織との取引を重視していること。第3に農産物の安全性について特別に厳しい配慮をしていること。第4に農民運動組織との連携を重視し、民主的な組織運営を実践していること、などである。

　関東の代表的なセンター型産直の一つが農事組合法人房総食料センター（以下、房総センター）である。房総センターの組織の概要（2020年2月現在）を簡単に述べると、正組合員103戸194名、准組合員が11戸15名、光、八匝、山田、山武、飯岡の5つの地域から構成されている。

　供給実績（2019年）を見ると、野菜11億3千万円、米8千万円、餅加工・餅3千万円、生産・出荷資材5千万円、その他8千万円、合計13億7千万円であり、前年度実績よりも7％減になっている。これは、暖冬や日照不足、さらに台風15号によるハウス施設の損壊、台風19号による集中豪雨などの影響により、野菜や稲作への被害が甚大で、売上を大きく減少させたことによる。

　出荷先は東都生協、コープみらいなどの生協が76％、食品スーパー、卸売市場、農産物直売所などが20％、新日本婦人の会の野菜ボックスが4％である。

　房総センターは災害見舞金制度を1990年に設定した。その内容は、房総センターと組合員が契約した畑で自然災害により播種や定植が出来なかった場合は10a当たり1万円、発芽や苗の活着が悪いときは10aあたり5千円から1万円を支給するものである。見舞金の財源として、組合員の出荷額の1％を積み立てた「販売促進基金」から支給している。この「販売促進基金」は、過剰時や特別に安く販売するときに品目間の負担増を是正するための基金だったが、1995年から災害見舞金に利用することにした。

　2019年の15号、19号台風の災害時には、生協などからの見舞金が1185万円も届き、壊れたハウスの片付けに生協職員延べ172名がボランテイアとして駆けつけてくれた。

　一方で、房総センターの組合員の高齢化と後継者問題は深刻化している。房総センターが独自に行った調査（2016年）によれば、65歳以上が37戸（28％）あり、経営移譲された50歳未満の農家は11戸、経営移譲されていない次世代メンバーは10戸だった。第39回通常総会資料（2020年2月）によれば、60歳以上の売上高比率は36％を占めており、後継者がいない60歳以上の組合員の作付面積の減少が発生していると指摘している。この問題に対して、房総センターは次世代チャレンジプロジェクトを2014年から開始した。候補者は70名だが、次世代メンバーが5年後を見通して、どのような農業を行い、出荷先はどうするか戦略を立てている。椎名二郎顧問は「後継者がいない黄昏世代が生産活動から退出するとセンターの売上高は3割下がる。次世代の組合員自らが考えて行動することが必要だ。」と述べている。

## （2）産直農家の変遷と野菜価格の低迷

　これまで筆者は、関東地域の産直センターを継続して調査してきた。コロナ禍のなかであったが、2020年11月に房総食料センターの農家調査を実施し

表 14-5　房総食料センター調査農家の経営の推移

| 調査年 | 1993 年 2 月 (1992 年) | | | | | | | 2002 年 11 月 (2001 年) | | | | | | | 2020 年 11 月 (2019 年) | | | | | | | 現況 | |
|---|---|---|---|---|---|---|---|---|---|---|---|---|---|---|---|---|---|---|---|---|---|---|---|
| 番号 | 経営主年齢 | 農業専従者数 | のべ雇用労働日数 | 経営耕地面積 水田 | 畑 | うちハウス | 粗収益 | 経営主年齢 | 農業専従者数 | のべ雇用労働日数 | 経営耕地面積 水田 | 畑 | うちハウス | 粗収益 | 経営主年齢 | 農業専従者数 | のべ雇用労働日数 | 経営耕地面積 水田 | 畑 | うちハウス | 粗収益 | センター組合員 | 農業継続 |
| 1 | 42 | 2 | 0 | 273 | 193 | 40 | 2,318 | | | | | | | | | | | | | | | × | ○ |
| 2 | 41 | 3 | 0 | 230 | 90 | 0 | 948 | | | | | | | | | | | | | | | ○ | ○ |
| 3 | 33 | 2 | 0 | 80 | 154 | 0 | 636 | | | | | | | | | | | | | | | × | 不明 |
| 4 | 59 | 2 | 130 | 115 | 104 | 0 | 722 | | | | | | | | | | | | | | | × | 不明 |
| 5 | 42 | 2 | 45 | 135 | 400 | 0 | 1,693 | | | | | | | | | | | | | | | × | 不明 |
| 7 | 46 | 2 | 30 | 70 | 260 | 0 | 1,392 | 55 | 2 | 200 | 70 | 300 | 1 | 1,657 | | | | | | | | × | ○ |
| 6 | 43 | 2 | 0 | 390 | 205 | 0 | 1,479 | 28 | 2 | 765 | 200 | 250 | 0 | 1,308 | 46 | 2 | 1,065 | 0 | 500 | 90 | 2,140 | ○ | ○ |
| 8 | 34 | 4 | 20 | 300 | 120 | 12 | 1,793 | 44 | 3 | 260 | 300 | 140 | 25 | 1,753 | 62 | 2 | 400 | 385 | 110 | 25 | 1,598 | ○ | ○ |
| 9 | 46 | 4 | 8 | 120 | 125 | 15 | 919 | 55 | 4 | 0 | 130 | 142 | 0 | 905 | 73 | 2 | 68 | 153 | 100 | 5 | 225 | ○ | ○ |
| 10 | 42 | 4 | 0 | 190 | 185 | 45 | 1,477 | 52 | 4 | 0 | 230 | 185 | 30 | 1,448 | 70 | 3 | 0 | 230 | 160 | 30 | 1,520 | ○ | ○ |
| 11 | 30 | 3 | 10 | 50 | 210 | 0 | 1,763 | 40 | 3 | 49 | 50 | 210 | 3 | 2,242 | 57 | 3 | 0 | 60 | 215 | 0 | 1,824 | ○ | ○ |
| 12 | | | | | | | | 63 | 4 | 300 | 100 | 90 | 50 | 2,360 | 54 | 3 | 240 | 0 | 120 | 50 | 1,300 | ○ | ○ |
| 13 | | | | | | | | 41 | 3 | 10 | 17 | 410 | 3 | 1,494 | 59 | 1 | 62 | 17 | 310 | 0 | 1,377 | ○ | ○ |
| 15 | | | | | | | | 53 | 3 | 0 | 180 | 100 | 45 | 1,444 | 71 | 2 | 32 | 160 | 20 | 20 | 630 | ○ | ○ |
| 17 | | | | | | | | 47 | 4 | 2,740 | 90 | 650 | 3 | 4,874 | 65 | 2 | 3,900 | 0 | 1,360 | 3 | 7,458 | ○ | ○ |
| 14 | | | | | | | | 52 | 4 | 5 | 400 | 125 | 40 | 1,888 | | | | | | | | × | ○ |
| 16 | | | | | | | | 50 | 2 | 0 | 240 | 110 | 27 | 1,568 | | | | | | | | × | ○ |
| 18 | | | | | | | | 53 | 4 | 5 | 360 | 250 | 25 | 1,582 | 58 | 2 | 0 | 190 | 330 | 320 | 855 | ○ | ○ |
| 19 | | | | | | | | 53 | 2 | 20 | 100 | 150 | 25 | 1,028 | | | | | | | | × | ○ |
| 平均 | 42 | 3 | 22 | 178 | 186 | 10 | 1,376 | 49 | 3 | 311 | 176 | 222 | 18 | 1,825 | 62 | 2 | 577 | 120 | 323 | 54 | 1,893 | 10 戸 | 17 戸 |

出典：聞き取り調査の結果から筆者作成

た。その調査結果から27年間の経営の推移を俯瞰しよう。

これまで、1993年2月（11戸）、2002年11月（14戸）、2020年11月（10戸）の3回調査を行った。第1次調査から第3次まで連続調査が出来た農家は5戸、第2次調査と第3次調査を連続調査が出来た農家は9戸である[13]。

過去3回の調査の経営主年齢の平均は42歳、49歳、62歳と確実に高齢化が進んでおり、世代交代があった農家は2戸のみである。生協産直を40年以上実践している組織であるにもかかわらず、前述の椎名二郎顧問が言う「黄昏世代」が増加しているのはなぜだろうか。

その要因は複数あると考えるが、最大の要因は野菜価格の低迷である。1992～2019年の28年間で飲食料品の実質卸売物価指数は16.6ポイント上が

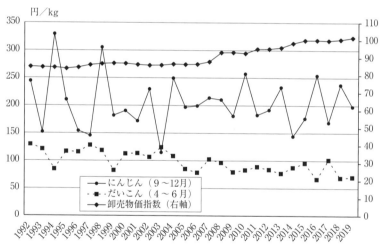

図14-2　東京都中央卸売市場の品目別野菜単価（実質）の推移
出典：ALIC「べじ探」のデータから筆者作成

表14-6　調査農家の品目別野菜単価の推移

| 品目 | 出荷時期 | 単位 | | 1992年 | 2001年 | 2019年 |
|---|---|---|---|---|---|---|
| にんじん | 9-12月 | 円／kg | 名目 | 120 | 110 | 100 |
| | | | 実質 | 141 | 128 | 98 |
| だいこん | 4-6月 | 円／本 | 名目 | 90 | 110 | 100 |
| | | | 実質 | 106 | 99 | 98 |

出典：聞き取り調査から筆者作成

っている。調査農家において、27年間追跡可能なにんじんとだいこんの価格に注目すると、東京都中央卸売市場におけるにんじん（9〜12月）とだいこん（4〜6月）の実質卸売価格は、ともに卸売価格は下落している。また、東都生協に出荷した供給単価を見ると名目価格も実質価格もともに下がっている[14]。

　農業機械、肥料、農薬などの生産資材価格が上昇する中で、これでは農業経営もじり貧になっていく。そのため、農家の一部は外国人技能実習生を含む雇用労働力を導入し、野菜面積の規模拡大により農業粗収益を確保しているのである。

　ただし、野菜の生協取引価格が横ばい〜下落している原因を取引生協のみに責を負わせるのは酷であろう。コロナ禍の影響がない『令和元年版労働経済の分析』をみると、1時間あたりの一般労働者の実質賃金は2012年104.1から2018年101.4と2.7ポイント下がっている[15]。つまり、国民の実質賃金が上がらなければ、相対的に高い野菜は売れないし、生協組合員も買えないのである。生協産直と言えども市況に左右される価格形成しか出来ず、産直農家の再生産を保障する価格を提示できていないのである。その結果、農業の後継ぎは育たず農業経営主は歳を重ね、静かに「黄昏」を待つのみである。

## 5．これからの産直と産直の再定義

　上記の叙述を踏まえて、本章の結論として産直はこれから10年、20年のスパンで継続できるのか、その生命力は持続可能なのかについて結論を述べたい。

### （1）自然災害からのレジリエンス

　2018年7月豪雨では西日本を中心に記録的な大雨をもたらした。2019年台風15号（房総半島台風）と台風19号（東日本台風）により農作物や農業用施設に甚大な被害をもたらした。農林水産関係の被害額は2018年5,138億円（北

海道胆振東部地震被害を除く）、2019年4,999億円と2011年に発生した東日本大震災を除くと過去10年間で最大級の被害額となった[16]。多発する自然災害から産直産地が回復するには、当面の生活支援と被災した農業施設や農業機械を復旧、更新するための経営資金が必要である。

これまでの自然災害においては、国や自治体による災害補償費が支給されると共に、生産者自らが加入した農業共済災害補償額が支払われる。ただ、人間が災害を受けたときに必要なものは、お金だけではなく地域や関係する人達による励ましと温かい声援である。

一例を挙げよう。農事組合法人埼玉産直センター（埼玉県深谷市など）は埼玉県北部に位置し、深谷市・本庄市・岡部町・上里町・妻沼町の2市3町の組合員により構成されている。2020年現在の正組合員数は250名を越え、販売高（2019年）も28億円を上回っている。コープみらい、東都生協、コープさっぽろ等の生協のほかに大手量販店との取引額も増えている。

埼玉産直センターは2014年2月14〜15日の大雪により管内のパイプハウスのほとんどが崩壊するという災害を受けたが、産直産地協議会の仲間と東都生協などの取引生協の支援により、いち早く生産態勢を回復した歴史がある[17]。同センターの組合員は大雪によりパイプハウスが倒壊したときはしばらく仕事が手につかず、心が折れそうになったという。しかし、産直産地の仲間や生協職員がパイプハウスの片付けの応援に来てくれたことは、たいへん励みになったそうだ。

このような支援は生協産直に限ったことではなく、最近は台風や大雨被害を受けた町や村には全国から大勢のボランティアが駆けつけてくれるようになっている。ただし生協産直の場合、被災直後からの復旧過程において、応援消費という特別の被災産地の支援を行っており、産地の回復に大きく寄与しているのである。今後も、生協産直という閉じた生産と消費の関係を強固にするためには、産直産地と生協組合員の両者が互いに学び合い、信頼し続けることが必要である。そのためには、商品の取引を超えたコミュニケーションの深化が求められると考える。

## （2）「みどりの食料システム戦略」を超える産直の在り方

　農林水産省は2021年５月に「みどりの食料システム戦略〜食料・農林水産業の生産力向上と持続性の両立をイノベーションで実現〜」（以下、みどりの戦略）を策定し、公表した。それによれば2050年までに目指す姿として次の通り掲げている。

①農林水産業の$CO_2$ゼロエミッション化の実現
②化学農薬の使用量をリスク換算で50％低減
③化学肥料の使用量を30％低減
④耕地面積に占める有機農業の取組面積を25％、100万haに拡大
⑤2030年までに持続可能性に配慮した輸入原材料調達の実現
⑥エリートツリー等を林業用苗木の９割以上に拡大
⑦ニホンウナギ、クロマグロ等の養殖において人工種苗比率100％を実現

　農林水産省はこの７つの目標を掲げ、実現に向けて調達から生産、加工・流通、消費における関係者の意欲的な取組を引き出すとともに、革新的な技術・生産体系の開発と社会実装に取り組んでいくとしている[18]。
　「みどりの戦略」の中でも①〜④の目標は、これからの日本農業の転換を促す重大な政策であり、無視できないものである。生協産直の産地は40年以上前から土づくりをおこない、化学合成農薬の散布回数を削減するなど、より安全で安心な農産物の栽培方法に転換し、生協組合員に供給してきた。
　和泉（2021）によれば、EUの「農場から食卓へ戦略」は、食料生産がもたらす気候変動や環境劣化を抑制するとともに、国民の肥満対策など健康改善も同時にめざすとともに、農業・食品産業の新たなビジネスチャンスを見出そうとしていることは、日本の「みどりの戦略」と違うことを指摘している[19]。
　近年は気象災害の激烈化や異常気象の頻発により、減農薬栽培から慣行栽

表 14-7　産直の類型化（2021 年版）

| | 取引の種類 | 生産者主体の価格形成力 | 数量調整の自由度 | 環境問題への配慮 |
|---|---|---|---|---|
| 広義の産直 | 生産者直売（朝市・青空市、店舗・無店舗販売） | ○ | ○ | △ |
| | 農産物直売所，小売店のインショップ | ○ | ○ | △ |
| | 専門小売店・量販店との取引 | △ | ○ | △ |
| | 流通業者（卸売・仲卸業者）との取引 | △ | △ | △ |
| | 外食企業との取引 | △ | △ | △ |
| 狭義の産直 | 個別農家と消費者との取引 | ○ | ○ | ○ |
| | 生産者グループと生協等との取引 | ○～△ | ○～△ | ○～△ |
| | 専門流通事業体との取引 | ○～△ | ○～× | ○～× |
| | 農協と消費者グループとの取引 | ○～△ | ○～△ | ○～△ |
| | 農協と生協との取引 | ○～△ | ○～× | ○～△ |
| | 食品加工業者との契約取引 | ○～△ | ○～△ | △ |

出所：筆者作成
注：○：ある，△：場合によってある，×：ない

培に移行するなど、産直の先進性は薄れてきている。有機農業を推進するみ
どりの戦略と、産直産地はどう向き合うべきだろうか。これまでの狭義の産
直の条件を再掲すると、次の通りである。

---

・播種、定植前の取引数量と価格の事前決定

・生産者の再生産を保障する生産者価格の設定

・売り手と買い手が対等、平等の関係性の構築

---

「みどりの戦略」を超える取組を実践するには、上記の 3 点に加えて、環
境に配慮した生産力向上と経営の持続可能性の両立をめざす技術革新が必要
である。

　さらに、生産者と消費者が共に持続可能な産直を続けるためには、新たに
創り出す技術を理解するための学習活動が不可欠であろう。

　困難な現状を突破（ブレイクスルー）できる新技術が生み出されても、そ

れが環境負荷を与えることなく、人間や生態系にも安全なものなのか、リスク分析、リスク評価を行い、関係者のリスクコミュニケーションを十分に行う必要がある。

　これからの産直は、環境の持続性を柱の一つに立てて活動することが必要であり、受益者のみの活動から国民全体が支援する環境の持続活動に組み直していくことが必要である。その決断と実行のために我々に残された時間は短い。


## 注

1 ）国立環境研究所（2018）「海外ニュース　国連国際防災戦略事務局、過去20年間に気候関連災害による経済的損失が急増と報告」（環境展望台）．
https://tenbou.nies.go.jp/news/fnews/detail.php?i=25522（2021年 8 月20日参照）．

2 ）国土交通省（2021）「第 2 章第 2 節『災害リスクの増大や老朽化インフラの増加』令和 3 年版国土交通省白書』p.47.
https://www.mlit.go.jp/hakusyo/mlit/r02/hakusho/r03/pdfindex.html（2021年 8 月20日参照）．

3 ）環境省（2021）「気候変動に関する政府間パネル（IPCC）第 6 次評価報告書第 1 作業部会報告書（自然科学的根拠）政策決定者向け要約（SPM）の概要」
https://www.env.go.jp/press/109850.html（2021年 8 月20日参照）．

4 ）東都生協（2021）「第47回通常総会報告」『MOGMO』451号、p.5.

5 ）野見山敏雄（2020）「自然災害と生協産直」産直コペル、41巻、p.34.

6 ）代表的な資料として中島紀一を代表に大木茂と大学院生を中心に調査された次のものがある。JAやさと（1995）『産直農業の新たな発展をめざして―JAいるまのやさとの産直20周年記念誌―』．

7 ）八郷町は2005年10月に旧石岡市と合併し、新石岡市となった。八郷町は閉町になった。

8 ）「欲望の高度化」は筆者の造語である。人間の欲望は際限がない。例えば食べものの数量が満たされれば、より品質が高く、よりおいしく、より珍しいもの（商品）を希求する人間の行動原理を指す。近年国民は食べものの安全性に敏感となり、食品産業はゼロリスクをめざした「衛生商品」の開発に血道をあげている。

9 ）滝澤昭義・細川允史編（2000）『流通再編と食料・農産物市場』『講座今日の食料・農業市場』第 3 巻

10）白柳夏男（1983）『商品流通総論』中央経済社、p.1、pp.5-17

11）マルクスの『資本論』では「ある物の有用性は、その物を使用価値にする」としている。カール・マルクス（1982）『資本論』第 1 章第 1 篇第 1 節、新日本出版社、1982年、p.61.

12）河野五郎（1984）『使用価値と商品学』大月書店、p.49.

13）2020年11月27 〜 28日に実施した聞き取り調査による。

14）実質化するためのデフレーターとして日本銀行時系列統計データ検索サイトの卸売物価指数（飲食料品）を使用した。https://www.stat-search.boj.or.jp/index.html（2021年 8 月10日参照）
　　また、東京都中央卸売市場の野菜単価については独立行政法人農畜産業振興機構「べじ探」を使用した。https://vegetan.alic.go.jp/（2021年 8 月10日参照）

15）厚生労働省（2019）『令和元年版労働経済の分析』
https://www.mhlw.go.jp/stf/wp/hakusyo/kousei/19/（2021年 8 月10日参照）

16）農林水産省（2021）『令和 2 年度　食料・農業・農村白書』pp.288-289

17）野見山敏雄（2019）「産直産地のレジリエンス」産直コペル、36巻、p.52.

18）農林水産省（2021）「みどりの食料システム戦略」
https://www.maff.go.jp/j/press/kanbo/kankyo/210512.htm（2021年 8 月10日参照）

19）和泉真里（2021）「EUの「農場から食卓へ戦略」、みどりの食料システム戦略と比べつつ」一般社団法人日本生活協同組合連携機構「研究REPORT」No.29、pp.1-13


**引用・参考資料**

和泉真里（2021）「EUの「農場から食卓へ戦略」, みどりの食料システム戦略と比べつつ」一般社団法人日本生活協同組合連携機構「研究REPORT」No.29, pp.1-13.

カール・マルクス（1982）『資本論』第 1 章第 1 篇第 1 節, 新日本出版社

国土交通省（2021）「第 2 章第 2 節『災害リスクの増大や老朽化インフラの増加」令和 3 年版国土交通省白書」p.47.
https://www.mlit.go.jp/hakusyo/mlit/r02/hakusho/r03/pdfindex.html

河野五郎（1984）『使用価値と商品学』大月書店.

環境省（2021）「気候変動に関する政府間パネル（IPCC）第 6 次評価報告書　第 1 作業部会報告書（自然科学的根拠）政策決定者向け要約（SPM）の概要」
https://www.env.go.jp/press/109850.html

国立環境研究所（2018）「海外ニュース　国連国際防災戦略事務局, 過去20年間に気候関連災害による経済的損失が急増と報告」（環境展望台）
https://tenbou.nies.go.jp/news/fnews/detail.php?i=25522

JAやさと（1985）『産直農業の新たな発展をめざして—JAいるまのやさとの産直20周年記念誌—』.

白柳夏男（1983）『商品流通総論』中央経済社.

滝澤昭義・細川允史編（2000）『流通再編と食料・農産物市場』『講座今日の食料・農業市場』第3巻.

独立行政法人農畜産業振興機構　べじ探　2021/08/20参照
　　https://vegetan.alic.go.jp/

東都生協（2021）「第47回通常総会報告」『MOGMO』451号，p.5.

日本銀行時系列統計データ検索サイト2021/08/20参照
　　https://www.stat-search.boj.or.jp/index.html

農林水産省「令和2年度　食料・農業・農村白書」（2021）
　　https://www.maff.go.jp/j/wpaper/w_maff/r2/zenbun.html

野見山敏雄（1997）『産直商品の使用価値と流通機構』，日本経済評論社.

野見山敏雄（2015）「生協は人づくりが出来るか」産直コペル，14巻，p.39.

野見山敏雄（2019）「産直産地のレジリエンス」産直コペル，36巻，p.52.

野見山敏雄（2020）「自然災害と生協産直」産直コペル，41巻，p.34.

野見山敏雄（2021）「いま必要な産直の再定義」産直コペル，50巻，p.48.

宮本憲一（1989）『環境経済学』，pp.130-146.

（野見山敏雄）

## 編者・著者一覧

編者　野見山　敏雄・安藤　光義

第1章　安藤　光義（あんどう　みつよし）東京大学
第2章　堀部　篤（ほりべ　あつし）東京農業大学
第3章　今野　聖士（こんの　まさし）名寄市立大学
第4章　青柳　斉（あおやぎ　ひとし）新潟大学（名誉教授）
第5章　長谷美　貴広（はせみ　たかひろ）南開科技大学（台湾）
第6章　森　久綱（もり　ひさつな）三重大学
第7章　安田　元（やすだ　はじめ）オリオン機械㈱・北海道大学
　　　　種市　豊（たねいち　ゆたか）山口大学
第8章　泉谷　眞実（いずみや　まさみ）弘前大学
第9章　片岡　美喜（かたおか　みき）高崎経済大学
第10章　板橋　衛（いたばし　まもる）北海道大学
　　　　林　芙俊（はやし　ふとし）秋田県立大学
第11章　林　薫平（はやし　くんぺい）福島大学
第12章　小林　冨雄（こばやし　とみお）日本女子大学
第13章　相原　延英（あいはら　のぶひで）追手門学院大学
第14章　野見山　敏雄（のみやま　としお）東京農工大学

講座　これからの食料・農業市場学　第5巻

# 環境変化に対応する農業市場と展望

2022年10月16日　第1版第1刷発行

編　者　野見山　敏雄・安藤　光義
発行者　鶴見　治彦
発行所　筑波書房
　　　　東京都新宿区神楽坂2－16－5
　　　　〒162－0825
　　　　電話03（3267）8599
　　　　郵便振替00150－3－39715
　　　　http://www.tsukuba-shobo.co.jp

定価はカバーに示してあります

印刷／製本　平河工業社
©2022 Printed in Japan
ISBN978-4-8119-0637-9 C3061